JN040716

Office
for Mac

Imasugu Tsukaeru
Kantan Series

Office for Mac
AYURA

Office 2021 / Microsoft 365 両対応

技術評論社

本書の使い方

● 本書の各セクションでは、画面を使った操作の手順を追うだけで、Office 2021 for Mac ／ Microsoft 365 の各機能の使い方がわかるようになっています。

● 操作の流れに番号を付けて示すことで、操作手順を追いやすくしてあります。

セクション名は具体的な作業を示しています。

セクションの解説内容まとめを表しています。

セクションという単位ごとに機能を順番に解説しています。

キーワードを表示しています。

操作内容の見出しです。

操作手順を、できるだけていねいに解説しています。

番号付きの記述で操作の順番が一目瞭然です。番号は、操作手順に入っている番号と対応しています。

操作の基本的な流れ以外は、このように番号がない記述になっています。

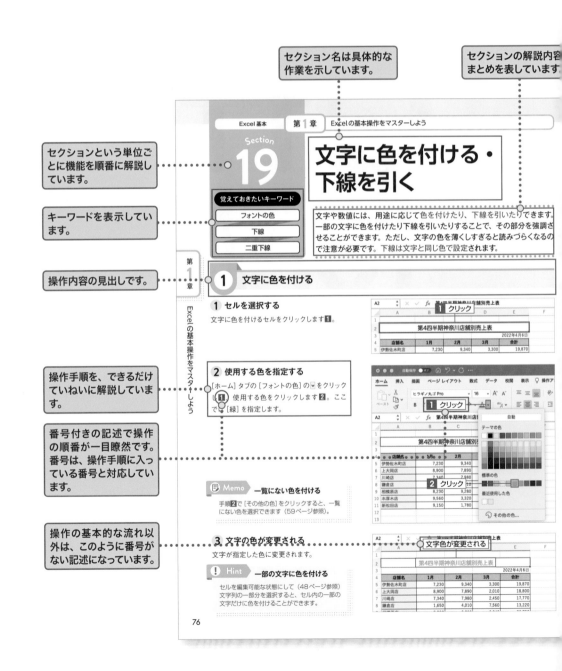

次の5種類の「解説」を適宜、配置しています。

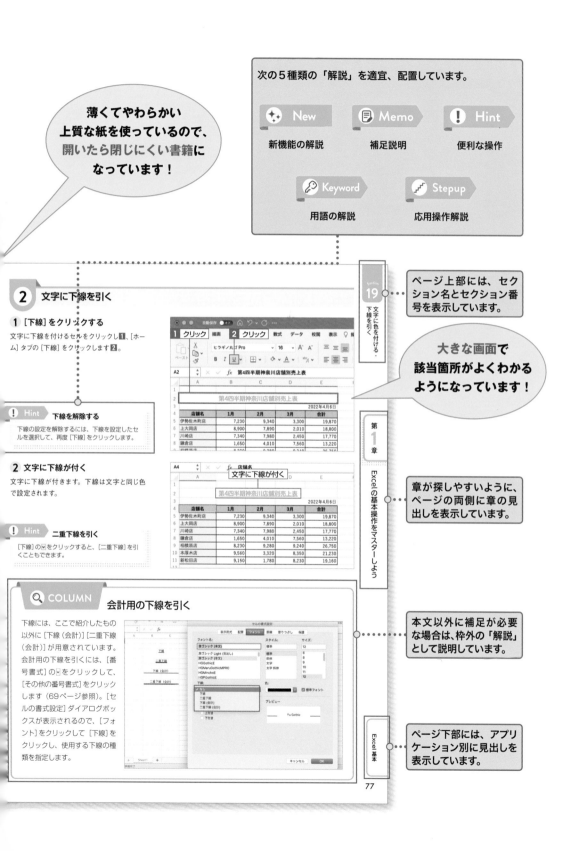

New 新機能の解説

Memo 補足説明

Hint 便利な操作

Keyword 用語の解説

Stepup 応用操作解説

薄くてやわらかい
上質な紙を使っているので、
開いたら閉じにくい書籍に
なっています！

ページ上部には、セクション名とセクション番号を表示しています。

大きな画面で
該当箇所がよくわかる
ようになっています！

章が探しやすいように、ページの両側に章の見出しを表示しています。

本文以外に補足が必要な場合は、枠外の「解説」として説明しています。

ページ下部には、アプリケーション別に見出しを表示しています。

2 文字に下線を引く

1 [下線] をクリックする

文字に下線を付けるセルをクリックし■、[ホーム] タブの [下線] をクリックします②。

2 文字に下線が付く

文字に下線が付きます。下線は文字と同じ色で設定されます。

Hint 下線を解除する

下線の設定を解除するには、下線を設定したセルを選択して、再度 [下線] をクリックします。

Hint 二重下線を引く

[下線] の▽をクリックすると、[二重下線] を引くこともできます。

COLUMN 会計用の下線を引く

下線には、ここで紹介したもの以外に [下線 (会計)][二重下線 (会計)] が用意されています。会計用の下線を引くには、[番号書式] の▽をクリックして、[その他の番号書式] をクリックします（69ページ参照）。[セルの書式設定] ダイアログボックスが表示されるので、[フォント] をクリックして [下線] をクリックし、使用する下線の種類を指定します。

目　次

Contents

目次

第 **0** 章　Office 2021の基本操作をマスターしよう ················· 17

Section 01 >> Office 2021 for Macの新機能 ························· 18
- リボンやタブが更新された　・自動保存機能の搭載　・ストック画像を利用できる
- 操作アシスト機能の搭載　・画像、グラフなどをSVG形式で保存

Section 02 >> アプリケーションを起動・終了する ················· 20
- アプリケーションを起動する　・アプリケーションを終了する

Section 03 >> リボンの基本操作 ····································· 24
- リボンを操作する　・作業に応じたタブが表示される

Section 04 >> リボンをカスタマイズする ·························· 26
- リボンを折りたたむ・展開する
- クイックアクセスツールバーにコマンドを追加する
- メニューにないコマンドを追加する

Section 05 >> 表示倍率を変更する ································· 28
- 文書の表示を拡大／縮小する　・画面を全画面表示にする・もとに戻す
- 画面をDockに格納する

Section 06 >> 文書を保存する ····································· 30
- 文書に名前を付けて保存する　・文書を上書き保存する
- ファイル形式を変更して保存する

Section 07 >> 文書を閉じる・開く ································· 32
- 文書を閉じる　・文書を開く

Section 08 >> 新しい文書を作成する ······························ 34
- 空白の文書を作成する　・テンプレートを利用して文書を作成する

Section 09 >> 文書を印刷する ····································· 36
- プレビューで印刷イメージを確認する　・部数やページを指定して印刷する

Section 10 >> 操作をもとに戻す・やり直す ························ 38
- 操作を取り消す・やり直す

第 **1** 章　Excelの基本操作をマスターしよう ················· 39

Section 01 >> Excel 2021 for Macの概要 ························· 40
- リボンやタブが更新された　・操作アシスト機能の搭載
- 画像、グラフなどをSVG形式で保存　・シートビューの利用
- 新しい関数が追加された

Section 02 >> Excel 2021の画面構成と表示モード ················· 42
- 基本的な画面構成　・画面の表示モード

Section 03 >> 文字や数値を入力する ······························ 44
- セルにデータを入力する　・「,」「¥」付きの表示形式で数値を入力する

Section 04 ≫ 同じデータや連続データを入力する ……………………………………… **46**
・月の連続データを入力する　・数値の連続データを入力する
・オートフィルの動作を変更して入力する

Section 05 ≫ 入力したデータを修正する ……………………………………………… **48**
・セル内のデータの一部を修正する　・セル内のデータ全体を置き換える
・セル内のデータを消去する

Section 06 ≫ 文字列を検索・置換する …………………………………………………… **50**
・文字列を検索する　・文字列を置換する

Section 07 ≫ セル範囲や行、列を選択する ……………………………………………… **52**
・セル範囲をまとめて選択する　・離れた位置にあるセルを選択する
・行や列を選択する　・行や列をまとめて選択する

Section 08 ≫ データをコピー・移動する ………………………………………………… **54**
・データをコピーする　・データを移動する

Section 09 ≫ セルに罫線を引く ………………………………………………………… **56**
・コマンドを使って罫線を引く
・[セルの書式設定]ダイアログボックスを使って罫線を引く

Section 10 ≫ セルの背景に色を付ける ………………………………………………… **58**
・セルに背景色を付ける　・[塗りつぶしの色]の一覧にない色を付ける

Section 11 ≫ 見出しの文字を太字にして中央に揃える ……………………………… **60**
・文字列を太字にする　・文字列を中央揃えにする

Section 12 ≫ 合計や平均を計算する …………………………………………………… **62**
・合計を求める　・平均を求める

Section 13 ≫ 最大値や最小値を求める ………………………………………………… **64**
・最大値を求める　・最小値を求める

Section 14 ≫ 数式を入力して計算する ………………………………………………… **66**
・セルに数式を入力する　・ほかのセルに数式をコピーする

Section 15 ≫ 数値や日付の表示形式を変更する ……………………………………… **68**
・数値を桁区切りスタイルで表示する　・日付の表示形式を変更する

Section 16 ≫ 列幅や行の高さを変更する ……………………………………………… **70**
・列幅を変更する　・セル内のデータに列幅を合わせる
・複数の列の幅を同時に変更する

Section 17 ≫ セルを結合する …………………………………………………………… **72**
・セルを結合して文字列を中央に揃える
・文字配置を維持したままセルを結合する

Section 18 ≫ 文字サイズやフォントを変更する ……………………………………… **74**
・文字サイズを変更する　・フォントを変更する

Section 19 ≫ 文字に色を付ける・下線を引く ………………………………………… **76**
・文字に色を付ける　・文字に下線を引く

Section 20 ≫ 文字列の配置を変更する ………………………………………………… **78**
・文字列を折り返して全体を表示する　・文字列を縦書きにして表示する
・文字列をセルの幅に合わせる

Section 21 ≫ ふりがなを表示する 80
・ふりがなを表示する　・ふりがなを編集する

Section 22 ≫ 書式をコピーする 82
・セルの書式をコピーして貼り付ける　・セルの書式を連続して貼り付ける

Section 23 ≫ 形式を選択して貼り付ける 84
・値のみを貼り付ける　・もとの列幅を保持して貼り付ける

Section 24 ≫ 行や列を挿入・削除する 86
・行や列を挿入する　・列や行を削除する

Section 25 ≫ セルを挿入・削除する 88
・セルを挿入する　・セルを削除する

Section 26 ≫ ワークシートを操作する 90
・ワークシートを追加する　・表示するワークシートを切り替える
・ワークシートを削除する　・シート名を変更する
・ワークシートを移動・コピーする　・シート見出しに色を付ける
・ブック間でワークシートを移動・コピーする

Section 27 ≫ 見出しを固定する 94
・見出しの列を固定する　・行と列を同時に固定する

Section 28 ≫ 改ページ位置を変更する 96
・現在のページ区切り位置を確認する　・ページ区切り位置を変更する
・ページ区切りを挿入する

Section 29 ≫ ヘッダーとフッターを挿入する 98
・ヘッダーを設定する　・フッターを設定する

Section 30 ≫ 印刷範囲を設定する 100
・印刷範囲を設定する　・複数の範囲を印刷範囲に設定する

Section 31 ≫ 2ページ目以降に見出しを付けて印刷する 102
・見出しの行を設定する

Section 32 ≫ 1ページに収まるように印刷する 104
・拡大縮小印刷を設定する

第2章　Excelをもっと便利に活用しよう 105

Section 01 ≫ 関数を入力して計算する 106
・[数式]タブのコマンドを使って関数を入力する　・関数を直接入力する

Section 02 ≫ 3つの参照方式を知る 110
・相対参照・絶対参照・複合参照の違い　・参照方式を切り替える

Section 03 ≫ 絶対参照を利用する 112
・相対参照で数式をコピーするとエラーになる
・エラーを避けるために絶対参照でコピーする

Section 04 ≫ 関数を使いこなす 114
・端数を四捨五入する ――ROUND関数

Contents 目次

　　・条件を満たすセルの数値を合計する ── SUMIF関数
　　・条件によって処理を振り分ける ── IF関数
　　・表からデータを抽出する ── VLOOKUP関数

Section 05 >> 数式のエラーを解決する ·· 118
　　・エラー値「#VALUE!」　・エラー値「#DIV/0!」　・エラー値「#N/A」
　　・エラーをトレースする　・ワークシート全体のエラーを確認する

Section 06 >> 条件付き書式を利用する ·· 122
　　・指定値より大きいセルに色を付ける
　　・セルの値の大小を示すデータバーを表示する

Section 07 >> グラフを作成する ·· 124
　　・グラフを作成する　・グラフタイトルを入力する

Section 08 >> グラフの位置やサイズを変更する ··········· 126
　　・グラフを移動する　・グラフのサイズを変更する

Section 09 >> グラフ要素を追加する ·· 128
　　・グラフに軸ラベルを追加する　・軸ラベルの文字方向を変える

Section 10 >> グラフのレイアウトやデザインを変更する ········· 130
　　・グラフのレイアウトを変更する　・グラフのデザインを変更する

Section 11 >> グラフの目盛範囲と表示単位を変更する ········· 132
　　・目盛の最小値と表示単位を変更する

Section 12 >> データを並べ替える ·· 134
　　・データを昇順・降順で並べ替える　・2つの条件を指定して並べ替える

Section 13 >> 条件に合ったデータを抽出する ··········· 136
　　・フィルターを設定する　・条件に合ったデータを抽出する

Section 14 >> ピボットテーブルを作成する ··········· 138
　　・ピボットテーブルを作成する　・ピボットテーブルにフィールドを配置する

Section 15 >> ピボットテーブルを編集・操作する ········· 140
　　・ピボットテーブルのスタイルを変更する　・表示するデータを絞り込む
　　・スライサーを追加する　・タイムラインを追加する

Section 16 >>> テキストボックスを利用して自由に文字を配置する ········· 144
　　・テキストボックスを挿入して文字を入力する
　　・文字書式と配置を変更する　・テキストボックスにスタイルを設定する

Section 17 >> マクロを作成する準備をする ··········· 146
　　・セキュリティの設定を確認する　・[開発]タブを表示する

Section 18 >> マクロを作成する ·· 148
　　・マクロを記録する　・マクロを保存する

Section 19 >>> マクロを実行・削除する ·· 150
　　・マクロを実行する　・マクロを削除する

Section 20 >> ワークシートをPDFに変換する ··········· 152
　　・ワークシートをPDFとして保存する　・PDFファイルを開く

Contents
目次

第3章 Wordの基本操作をマスターしよう ……………………… 155

Section 01 >> Word 2021 for Macの概要 ……………………………………… **156**
- リボンやタブが更新された　・操作アシスト機能の搭載　・ストック画像の利用
- スケッチスタイルの利用　・イマーシブリーダーの機能が強化

Section 02 >> Word 2021の画面構成と表示モード ……………………… **158**
- 基本的な画面構成　・画面の表示モード　・4種類の画面表示モード

Section 03 >> 文字入力の準備をする ……………………………………… **162**
- ローマ字入力とかな入力を切り替える
- 入力モードをショートカットキーで切り替える
- 入力モードを入力メニューで切り替える

Section 04 >> 文書を作成するための準備をする ………………………… **164**
- 用紙のサイズと向き、余白を設定する　・文字数や行数を設定する

Section 05 >> 文字列を修正する …………………………………………… **166**
- 確定後の文字を修正する　・確定後の文字を再変換する

Section 06 >> 文字列を選択する …………………………………………… **168**
- 文字列を選択する　・段落を選択する　・行を選択する

Section 07 >> 文字列をコピー・移動する ………………………………… **170**
- 文字列をコピーする　・文字列を移動する

Section 08 >> 日付やあいさつ文を入力する ……………………………… **172**
- 日付を入力する　・あいさつ文を入力する

Section 09 >> 箇条書きを入力する ………………………………………… **174**
- 箇条書きを入力する　・箇条書きを解除する
- インデントを残して箇条書きを解除する
- 箇条書きの中に段落番号のない行を設定する

Section 10 >> 記号や特殊文字を入力する ………………………………… **176**
- 読みから変換して記号を入力する
- [記号と特殊文字]ダイアログボックスを利用する

Section 11 >> 文字サイズやフォントを変更する ………………………… **178**
- 文字サイズを変更する　・フォントを変更する

Section 12 >> 文字に太字や下線、効果、色を設定する ………………… **180**
- 文字を太字にする　・文字に下線を引く　・文字に効果を付ける
- 文字に色を付ける

Section 13 >> 囲み線や網かけを設定する ………………………………… **182**
- [囲み線]と[文字の網かけ]を使う
- [線種とページ罫線と網かけの設定]ダイアログボックスを使う

Section 14 >> 文字列や段落の配置を変更する …………………………… **184**
- 文字列を右に揃える　・文字列を中央に揃える

Section 15 >> 箇条書きの項目を同じ位置に揃える ……………………… **186**
- 編集記号やルーラーを表示する　・タブ位置を設定する
- タブ位置を変更する　・文字列の両端を揃える

Section 16 >> 段落や行の左端を調整する ……………………………………………… **188**
・段落の左右の幅を調整する　・段落の2行目以降の左端を下げる

Section 17 >> 段落に段落番号や行頭文字を設定する ………………………………… **190**
・段落に連続した番号を振る　・段落に行頭文字を付ける

Section 18 >> 行間隔や段落の間隔を調整する ………………………………………… **192**
・行間を「1行」の高さの倍数で設定する　・段落の前後の間隔を広げる

Section 19 >> 改ページ位置を変更する ………………………………………………… **194**
・改ページ位置を手動で設定する　・改ページ位置の設定を解除する

Section 20 >> 書式だけをほかの文字列にコピーする ………………………………… **196**
・設定済みの書式をほかの文字列に適用する
・書式を連続してほかの文字列に適用する

Section 21 >> 縦書きの文書を作成する ………………………………………………… **198**
・横書きの文書を縦書きに変更する　・文書の途中から縦書きにする

Section 22 >> 段組みを設定する ………………………………………………………… **200**
・文書全体に段組みを設定する　・文書の一部に段組みを設定する

Section 23 >> 文字列を検索・置換する ………………………………………………… **202**
・文字列を検索する　・文字列を置換する

Section 24 >> タイトルロゴを作成する ………………………………………………… **204**
・ワードアートを挿入する　・ワードアートを移動する
・ワードアートのサイズを変更する　・ワードアートに文字の効果を付ける
・ワードアートのボックスにスタイルを設定する

Section 25 >> 横書き文書の中に縦書きの文章を配置する …………………………… **208**
・テキストボックスを挿入する
・テキストボックスのサイズと位置を調整する
・テキストボックスの枠線と文章との空きを調整する
・テキストボックスにスタイルを設定する

Section 26 >> 写真を挿入する …………………………………………………………… **212**
・写真を挿入する　・写真をトリミングする　・写真の背景を削除する
・写真を文書の背景に配置する

Section 27 >> アイコンを挿入する ……………………………………………………… **216**
・アイコンを挿入する　・アイコンをカスタマイズする

第 **4** 章　**Wordをもっと便利に活用しよう** …… 219

Section 01 >> 文書にスタイルを適用する ……………………………………………… **220**
・スタイルを個別に設定する　・スタイルをまとめて変更する
・文書の全体的なデザインを変更する

Section 02 >> ページ番号や作成日を挿入する ………………………………………… **222**
・フッターにページ番号を挿入する　・ヘッダーに作成日を挿入する

Section 03 >> 直線や図形を描く ………………………………………………………… **224**
・直線を描く　・図形を描く　・自由な形の図形を描く

Section 04 >> 図形を編集する ·· **226**
- 線の太さを変更する　・図形の色を変更する
- 図形にスタイルを適用する　・図形に効果を付ける
- 図形を回転する

Section 05 >> 図形の中に文字を配置する ······························· **230**
- 図形の中に文字を入力する　・引き出し線の付いた図形を描く

Section 06 >> 複数の図形を操作する ··· **232**
- 図形を移動する　・図形をコピーする　・図形を整列する
- 図形の重なり順を変える　・図形をグループ化する

Section 07 >> 表を作成する ··· **236**
- 表を挿入する　・セル内に罫線を引く　・文字を入力する

Section 08 >> 行や列を挿入・削除する ································· **238**
- 行や列を挿入する　・行や列を削除する　・表全体を削除する

Section 09 >> セルや表を結合・分割する ························· **240**
- セルを結合する　・セルを分割する　・表を分割する

Section 10 >> 列幅や行の高さを調整する ····················· **242**
- 列の幅を調整する　・行の高さを調整する
- 列の幅や行の高さを均等に揃える

Section 11 >> 表に書式を設定する ··· **244**
- セル内の文字配置を変更する　・セルに背景色を付ける
- フォントを変更する　・罫線のスタイルを変更する

Section 12 >> 単語を登録・削除する ··· **248**
- 単語を登録する　・登録した単語を入力する　・登録した単語を削除する

Section 13 >> 文字列にふりがなを付ける ····················· **250**
- 文字列にふりがなを付ける
- 文書中の同じ文字列にまとめてふりがなを付ける

Section 14 >> デジタルペンを利用する ··························· **252**
- ペンの種類と太さを指定して書き込む
- 文字列を強調表示する　・書き込みを消す

Section 15 >> 変更履歴とコメントを活用する ········· **254**
- 変更履歴の記録を開始する　・変更内容を文書に反映させる
- 変更内容を取り消す　・コメントを挿入する

Section 16 >> 差し込み印刷を利用する ··························· **258**
- 作成する文書の種類を指定する　・差し込むデータを指定する
- 差し込みフィールドを挿入する　・差し込んだデータを印刷する

Section 17 >> ラベルを作成する ··· **262**
- ラベルを指定する　・新しいデータリストを作成する
- 差し込みフィールドを挿入する

Contents 目次

第5章 PowerPointの操作をマスターしよう 265

Section 01 >> PowerPoint 2021 for Macの概要 **266**
- リボンやタブが更新された　・閲覧表示モードの搭載
- スケッチスタイルの利用
- 画像、3Dモデル、ビデオなどのストック画像の利用
- スライドショーからアニメーションGIFを作成する

Section 02 >> PowerPoint 2021の画面構成と表示モード **268**
- 基本的な画面構成　・画面の表示モード

Section 03 >> スライドを作成する **270**
- 白紙のスライドを新規に作成する
- テーマを指定して新規スライドを作成する

Section 04 >> 新しいスライドを追加する **272**
- レイアウトを指定してスライドを追加する
- スライドのレイアウトを変更する

Section 05 >> スライドにテキストを入力する **274**
- プレースホルダーにテキストを入力する　・箇条書きを入力する

Section 06 >> テキストの書式を設定する **276**
- フォントと文字サイズを変更する　・文字色を変更する
- 文字に効果を付ける

Section 07 >> 箇条書きの記号を変更する **278**
- 行頭文字を変更する　・行頭に段落番号を設定する

Section 08 >> インデントやタブを設定する **280**
- ルーラーを表示する　・インデントを設定する　・タブを設定する

Section 09 >> スライドを複製・移動・削除する **282**
- スライドを複製する　・スライドを移動する　・スライドを削除する

Section 10 >> ヘッダーやフッターを挿入する **284**
- ヘッダーを挿入する　・フッターを挿入する

Section 11 >> スライドにロゴを入れる **286**
- すべてのスライドに画像を挿入する

Section 12 >> スライドのデザイン・配色を変更する **288**
- すべてのスライドのテーマを変更する
- 特定のスライドのテーマを変更する
- テーマをカスタマイズする

Section 13 >> 図形を描く・編集する **290**
- 図形を描く　・図形を移動する　・図形を拡大・縮小する　・図形を回転する
- 図形の中に文字を入力する　・図形内の文字書式を変更する
- 図形の枠線や色を変更する　・図形にスタイルを設定する

Section 14 >> 3Dモデルを挿入する **294**
- オンライン3Dモデルを挿入する

Section 15 >> SmartArtを利用して図を作成する ···································· **296**
- SmartArtグラフィックを挿入する　・文字を入力する
- サイズと配置を変更する
- SmartArtグラフィックの色と文字色を変更する

Section 16 >> 表を作成する ··· **300**
- 表を挿入して文字を入力する　・列や行を追加する　・列や行を削除する
- 行の高さを変更する　・表のスタイルを変更する

Section 17 >> グラフを作成する ·· **304**
- グラフを挿入する　・グラフのデータを入力する

Section 18 >> グラフを編集する ·· **306**
- グラフのレイアウトを変更する　・グラフタイトルと軸ラベルを入力する
- 目盛の表示単位を変更する　・データ系列の色を変更する

Section 19 >> 画像を挿入する ··· **310**
- 画像を挿入する　・画像のサイズを変更する　・画像をトリミングする
- シャープネスや明るさを調整する　・画像にアート効果を設定する
- 画像にスタイルを設定する

Section 20 >> 画像やテキストの重なり順を変更する ······························ **314**
- レイヤーをドラッグして表示順序を変更する

Section 21 >> ムービーを挿入する ··· **316**
- ムービーを挿入する　・表紙画像を挿入する

Section 22 >> オーディオを挿入する ··· **318**
- オーディオを挿入する　・再生開始のタイミングを設定する

Section 23 >> 画面切り替えの効果を設定する ··· **320**
- 切り替え効果を設定する　・すべてのスライドに同じ切り替え効果を設定する
- プレビューで確認する

Section 24 >> 文字にアニメーション効果を設定する ································ **322**
- 文字にアニメーション効果を設定する
- アニメーションのタイミングや継続時間を指定する

Section 25 >> オブジェクトにアニメーション効果を設定する ···················· **324**
- グラフにアニメーション効果を設定する
- グラフの系列別に表示されるようにする

Section 26 >> 発表者用にノートを入力する ·· **326**
- 標準表示でノートウィンドウに入力する
- ノート表示でノートウィンドウに入力する

Section 27 >> スライドを切り替えるタイミングを設定する ························ **328**
- リハーサルを行って切り替えのタイミングを設定する

Section 28 >> スライドショーを実行する ·· **330**
- スライドショーを最初から実行する　・特定のスライドにジャンプする

Section 29 >> 発表者ツールを使用する ·· **332**
- 発表者ツールを実行する

Section 30 >> スライドを印刷する ··· **334**
- スライドを印刷する　・ノートを印刷する

Contents 目次

12

第6章 Outlookの操作をマスターしよう ……… 335

Section 01 >> Outlook 2021 for Macの概要 ……………………………… 336
- ビューをすばやく切り替えできる　・メールをまとめて管理できる
- 多彩な表示方法で使いやすい予定表
- ビジネスやプライベートで使い分けができる連絡先
- 作業の管理に役立つタスクの活用

Section 02 >> Outlook 2021の画面構成 ……………………………………… 338
- 基本的な画面構成　・画面のレイアウトを変更する

Section 03 >> Outlook 2021の設定をする ………………………………… 340
- アカウントを設定する

Section 04 >> Windows版Outlookのデータを取り込む …………… 342
- Windows版Outlookのデータをエクスポートする
- Windows版Outlookのデータをインポートする
- アドレス帳をインポートする

Section 05 >> メールを作成・送信する ……………………………………… 346
- メールを作成して送信する　・メールにファイルを添付して送信する

Section 06 >> メールを受信して読む ………………………………………… 348
- メールを受信してメッセージを読む　・添付ファイルをプレビューする
- 添付ファイルを保存する

Section 07 >> メールを返信・転送する …………………………………… 350
- 受信したメールに返信する　・受信したメールをほかの人に転送する

Section 08 >> メールをフォルダーで整理する ………………………… 352
- フォルダーを作成する　・メールをフォルダーに移動する
- フォルダーを削除する

Section 09 >> メールを自動仕分けする …………………………………… 354
- [ホーム]タブから仕分けルールを作成する
- [ツール]メニューから仕分けルールを作成する

Section 10 >> 署名を作成する ……………………………………………………… 356
- 署名を作成する

Section 11 >> メールの形式を変更する …………………………………… 358
- メッセージの形式をテキスト形式に変更する

Section 12 >> メールを検索する ………………………………………………… 360
- キーワードでメールを検索する
- サブフォルダー内を含めてメールを検索する
- 添付ファイルのあるメールを検索する　・受信日時でメールを検索する

Section 13 >>> 迷惑メール対策を設定する …………………………… 362
- 受信拒否リストに登録する
- 受信メールを迷惑メールや受信拒否に設定する
- 迷惑メールの設定を解除する

Section 14 >> 連絡先を作成する ………………………………………………… 364
- 連絡先を登録する　・受信メールの差出人から登録する

Section 15 >> 連絡先リストを作成する ·· **366**
- 新しい連絡先リストを作成する
- 連絡先リストを利用してメールを送信する

Section 16 >> 予定表を活用する ·· **368**
- 予定表の表示を切り替える   ・予定を作成する
- 登録した予定を変更する   ・登録した予定を削除する

Section 17 >> タスクを活用する ·· **372**
- タスクを登録する   ・タスクを完了する
- 完了したタスクを確認する

第7章 OneDriveの操作をマスターしよう ·························· 375

Section 01 >> OneDriveの概要 ·· **376**
- パソコンやスマートフォン、タブレットと同期できる
- WebブラウザーからOfficeアプリを利用できる
- ほかのユーザーとファイルを共有できる
- ファイルの履歴を管理できる
- スマートフォンでOneDriveやOfficeファイルを利用できる

Section 02 >> OneDriveアプリをインストールする ······················ **378**
- OneDriveアプリをインストールする

Section 03 >> WebブラウザーからOneDriveを利用する ················ **382**
- OneDriveにサインインする   ・ファイルをOneDriveにアップロードする

Section 04 >> WebブラウザーからOfficeアプリを利用する ············ **384**
- OneDriveでOfficeアプリのファイルを開く
- ファイルを編集する

Section 05 >> ファイルの表示方法を変更する ························· **386**
- ファイルの表示形式を切り替える   ・ファイルを並べ替える

Section 06 >> ほかのユーザーとファイルを共有する ················ **388**
- ファイルへのリンクをメールで送信する

Section 07 >> 共有するユーザーを追加・削除する ·················· **390**
- 共有するユーザーを追加する   ・共有するユーザーを削除する

Section 08 >> ファイルを検索する ································· **392**
- ファイルをキーワードで検索する   ・写真をキーワードで検索する

Section 09 >> ファイルの履歴を管理する ························· **394**
- ファイルのバージョン履歴を表示する   ・復元するバージョンを指定する

Section 10 >> ファイルを印刷する ································· **396**
- 印刷設定をして印刷する

Section 11 >> 削除したファイルをもとに戻す ······················ **398**
- ファイルを削除する   ・削除したファイルを復元する

Section 12 >> パスワードを変更する ································· **400**
- Microsoftアカウントのパスワードを変更する

Section 13 ≫ スマートフォンでOneDriveを利用する ……………………………… **402**
- iPhoneでOneDriveアプリをインストールする
- AndroidでOneDriveアプリをインストールする

Section 14 ≫ スマートフォンでOfficeのファイルを利用する ………………………… **404**
- Officeアプリをインストールする
- OneDriveからExcelファイルを編集する

Section 15 ≫ OneDriveの容量を増やす ………………………………………………… **406**
- OneDriveの容量を追加する

付録

407

Appendix 01 ≫ OneNote 2021を使う ………………………………………………… **408**
- 新しいノートブックを作成する　• セクション名を変更する
- ページタイトルとメモを入力する　• ノートブックのページを追加する
- セクションを追加する　• Webページから情報をコピーして貼り付ける
- ノートを共有する

Appendix 02 ≫ Teamsを使う ……………………………………………………………… **414**
- Teasmの概要　• Teamsの設定をする　• メッセージをやり取りする

Appendix 03 ≫ Office 2021 for Macをインストールする ………………………… **420**
- Office 2021をインストールする　• Officeを使う準備をする

Appendix 04 ≫ Office 2021 for Macをアップデートする ………………………… **424**
- 更新プログラムをインストールする

Appendix 05 ≫ サンプルファイルをダウンロードする ……………………………… **426**
- サンプルファイルをダウンロードする　• サンプルファイルを開く

索　引 ……………………………………………………………………………………………… **428**

第 **0** 章

Office 2021 の基本操作を
マスターしよう

Section 01	Office 2021 for Mac の新機能
Section 02	アプリケーションを起動・終了する
Section 03	リボンの基本操作
Section 04	リボンをカスタマイズする
Section 05	表示倍率を変更する

Section 06	文書を保存する
Section 07	文書を閉じる・開く
Section 08	新しい文書を作成する
Section 09	文書を印刷する
Section 10	操作をもとに戻す・やり直す

Section 01

Office 2021 for Macの新機能

覚えておきたいキーワード

- リボン・タブ
- 自動保存
- 操作アシスト

Office 2021 for Mac（以下、Office 2021）では、リボンやタブが更新されました。また、自動保存機能や操作アシスト機能が搭載されたり、画像、イラストなどのストック画像を挿入できるようになりました。ここでは、各アプリケーションに共通の新機能を紹介します。

1 リボンやタブが更新された

旧バージョンの Office から、リボンやタブが更新されました。アイコンもすっきりと見やすくなりました。

- Excel 2021 のリボン

- Word 2021 のリボン

2 自動保存機能の搭載

自動保存機能が搭載されました。自動保存は、ファイルが OneDrive、OneDrive for Business、SharePoint Online に保存されている場合、編集内容が自動的に保存される機能です。Excel、Word、PowerPoint で使用できます。

自動保存を利用したくない場合は、［自動保存］をオフにするか、アプリケーションのメニューから［環境設定］ダイアログボックスを表示して［保存］をクリックし、［既定で自動保存を有効にする］をクリックしてオフに設定します。

③ ストック画像を利用できる

大量の画像、イラスト、アイコン、ステッカー、人物の切り絵などが無料で利用できます。新しいコンテンツも毎月追加されます。[挿入] タブの [写真] から [ストック画像] をクリックして、挿入したい画像を指定します。Excel、Word、PowerPointで利用できます。

④ 操作アシスト機能の搭載

操作アシスト機能が搭載されました。タブの右側に表示されている [操作アシスト] をクリックして、実行したい操作に関するキーワードを入力すると、キーワードに関する項目が一覧で表示され、使用したい機能にすばやくアクセスすることができます。ヘルプを表示したり、スマート検索を利用したりすることもできます。

⑤ 画像、グラフなどをSVG形式で保存

写真、図形、グラフなどのグラフィックをSVG（スケーラブルベクターグラフィックス）形式で保存できるようになりました。SVG画像は、ベクターデータと呼ばれる点の座標とそれを結ぶ線で再現される画像で、拡大／縮小しても画質が劣化せずにきれいに表示されます。Excel、Word、PowerPointで使用できます。

Section
02

アプリケーションを
起動・終了する

覚えておきたいキーワード

Launchpad
起動
終了

Office 2021をインストールすると、各アプリケーションのアイコンが
Launchpadに登録されます。アプリケーションを起動するには、
Launchpadを開き、目的のアプリケーションのアイコンをクリックします。
終了するには、画面の左上にあるアプリケーションメニューから操作します。

1 アプリケーションを起動する

1 Launchpadをクリックする

Dockに表示されている [Launchpad] をクリッ
クします。

🔑 **Keyword** **Dock**

画面の下にある、アイコンが並んだバーのこと
です。よく使う書類やアプリケーションをワン
クリックで起動するためのランチャです。

2 アプリケーションのアイコンを
クリックする

Launchpadが開き、インストールされているす
べてのアプリケーションが表示されるので、目
的のアプリケーションのアイコンをクリックし
ます。ここでは、Excelのアイコンをクリッ
クします。

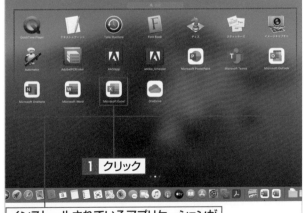

インストールされているアプリケーションが
表示される

3 テンプレートをクリックする

アプリケーション（ここでは「Excel」）が起動します。［空のブック］をクリックするか、目的のテンプレートをクリックして**1**、［作成］をクリックします**2**。ここでは、白紙の新規文書を作成するために、左上の［空のブック］をクリックします。

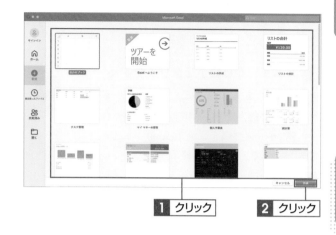

1 クリック　**2 クリック**

📝 Memo　Outlookの起動

Outlookの場合は、テンプレートを選択する画面は表示されず、直接Outlookの画面が表示されます。

4 アプリケーションが起動する

アプリケーションが起動して、新規文書が作成されます。

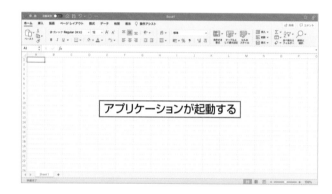

アプリケーションが起動する

❗ Hint　Dockにアイコンを登録する

Dockにアプリケーションのアイコンを登録しておくと、Dock上のアイコンをクリックするだけで、アプリケーションを起動できます（下のCOLUMN参照）。

🔍 COLUMN　Dockにアプリケーションのアイコンを登録する

アプリケーションを起動すると、Dockにアイコンが表示されます。controlを押しながらアイコンをクリックし**1**、［オプション］にマウスポインターを合わせて**2**、［Dockに追加］をクリックすると**3**、アイコンがDockに登録されます。また、Launchpadを開いて、アプリケーションのアイコンをDockにドラッグしても、同様に登録できます。

Dockにアイコンを登録しておくと、アプリケーションを終了してもアイコンは常に表示されています。次回から、このアイコンをクリックするだけで起動できます。

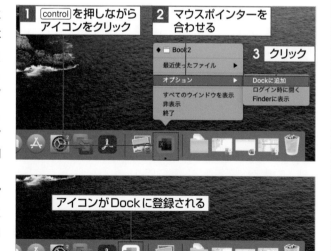

1 control を押しながらアイコンをクリック　**2 マウスポインターを合わせる**　**3 クリック**

アイコンがDockに登録される

② アプリケーションを終了する

1 メニューから終了をクリックする

画面の左上にあるアプリケーションメニューを
クリックして**1**、［○○を終了］をクリックし
ます**2**。Excel の場合は、［Excel］メニュー
をクリックして、［Excel を終了］をクリックし
ます。

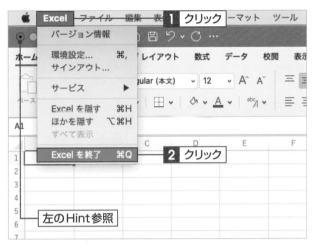

> **! Hint** ［閉じる］ボタンの利用
>
> 画面左上の ● をクリックすると、現在作業して
> いる画面は閉じますが、アプリケーションは終
> 了しません（32ページ参照）。

2 アプリケーションが終了する

アプリケーションが終了します。

> **📋 Memo** そのほかの方法
>
> control を押しながら Dock に表示されているア
> イコンをクリックし、表示されるメニューで［終
> 了］をクリックしても、アプリケーションを終了
> できます。

アプリケーションが終了する

🔍 COLUMN 保存していない文書がある場合

文書の作成や編集をしていた場合に、文書を保存し
ないで閉じようとすると、確認のダイアログボック
スが表示されます。それまで編集した内容を保存す
る場合は［保存］を、保存しないで閉じる場合は［保
存しない］を、文書を閉じずに作業に戻る場合は
［キャンセル］をクリックします。

編集した内容を保存してから閉じる
場合は［保存］をクリック

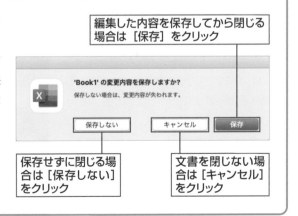

保存せずに閉じる場
合は［保存しない］
をクリック

文書を閉じない場
合は［キャンセル］
をクリック

COLUMN

Officeアプリケーションにサインインする

Officeアプリケーションを起動すると、画面の左上に［サインイン］と表示されます。このサインインとは、Microsoftアカウントでサインインするための機能です。Microsoftアカウントでサインインすると、マイクロソフトがインターネット上で提供するさまざまなサービスを利用できます。たとえば、OneDriveなどのオンラインストレージ上にファイルを保存すると、自宅や外出先など、インターネットが利用できる場所であれば、どこからでもファイルを利用したり、ファイルを共有したりできます。

これらのサービスを利用しない場合は、サインインしなくても構いません。また、サインアウトする場合は、アプリケーションメニューをクリックして、［サインアウト］をクリックし、表示されるダイアログボックスで［サインアウト］をクリックします。

● サインインする

Officeアプリケーションを起動して、［サインイン］をクリックします**1**。

サインインするための画面が表示されるので、取得済みのMicrosoftアカウントを入力して**2**、［次へ］をクリックします**3**。

Microsoftアカウントのパスワードを入力する画面が表示されるので、パスワードを入力して**4**、［サインイン］をクリックすると**5**、サインインが完了します。

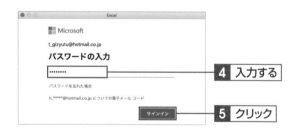

● サインアウトする

アプリケーションメニューをクリックして**1**、［サインアウト］をクリックします**2**。

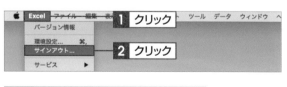

確認のダイアログボックスが表示されるので、［サインアウト］をクリックして**3**、アプリケーションを終了すると、サインアウトが完了します。

Section 03 リボンの基本操作

覚えておきたいキーワード

- リボン
- タブ
- コマンド

Office 2021では、アプリケーションのほとんどの機能をリボンで実行できます。リボンは、それぞれのアプリケーションに合わせたタブやコマンドで構成されています。タブは、操作状況に応じて自動的に追加され、文書内で選択した要素によって内容も変化します。

1 リボンを操作する

1 目的のコマンドをクリックする

実行したい作業のコマンドが含まれているタブをクリックして**1**、目的のコマンドをクリックします**2**。

Hint　リボンの構成

「リボン」は、関連する操作を集めた「グループ」と、関連するグループを集めた「タブ」から構成されています。コマンドをクリックすることによって、直接操作を実行したり、メニューやダイアログボックスなどを表示して操作を実行します。

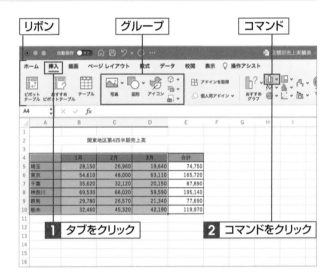

2 目的の機能をクリックする

コマンドをクリックしてメニューが表示されたときは、メニューの中から目的の機能をクリックします**1**。

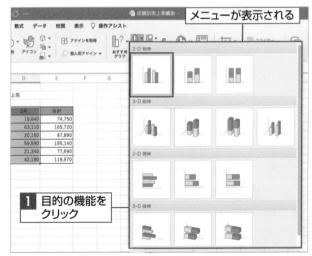

② 作業に応じたタブが表示される

1 タブが追加される

タブは作業に応じて変化します。ここでは、例としてグラフを作成します（124ページ参照）。グラフをクリックすると**1**、［グラフのデザイン］タブと［書式］タブが追加表示されます。

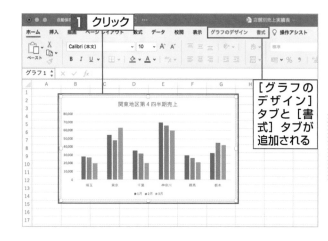

［グラフのデザイン］タブと［書式］タブが追加される

2 タブをクリックする

追加されたタブ（ここでは［グラフのデザイン］タブ）をクリックすると**1**、クリックしたタブの内容が表示されます。

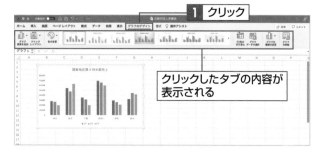

クリックしたタブの内容が表示される

🔍 **COLUMN**　グループタイトルを表示する

リボンの各グループにグループタイトルを表示させることができます。アプリケーションメニューをクリックして、［環境設定］をクリックします。続いて、［表示］をクリックし、［グループタイトル］をクリックしてオンにします。

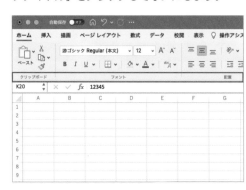

Section 04

リボンをカスタマイズする

覚えておきたいキーワード

- リボンを折りたたむ
- リボンを展開する
- クイックアクセスツールバー

作業スペースが狭くてリボンが邪魔になるときは、リボンを折りたたんで必要なときだけ表示させることができます。また、クイックアクセスツールバーにコマンドを追加することもできます。［クイックアクセスツールバーのカスタマイズ］から追加します。

1 リボンを折りたたむ・展開する

1 リボンを折りたたむ

リボンを非表示にする場合は、表示している任意のタブをクリックします **1**。

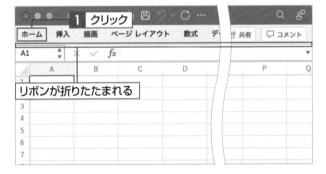

2 リボンを展開する

リボンが折りたたまれ、タブの名前の部分のみが表示されます。もとに戻すには、任意のタブをクリックします **1**。

3 リボンが展開される

リボンが展開されます。

② クイックアクセスツールバーにコマンドを追加する

① 追加したいコマンドを
クリックする

[クイックアクセスツールバーのカスタマイズ]
をクリックして**1**、追加したいコマンド（ここ
では［印刷］）をクリックします**2**。

> **! Hint** **コマンドを削除する**
>
> 追加したコマンドを削除するには、手順**2**で削
> 除したいコマンドをクリックしてオフにします。

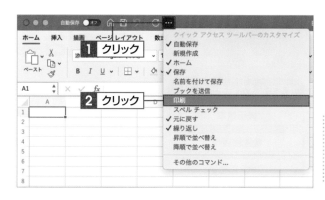

② コマンドが追加される

クイックアクセスツールバーに［印刷］コマンド
が追加されます。

③ メニューにないコマンドを追加する

① ［その他のコマンド］を
クリックする

[クイックアクセスツールバーのカスタマイズ]
をクリックして**1**、［その他のコマンド］をク
リックします**2**。

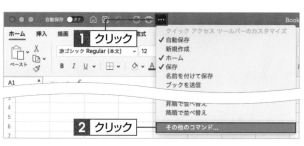

② コマンドを追加する

[リボンにないコマンド]を選択して**1**、登録
したいコマンド（ここでは［すべて閉じる］）を
クリックします**2**。 ▷ をクリックして**3**、［保
存］をクリックします**4**。［Excel環境設定］ダ
イアログボックスが表示されるので、✕ をク
リックして閉じると、［すべて閉じる］コマンド
が追加されます。

> **! Hint** **コマンドを削除する**
>
> 追加したコマンドを削除するには、右の画面で
> 削除したいコマンドをクリックして、 ◁ をク
> リックし、［保存］をクリックします。

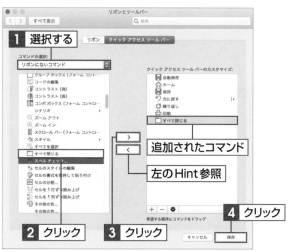

Section 05

表示倍率を変更する

覚えておきたいキーワード
- 表示倍率
- 全画面表示
- Dockに格納

文書の表示倍率を変更するには、[表示] タブの [ズーム] や、画面の右下にあるズームスライダーを利用します。画面を全画面表示にしたり、最小化してDockに格納するには、画面の左上にあるボタンを利用します。Wordの場合は、ページ幅を基準にして表示を変えることもできます。

1 文書の表示を拡大／縮小する

1 [ズーム]をクリックする

[表示] タブをクリックして**1**、[ズーム] をクリックします**2**。

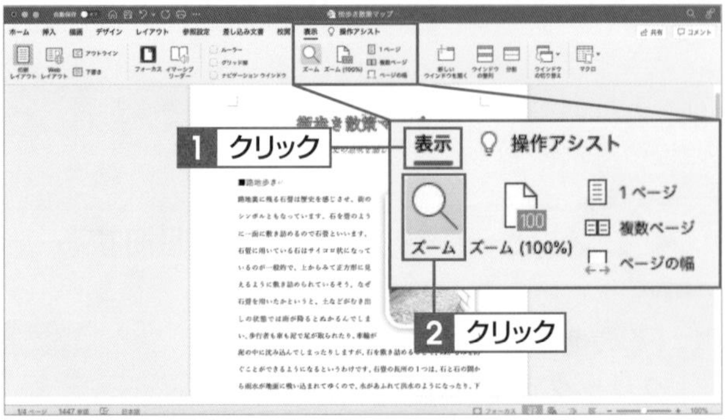

Memo そのほかの方法

画面の右下にあるズームスライダーをドラッグすることでも、表示倍率を変更できます。

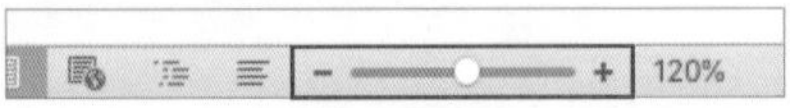

2 倍率を指定する

[拡大／縮小] ダイアログボックスが表示されるので、表示したい倍率をクリックしてオンにし**1**、[OK] をクリックします**2**。

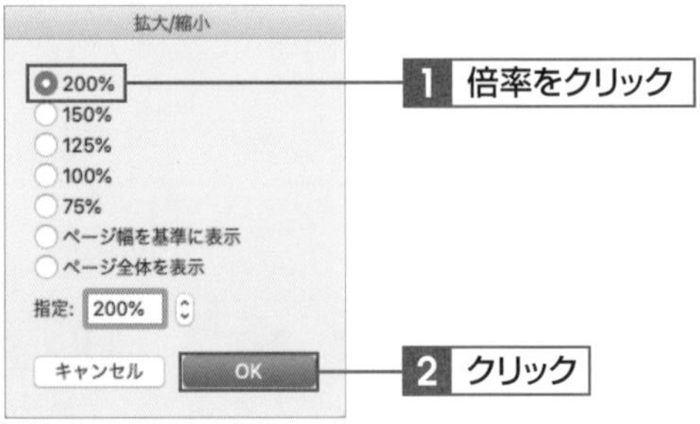

3 表示倍率が変更される

文書の表示倍率が変更されます。

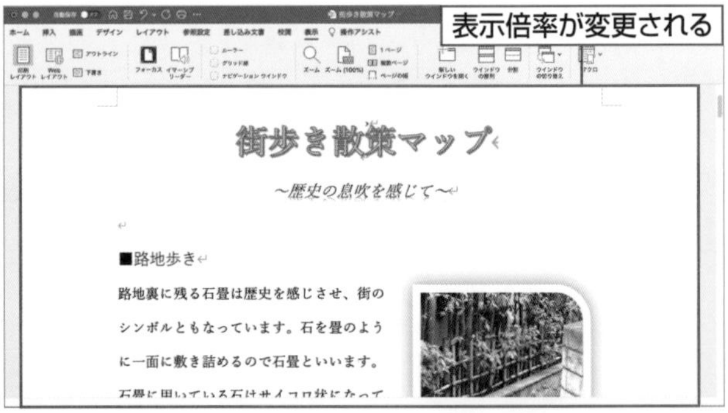

Memo 表示倍率の変更

表示倍率の変更方法は、アプリケーションによって多少異なります。Excel 2021の場合は、[表示] タブの [ズーム] ボックスの☑をクリックし、表示されるメニューで倍率を指定します。

2 画面を全画面表示にする・もとに戻す

1 画面を全画面表示にする

画面左上の⊗にマウスポインターを合わせて
1、[フルスクリーンにする] をクリックします
2。

1 マウスポインターを合わせる

2 クリック

2 画面をもとのサイズに戻す

画面が拡大して、全画面表示に切り替わりま
す。画面の上端にマウスポインターを移動する
と、タイトルバーが表示されます。⊕にマウス
ポインターを合わせて**1**、[フルスクリーンを解
除] をクリックすると**2**、画面が縮小してもと
の画面サイズに戻ります。

画面が全画面表示に切り替わる

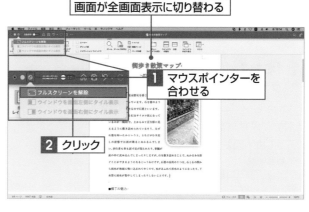

1 マウスポインターを合わせる

2 クリック

> **! Hint** **ドラッグで画面サイズを変える**
>
> 画面の周囲にマウスポインターを合わせ、ポイ
> ンターの形が ↔ に変わった状態でドラッグす
> ると、画面のサイズを任意に変更できます。

3 画面をDockに格納する

1 画面を最小化する

画面左上の⊖をクリックします**1**。

1 クリック

2 画面がDockに格納される

画面がDockに格納されます。画面をデスクトッ
プ上に戻すには、Dock上のアイコンをクリッ
クします**1**。

1 クリックすると戻る

街歩き散策マップ

Section

06

文書を保存する

覚えておきたいキーワード

名前を付けて保存
上書き保存
オンラインの場所

作成した文書を最初に保存するときは、文書に名前を付けて保存します。ファイル名を変更せずに内容を更新する場合は、上書き保存をします。ファイルの保存形式を変更したり、オンライン上にファイルを保存することもできます。

1　文書に名前を付けて保存する

1 [名前を付けて保存] をクリックする

[ファイル] メニューをクリックして **1**、[名前を付けて保存]（または [コピーの保存]）をクリックします **2**。

📝 Memo　コピーの保存

[自動保存] を [オン] にしている場合は（18ページ参照）、手順 **2** で [コピーの保存] と表示されます。

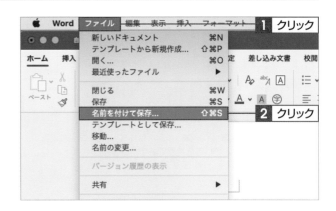

2 ファイル名を入力する

ダイアログボックスが表示されるので、ファイル名を入力します **1**。

3 保存場所を指定して保存する

[場所] ボックスの ⌄ をクリックすると **1**、ダイアログボックスが広がります。保存場所を指定して **2**、[保存] をクリックします **3**。

📝 Memo　[コピーの保存] を指定した場合

手順 **1** で [コピーの保存] を指定した場合は、[場所] のボックスをクリックして [その他] をクリックし、保存場所を指定して [保存] をクリックします。

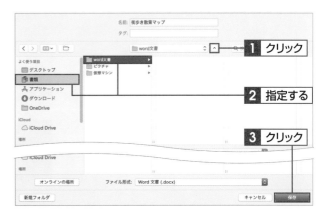

② 文書を上書き保存する

1 上書き保存する

クイックアクセスツールバーの［保存］をクリックすると**1**、文書が上書き保存されます。

📝 **Memo** **そのほかの方法**

［ファイル］メニューをクリックして、［保存］をクリックしても同様に上書き保存されます。

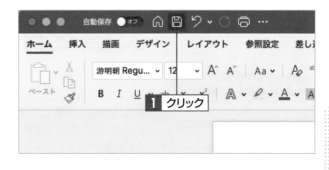

③ ファイル形式を変更して保存する

1 ファイル形式を指定する

［ファイル］メニューをクリックして、［名前を付けて保存］（または［コピーの保存］）をクリックします。ダイアログボックスが表示されるので、［ファイル形式］のボックスをクリックして**1**、目的のファイル形式を指定します**2**。

⚠ **Hint** **Officeのファイル形式**

Office 2021 では、Open XML 形式と呼ばれるファイル形式が採用されています。この形式は、Office 2004 以前のファイル形式とは互換性がありません。以前のバージョンで使用する場合は、Word 97-2004 文書形式に変更しましょう。

🔍 **COLUMN** **オンラインの場所に保存する**

ファイルをインターネット上の One Drive などに保存する場合は、30 ページの下段の図で［OneDrive］をクリックするか、［オンラインの場所］をクリックして、保存先を指定します。

Section 07 文書を閉じる・開く

覚えておきたいキーワード

閉じる
開く
クイックルック機能

文書を作成・編集して保存したら、ファイルを閉じます。ファイルを閉じてもアプリケーションは終了しないので、すぐに新しい文書を作成したり、保存した別のファイルを開いて作業したりできます。ファイルを閉じたり開いたりするには、[ファイル]メニューを利用します。

1 文書を閉じる

1 [閉じる]をクリックする

[ファイル]メニューをクリックして**1**、[閉じる]をクリックします**2**。

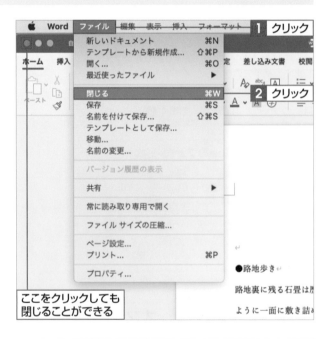

ここをクリックしても
閉じることができる

> 📝 **Memo** そのほかの方法
>
> 画面左上の⊗をクリックしても、同様に文書を閉じることができます。

2 文書が閉じる

文書が閉じます。文書を閉じてもアプリケーションは終了しません。

Word　ファイル　編集　表示　挿入　フォーマット　ツール　表　ウィンドウ　ヘルプ

文書が閉じるが、アプリケーションは
終了しない

> 📝 **Memo** 作業中の文書だけ閉じる
>
> 複数の文書を開いている場合は、現在作業中の文書だけが閉じます。

2 文書を開く

1 [開く]をクリックする

[ファイル]メニューをクリックして**1**、[開く]をクリックします**2**。

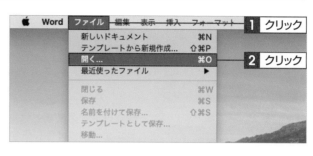

2 文書を指定する

ダイアログボックスが表示されるので、文書の保存場所を指定して**1**、目的の文書をクリックし**2**、[開く]をクリックします**3**。

Memo　ホーム画面が表示される

ホーム画面が表示された場合は、[自分のMac]をクリックすると、右のダイアログボックスが表示されます。

3 文書が開く

選択した文書が開きます。

Hint　最近使ったファイルから開く

[ファイル]メニューをクリックして、[最近使ったファイル]にマウスポインターを合わせ、そこからファイルを開くこともできます。

🔍 COLUMN　クイックルック機能で文書の中身を確認できる

Office 2021では、手順 **2** のファイルを開くダイアログボックスでファイルをクリックして[space]を押すと、macOSのクイックルック機能で中身をプレビューできます。左上の ⊗ をクリックするか、再度[space]を押すと、プレビューが閉じます。

なお、ここでいうプレビューとは、アプリケーションを起動せずにファイルの中身を確認することです。

クイックルック機能で中身をプレビューできる

閉じるときはここをクリックする

Section

08

新しい文書を作成する

覚えておきたいキーワード

新しいドキュメント

新規作成

テンプレート

現在作成中の文書とは別に、新しい白紙の文書を作成するには［ファイル］メニューから操作します。［テンプレートから新規作成］をクリックすると、あらかじめデザインなどが設定されたひな形をもとにして、見栄えのよい文書をかんたんに作成できます。

1 空白の文書を作成する

1 ［新しいドキュメント］をクリックする

［ファイル］メニューをクリックして**1**、［新しいドキュメント］をクリックします**2**。

Memo　ExcelやPowerPointの場合

ExcelやPowerPointの場合は、［ファイル］メニューをクリックして、［新規作成］をクリックします。

2 新規文書が作成される

白紙の新規文書が作成されます。

新規文書が作成される

2 テンプレートを利用して文書を作成する

1 [テンプレートから新規作成] を クリックする

[ファイル] メニューをクリックして**1**、[テンプレートから新規作成] をクリックします**2**。

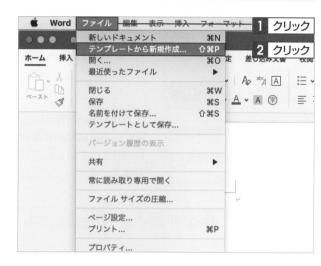

Memo そのほかの方法

クイックアクセスツールバーの [ホーム] 🏠 をクリックして、表示されたホーム画面の左側のメニューで [新規] をクリックしても、テンプレートが表示されます。

2 テンプレートを指定する

テンプレートが表示されるので、使用するテンプレートをクリックして**1**、[作成] をクリックします**2**。

Hint Onlineテンプレート

画面右上の検索ボックスに目的のテンプレートに関連するキーワードを入力すると、インターネット上に用意された Online テンプレートを利用できます。

3 新しい文書が作成される

選択したテンプレートをもとに新しい文書が作成されるので、自分用に編集します。

街歩きマップ
歴史の面影を求めて

テンプレートをもとにした新しい文書が作成される

Section 09 文書を印刷する

覚えておきたいキーワード

- プリント
- 印刷イメージ
- プリントプレビュー

文書を印刷するには、[ファイル]メニューを利用します。実際に印刷する前に、印刷結果のイメージを確認すると、印刷のミスを防ぐことができます。印刷イメージは、[プリント]ダイアログボックスに表示されるプレビューで確認できます。

1 プレビューで印刷イメージを確認する

1 [プリント]をクリックする

印刷したい文書を表示します **1**。[ファイル]メニューをクリックして **2**、[プリント]をクリックします **3**。

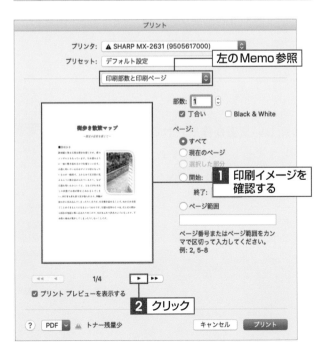

1 文書を表示する

2 クリック

3 クリック

2 印刷イメージを確認する

[プリント]ダイアログボックスが表示されます。プリントプレビューが表示されるので、印刷イメージを確認し **1**、▶ をクリックします **2**。

1 印刷イメージを確認する

2 クリック

> 📝 **Memo** 詳細な設定を行う
>
> [プリント]ダイアログボックスの[印刷部数と印刷ページ]をクリックすると、より詳細な印刷の設定ができます。Excel や PowerPoint の場合は、ダイアログボックスの左下にある[詳細を表示]をクリックします。

> ⚠ **Hint** ショートカットキーを使う
>
> ⌘を押しながら P を押しても、[プリント]ダイアログボックスが表示されます。

③ 次ページを確認する

次ページのプリントプレビューが表示されるので、確認します。

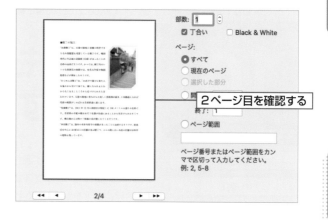

2ページ目を確認する

---

② 部数やページを指定して印刷する

① 部数とページを指定して印刷する

［プリント］ダイアログボックスで印刷部数を指定します**1**。ここでは2ページ目を印刷するために、［開始］をクリックしてオンにし**2**、印刷するページを指定します**3**。［プリント］をクリックすると**4**、印刷が開始されます。

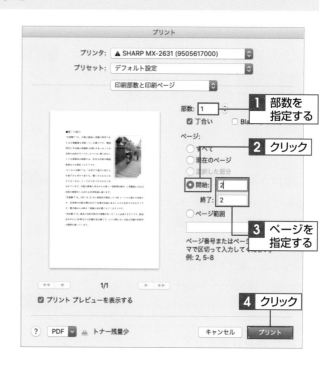

1 部数を指定する

2 クリック

3 ページを指定する

4 クリック

Memo ［開始］と［終了］の指定

［開始］には印刷する最初のページ番号を、［終了］には印刷する最後のページ番号を入力します。特定のページを1ページだけ印刷する場合は、両方に同じページ番号を入力します。

🔍 COLUMN 印刷イメージをプレビューで確認する

印刷イメージは、［プリント］ダイアログボックスの「プリントプレビュー」で確認できますが、表示サイズが小さいため確認しきれない場合もあります。もっと大きい画面でプレビューを確認したい場合は、［プリント］ダイアログボックスの左下にある［PDF］をクリックして、［"プレビュー"で開く］をクリックします。

Section 10

操作をもとに戻す・やり直す

覚えておきたいキーワード

| 元に戻す |
| やり直し |
| 繰り返し |

間違えた操作を取り消したり、取り消した操作をもとに戻したい場合、もう一度操作をやり直すのは面倒です。このような場合は、[元に戻す] や [やり直し] を利用すると効率的です。複数の操作をさかのぼってもとに戻したり、やり直したりすることもできます。

1 操作を取り消す・やり直す

1 [元に戻す] をクリックする

ここでは、文章に下線を設定しています。ツールバーの [元に戻す] をクリックします**1**。

下線を設定している
1 クリック
～歴史の息吹を感じて～

2 操作が取り消される

直前に行った操作（下線）が取り消されます。[やり直し] をクリックします**1**。

下線の設定が取り消される
1 クリック
～歴史の息吹を感じて～

> **! Hint　操作を繰り返す**
>
> [繰り返し] をクリックすると、直前に行った操作を繰り返し実行できます。

3 操作がやり直される

取り消した操作がやり直されます。

操作がやり直される
～歴史の息吹を感じて～

🔍 COLUMN　複数の操作をもとに戻す

直前の操作だけでなく、複数の操作をまとめて取り消したり、やり直したりすることもできます。[元に戻す] の▾をクリックし、表示される一覧から目的の操作を指定します。

複数の操作を取り消したり、やり直したりできる

斜体
太字
下線のスタイル

第 1 章

Excelの基本操作を
マスターしよう

Section 01	Excel 2021 for Mac の概要
Section 02	Excel 2021 の画面構成と表示モード
Section 03	文字や数値を入力する
Section 04	同じデータや連続データを入力する
Section 05	入力したデータを修正する
Section 06	文字列を検索・置換する
Section 07	セル範囲や行、列を選択する
Section 08	データをコピー・移動する
Section 09	セルに罫線を引く
Section 10	セルの背景に色を付ける
Section 11	見出しの文字を太字にして中央に揃える
Section 12	合計や平均を計算する
Section 13	最大値や最小値を求める
Section 14	数式を入力して計算する
Section 15	数値や日付の表示形式を変更する
Section 16	列幅や行の高さを変更する

Section 17	セルを結合する
Section 18	文字サイズやフォントを変更する
Section 19	文字に色を付ける・下線を引く
Section 20	文字列の配置を変更する
Section 21	ふりがなを表示する
Section 22	書式をコピーする
Section 23	形式を選択して貼り付ける
Section 24	行や列を挿入・削除する
Section 25	セルを挿入・削除する
Section 26	ワークシートを操作する
Section 27	見出しを固定する
Section 28	改ページ位置を変更する
Section 29	ヘッダーとフッターを挿入する
Section 30	印刷範囲を設定する
Section 31	2ページ目以降に見出しを付けて印刷する
Section 32	1ページに収まるように印刷する

Section 01

Excel 2021 for Macの概要

覚えておきたいキーワード

- リボン・タブ
- 操作アシスト
- SVG形式

Excel 2021 for Mac（以下、Excel 2021）では、リボンやタブが更新されました。また、操作アシスト機能や、画像やグラフなどをSVG形式で保存する機能、シートビュー機能などが新規に搭載されています。新しい関数も追加されました。

1 リボンやタブが更新された

リボンやタブが更新されました。アイコンもすっきりと見やすくなりました。

2 操作アシスト機能の搭載

操作アシスト機能が搭載されました。タブの右側に表示されている［操作アシスト］をクリックして、実行したい操作に関するキーワードを入力すると、キーワードに関する項目が一覧で表示され、使用したい機能にすばやくアクセスすることができます。ヘルプを表示したり、スマート検索を利用したりすることもできます。

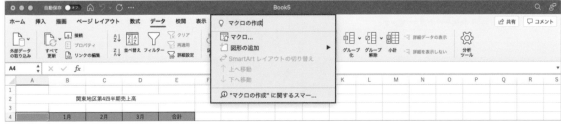

3 画像、グラフなどをSVG形式で保存

画像、グラフなどのグラフィックスをSVG（スケーラブルベクターグラフィックス）形式で保存できるようになりました。SVG画像は、ベクターデータと呼ばれる点の座標とそれを結ぶ線で再現される画像で、拡大／縮小しても画質が劣化せずにきれいに表示されます。

4 シートビューの利用

シートビューとは、フィルターや並べ替えを行った状態に名前を付けて保存しておき、必要に応じて切り替えて利用できる機能です。フィルターや並べ替えを行った状態で［表示］タブの［新規］をクリックして、シートビューの名前を入力し、［保持］をクリックします。シートビューは、ファイルがOneDrive、OneDrive for Business、SharePoint Onlineに保存されている場合に利用できます。なお、シートビューについては本書では解説していません。

5 新しい関数が追加された

表や指定したセルの範囲から行ごとに情報を検索するXLOOKUP関数、計算結果に名前を割り当てるLET関数、セルの配列または範囲で指定された項目を検索し、その相対位置を返すXMATCH関数などが追加されました。

Section 02

Excel 2021 の 画面構成と表示モード

覚えておきたいキーワード

メニューバー
リボン
ワークシート

Excel 2021の画面は、メニューバーとリボン、ワークシートから構成されています。画面の各部分の名称と機能は、Excelを利用する際の基本的な知識なので、ここでしっかり確認しておきましょう。また、Excel 2021には３つの画面表示モードが用意されています。

1　基本的な画面構成

Excel 2021の基本的な作業は、下図の画面で行います。初期設定では８つのタブが表示されていますが、特定の作業のときだけ表示されるタブもあります。

1 メニューバー　2 クイックアクセスツールバー　3 タブ　4 タイトルバー　5 リボン

6 名前ボックス　7 数式バー　8 列番号

9 行番号　10 セル　13 ワークシート　14 スクロールバー

11 シート見出し　12 ステータスバー　15 ズームスライダー

1 メニューバー

Excelで使用できるすべてのコマンドが、メニューごとにまとめられています。

2 クイックアクセスツールバー

よく使用されるコマンドが表示されています。

3 タブ

初期状態では8つのタブが用意されています。名前の部分をクリックしてタブを切り替えます。

4 タイトルバー

作業中のブック名（ファイル名）が表示されます。Excelではファイルのことを「ブック」と呼びます。

5 リボン

コマンドをタブごとに分類して表示します。

6 名前ボックス

現在選択されているセルの位置、またはセル範囲の名前が表示されます。

7 数式バー

選択しているセルに入力されたデータ、または設定されている数式が表示されます。

8 列番号

列の位置（名前）を表すアルファベットです。

9 行番号

行の位置（名前）を表す数字です。

10 セル

表の1つ1つのマス目です。操作の対象となっているセルを「アクティブセル」といいます。

11 シート見出し

ワークシート名が表示されます。タブをクリックして、表示するワークシートを切り替えます。

12 ステータスバー

操作の説明や現在の処理状態などを表示します。

13 ワークシート

Excelの作業スペースです。ワークシートはデータを入力するための領域で、列と行から構成されています。単に「シート」とも呼ばれます。

14 スクロールバー

ワークシートの隠れている部分を表示するために、縦横にスクロールして使用します。操作に応じて自動的に表示／非表示になります。

15 ズームスライダー

ワークシートの表示倍率を変更します。標準では、100%に設定されています。

2　画面の表示モード

Excel 2021には、「標準」「改ページプレビュー」「ページレイアウト」の3つの表示モードが用意されています。通常は「標準」に設定されています。「改ページプレビュー」は、ページ番号や改ページ位置が表示されます。ページ区切りを変更したり、改ページを挿入したりする際に利用します。「ページレイアウト」は、表などを用紙の上にバランスよく配置するためのモードです。印刷イメージを確認しながらデータの編集やセル幅の調整、余白の調整などが行えます。

表示モードは、[表示]タブから切り替えるか、画面右下にある表示切替用のコマンドから切り替えます。

[表示]タブのコマンドで切り替える

標準　　改ページのプレビュー

ページレイアウト

Section 03 文字や数値を入力する

覚えておきたいキーワード

アクティブセル
表示形式
通貨スタイル

セルにデータを入力するには、セルをクリックして、選択状態（アクティブセル）にします。データを入力すると、任意の表示形式を設定していない限り、通貨スタイルや日付スタイルなど、適切な表示形式が自動的に設定されます。

1　セルにデータを入力する

1　セルを選択する

データを入力するセルをクリックすると1、セルが選択され、アクティブセルになります。

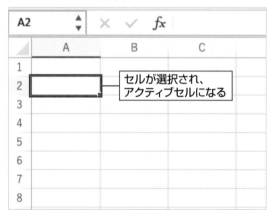

2　データを入力する

データを入力して1、return を押すと2、入力したデータが確定し、アクティブセルが下に移動します。

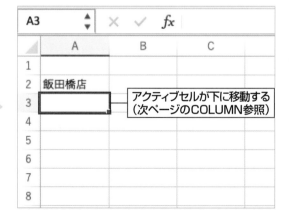

44

2 「,」「¥」付きの表示形式で数値を入力する

1 「,」付きで数値を入力する

数値を3桁ごとに「,」で区切って入力し **1**、[return] を押して確定します。

1 数値を3桁ごとに「,」で区切って入力する

確定すると、記号なしの通貨スタイルが適用される

2 「¥」付きで数値を入力する

数値の先頭に「¥」を付けて入力し **1**、[return] を押して確定します。

1 「¥」を付けて数値を入力する

確定すると、記号付きの通貨スタイルが適用される

🔍 COLUMN　アクティブセルの移動方向を変更する

選択されたセルは、グリーンの枠線で囲まれます。この状態を「アクティブセル」と呼びます。データを入力して確定すると、アクティブセルは下に移動しますが、この方向は変更できます。
[Excel] メニューの [環境設定] をクリックし、[作成] の [編集] をクリックします。続いて、[入力後セル移動] のボックスをクリックし、表示される一覧からセルの移動方向を指定します。

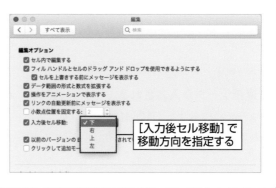

[入力後セル移動] で移動方向を指定する

Section 04

同じデータや連続データを入力する

覚えておきたいキーワード

- オートフィル
- フィルハンドル
- 連続データ

オートフィルは、フィルハンドルをドラッグするだけで、自動的に連続するデータを入力してくれる機能です。オートフィルを使うと、「日、月、火…」や「1月、2月、3月…」などの連続する文字列をかんたんに入力できます。また、データのコピー機能としても利用できます。

1 月の連続データを入力する

1 セルを選択する

「1月」と入力されたセルをクリックします**1**。

2 フィルハンドルにポインターを合わせる

フィルハンドルにマウスポインターを合わせると**1**、＋の形に変わります。

🔑 **Keyword** ▶ **フィルハンドル**

　選択したセルの右下にあるグリーンの■をフィルハンドルといいます。

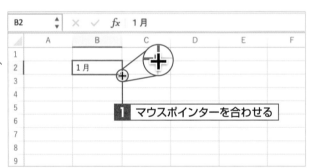

3 右方向にドラッグする

そのまま右方向にドラッグします**1**。

4 連続データが入力される

マウスのボタンを離すと、月の連続データが入力されます。

② 数値の連続データを入力する

1 フィルハンドルをドラッグする

「1」、「2」と入力されたセルをまとめて選択し（52ページ参照）、フィルハンドルをドラッグします**1**。

2 連続データが入力される

マウスのボタンを離すと、数値の連続データが入力されます。

数値の連続データが入力される

③ オートフィルの動作を変更して入力する

1 フィルハンドルをドラッグする

「1月」と入力されたセルをクリックして、フィルハンドルをドラッグします**1**。

2 ［オートフィルオプション］をクリックする

マウスのボタンを離すと表示される［オートフィルオプション］をクリックします**1**。

3 ［セルのコピー］をクリックする

表示されるメニューから［セルのコピー］をクリックします**1**。

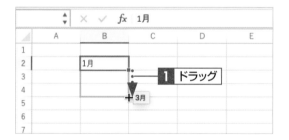

セルのコピー
✓ 連続データ
書式のみコピー (フィル)
書式なしコピー (フィル)
フラッシュ フィル(F)

4 連続データの入力がコピーに変更される

連続データの入力が、データのコピーに変更されます。ドラッグしたセルに同じデータが入力されます。

コピーに変更される

入力したデータを
修正する

覚えておきたいキーワード

データの修正

データの置き換え

データの消去

セルに入力したデータを修正する場合、セル内のデータの一部を修正するか、セル内のデータ全体を置き換えるかによって方法が異なります。また、セルを残したまま、セル内のデータだけを消去することもできます。データを消去するには、delete や [クリア] を使います。

1 セル内のデータの一部を修正する

1 セルを選択する

データが入力されたセルをダブルクリックします**1**。

	A	B	C
1			
2		1月	2月	3
3	飯田橋店		
4	目白店 ⊕	**1** ダブルクリック	
5	高輪台店		
6	しぶやてん		
7	日本橋店		
8			

2 文字を範囲指定する

セル内に文字カーソルが表示されるので、修正したい文字をドラッグして選択します**1**。

	A	B	C
1			
2		1月	2月	3
3	飯田橋店		
4	目白店	**1** ドラッグして選択する	
5	高輪台店		
6	しぶやてん		
7	日本橋店		
8			

3 文字を入力する

データを入力すると、選択した部分が置き換えられます**1**。

	A	B	C
1			
2		1月	2月	3
3	飯田橋店		
4	目黒店	**1** 入力する	
5	高輪台店		
6	しぶやてん		
7	日本橋店		
8			

4 文字を確定する

return を押すと、セルの修正が確定します**1**。

	A	B	C
1			
2		1月	2月	3
3	飯田橋店		
4	目黒店	**1** return を押して	
5	高輪台店		確定する
6	しぶやてん		
7	日本橋店		
8			

2 セル内のデータ全体を置き換える

1 セルを選択する

修正するセルをクリックします**1**。

1				
2		1月	2月	3月
3	飯田橋店			
4	目黒店			
5	高輪台店			
6	しぶやてん	**1** クリック		
7	日本橋店			

2 データを入力する

置き換える文字を入力し**1**、return を押して確定します**2**。

1				
2		1月	2月	3月
3	飯田橋店			
4	目黒店			
5	高輪台店			
6	渋谷店	**1** 入力する		
7	日本橋店	**2** return を押す		

3 セル内のデータを消去する

1 セルを選択する

データを消去するセルをクリックします**1**。

	A	B	C	
1				
2		1月	2月	3月
3	飯田橋店			
4	目黒店			
5	高輪台店	**1** クリック		
6	渋谷店			
7	日本橋店			

2 delete を押す

delete を押すと、セルのデータが消去されます。

	A	B	C	
1				
2		1月	2月	3月
3	飯田橋店			
4	目黒店			
5		delete を押すと、データが消去される		
6	渋谷店			
7	日本橋店			

🔍 COLUMN [クリア] の利用

セル内のデータを消去する場合、delete を押す以外に、[ホーム]タブの[クリア]を使う方法もあります。
なお、Excelの画面サイズを小さくしている場合は、[クリア]は表示されません。その場合は、[編集]をクリックして、[クリア]から[すべてクリア]をクリックします。[クリア]を使うと、書式設定のみを消去したり、データと数式だけを消去したりすることもできます。

49

Section 06 文字列を検索・置換する

覚えておきたいキーワード

- 検索と選択
- 検索
- 置換

データの中から特定の文字列を探したり、特定の文字列をほかの文字列に置き換えたりする場合、1つ1つ探していくのは手間がかかります。この場合は、検索機能や置換機能を利用すると便利です。検索と置換には、[ホーム] タブの [検索と選択] を利用します。

1 文字列を検索する

1 [検索] をクリックする

表内のいずれかのセルをクリックします**1**。[ホーム] タブの [検索と選択] をクリックして**2**、[検索] をクリックします**3**。

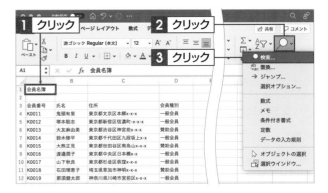

2 文字列を入力して検索する

[検索] ダイアログボックスが表示されます。検索したい文字列を入力して**1**、[次を検索] をクリックすると**2**、検索が実行されて、該当の文字列を含むセルが選択されます。

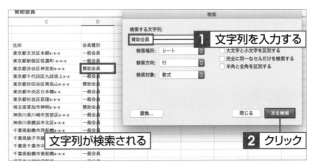

3 次の文字列を検索する

再度 [次を検索] をクリックすると**1**、次の文字列が検索されます。[閉じる] をクリックすると、検索が終了します。

2 文字列を置換する

1 [置換]をクリックする

表内のいずれかのセルをクリックします。[ホーム] タブの [検索と選択] をクリックして **1**、[置換] をクリックします **2**。

2 検索する文字列と置換する文字列を入力する

[置換] ダイアログボックスが表示されます。検索する文字列を入力して **1**、置換する文字列を入力し **2**、[すべて置換] をクリックします **3**。

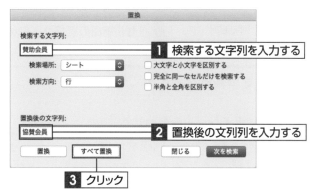

3 文字列が置換される

検索した文字列が指定した文字列にすべて置き換えられ、[通知] ダイアログボックスが表示されます。[OK] をクリックして **1**、[置換] ダイアログボックスの [閉じる] をクリックします **2**。

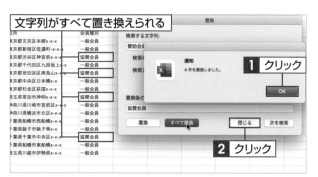

🔍 COLUMN　1つずつ確認しながら置換する

文字列をまとめて一気に置換するのではなく、1つずつ確認しながら置換したい場合は、[次を検索] をクリックします。文字列が検索されるので、置換する場合は [置換] をクリックします。置換したくない場合は [次を検索] をクリックすると、その文字列は置換されず、次の文字列が検索されます。

セル範囲や行、列を選択する

覚えておきたいキーワード

| セル範囲の選択 |
| 行の選択 |
| 列の選択 |

データのコピーや移動をしたり、書式を設定したりする場合、最初に対象となるセルを選択します。複数のセルを選択する場合は、隣り合うセル範囲だけでなく、離れた位置にあるセルを同時に選択することもできます。セル範囲の選択は、Excelの基本的な操作なので覚えておきましょう。

1 セル範囲をまとめて選択する

1 セルにポインターを合わせる

選択範囲の始点となるセルにマウスポインターを合わせます **1**。

2 終点までドラッグする

終点となるセルまでドラッグすると **1**、セル範囲が選択されます。

📝 Memo **フィルハンドルをドラッグしない**

選択中のセルからドラッグする場合、フィルハンドルをドラッグすると、同じデータや連続データが入力されてしまうので注意しましょう。

2 離れた位置にあるセルを選択する

1 ⌘ を押しながらクリックする

最初のセルをクリックします **1**。⌘ を押しながら次のセルをクリックすると **2**、セルが追加して選択されます。同様の方法で、さらに多くのセルを選択できます。

③ 行や列を選択する

① 行を選択する

行番号をクリックすると**1**、行全体が選択されます。

1 行番号をクリック

A4		新宿南口店			
	A	B	C	D	E	F
1	東京店舗別売上表				
2					
3	店舗名	1月	2月	3月	合計
4	新宿南口店	8990	4230	6980	
5	渋谷店	7590	2500	4550	
6	目黒店	3350	2770	8990	
7	高輪台店	2090	5330	5770	
8	浜松町店	8910	9970	2450	
9	御茶ノ水店	2340	1460	4780	
10	飯田橋店	4920	3860	3540	
11					

② 列を選択する

列番号をクリックすると**1**、列全体が選択されます。

1 列番号をクリック

B1					
	A	B	C	D	E	F
1	東京店舗別売上表				
2					
3	店舗名	1月	2月	3月	合計
4	新宿南口店	8990	4230	6980	
5	渋谷店	7590	2500	4550	
6	目黒店	3350	2770	8990	
7	高輪台店	2090	5330	5770	
8	浜松町店	8910	9970	2450	
9	御茶ノ水店	2340	1460	4780	
10	飯田橋店	4920	3860	3540	
11					

④ 行や列をまとめて選択する

① 行番号をドラッグする

行番号あるいは列番号をドラッグすると**1**、複数の行や列をまとめて選択できます。

A3		店舗名			
	A	B	C	D	E	F
1	東京店舗別売上表				
2					
3	店舗名	1月	2月	3月	合計
4	新宿南口店	8990	4230	6980	
5	渋谷店	7590	2500	4550	
6	目黒店	3350	2770	8990	
7	高輪台店	2090	5330	5770	
8	浜松町店	8910	9970	2450	
9	御茶ノ水店	2340	1460	4780	
10	飯田橋店	4920	3860	3540	
11					
12					

1 行番号をドラッグ

② 離れた位置にある行を選択する

⌘ を押しながら行番号あるいは列番号をクリックすると**1**、離れた位置にある行や列をまとめて選択できます。

A6		目黒店			
	A	B	C	D	E	F
1	東京店舗別売上表				
2					
3	店舗名	1月	2月	3月	合計
4	新宿南口店	8990	4230	6980	
5	渋谷店	7590	2500	4550	
6	目黒店	3350	2770	8990	
7	高輪台店	2090	5330	5770	
8	浜松町店	8910	9970	2450	
9	御茶ノ水店	2340	1460	4780	
10	飯田橋店	4920	3860	3540	
11					
12					

1 ⌘を押しながら行番号をクリック

🔍 COLUMN 選択セルを一部解除する

セルを複数選択したあとで特定のセルだけ選択を解除したい場合、最初から選択し直す必要はありません。Excel 2019からは、⌘を押しながらクリックあるいはドラッグすることで、一部のセルの選択を解除できるようになりました。

	A	B	C	D	E
1					
2	店舗名	1月	2月	3月	合計
3	新宿南口店	8990	4230	6980	
4	渋谷店	7590	2500	4550	
5	目黒店	3350	2770	8990	
6	高輪台店	2090	5330	5770	
7	浜松町店	8910	9970	2450	
8	御茶ノ水店	2340	1460	4780	
9					

Section 08 データをコピー・移動する

覚えておきたいキーワード
- コピー
- 切り取り
- ペースト

セル内に入力したデータをほかのセルにコピーしたり、移動したりするには、それぞれコピーまたは切り取りを実行したあと、ペーストを実行するという2段階の操作を行います。コピーの場合はもとデータがそのまま残りますが、移動の場合はもとデータは削除されます。

1 データをコピーする

1 [コピー]をクリックする

コピーするセル範囲を選択し**1**、[ホーム]タブの[コピー]をクリックします**2**。

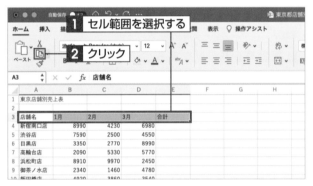

> **! Hint　シュートカットキーを使う**
>
> [ホーム]タブの[コピー]や[ペースト]をクリックするかわりに、⌘を押しながら©を押すとコピー、⌘を押しながらⓋを押すとペーストが実行できます。

2 [ペースト]をクリックする

コピー先のセルをクリックし**1**、[ホーム]タブの[ペースト]をクリックします**2**。

> **🔑 Keyword　ペースト**
>
> コピーまたはカットしたデータを貼り付けることを「ペースト」といいます。

3 データがコピーされる

選択したセル範囲のデータがコピーされます。

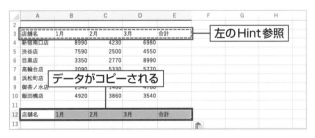

> **! Hint　ペーストを繰り返す**
>
> コピーもとのセル範囲に破線が表示されている間は、何度でもペーストできます。

2 データを移動する

1 [切り取り] をクリックする

移動するセル範囲を選択し🔟、[ホーム] タブの
[切り取り] をクリックします🔟。

2 [ペースト] をクリックする

移動先のセルをクリックし🔟、[ホーム] タブの
[ペースト] をクリックします🔟。

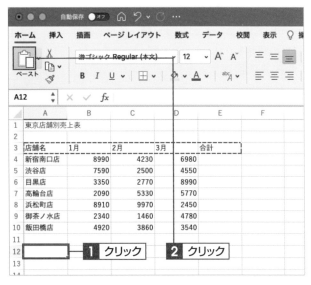

! Hint　セルの選択をキャンセルする

セルを間違えて選択した場合は、escを押すと
選択が解除されて、セル範囲の破線が消えます。

3 データが移動される

選択したセル範囲のデータが移動します。

! Hint　ショートカットキーを使う

[ホーム] タブの [切り取り] や [ペースト] をク
リックするかわりに、⌘を押しながらⅩを押す
と切り取り、⌘を押しながらⅤを押すとペース
トが実行できます。

Section

09

セルに罫線を引く

覚えておきたいキーワード

- 罫線
- 斜線
- 線のスタイルと色

ワークシート上のセルの境界には、あらかじめグレーの枠線が入っています。この枠線は編集時にセルの区切りを見やすくするためのものなので、印刷はされません。表に枠線を入れて印刷したい場合は、必要な部分に罫線を引く必要があります。罫線には、スタイルや色を指定できます。

1 コマンドを使って罫線を引く

1 罫線の種類を指定する

罫線を引くセル範囲を選択します**1**。[ホーム]タブの[罫線]の▼をクリックし**2**、使用する罫線の種類をクリックします**3**。ここでは、[格子]を指定します。

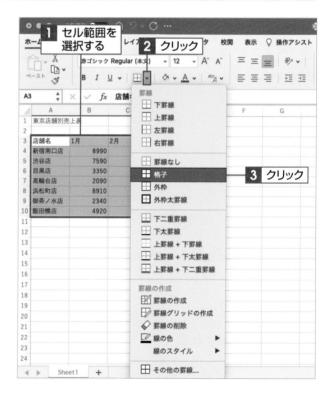

2 セルに罫線が引かれる

選択したセル範囲に罫線が引かれます。

! Hint　罫線を削除する

罫線を削除するときは、罫線を削除するセル範囲を選択して、[罫線]の▼をクリックし、[罫線なし]をクリックします。

2 [セルの書式設定] ダイアログボックスを使って罫線を引く

1 [その他の罫線] をクリックする

目的のセル範囲（ここではセル [A3] からセル [B10]）を選択します**1**。[ホーム] タブの [罫線] の ✓ をクリックし**2**、[その他の罫線] をクリックします**3**。

2 線のスタイルと色を指定する

[セルの書式設定] ダイアログボックスの [罫線] が表示されます。線のスタイルを指定し**1**、線の色を選択します**2**。ここでは「太線」で「オレンジ」を使います。続いて、線を引く対象となる箇所をクリックし**3**、[OK] をクリックします**4**。ここでは、セルの内側に縦罫線を指定しています。

3 セルに罫線が引かれる

指定したスタイルと色の罫線がセルに引かれます。

Section 10

セルの背景に色を付ける

覚えておきたいキーワード

- 塗りつぶしの色
- その他の色
- [カラー]ダイアログボックス

セルには背景色を付けることができます。色の指定は、Excelにあらかじめ用意されているパレットから選択するほか、[カラー]ダイアログボックスから選択することもできます。セルの背景に色を設定することで、表の見栄えもよくなり、重要なポイントなどが見やすくなります。

1 セルに背景色を付ける

1 使用する色を指定する

背景色を付けるセル範囲を選択します **1**。[ホーム] タブの [塗りつぶしの色] の ▼ をクリックし **2**、使用する色をクリックします **3**。ここでは [ゴールド、アクセント4] を指定します。

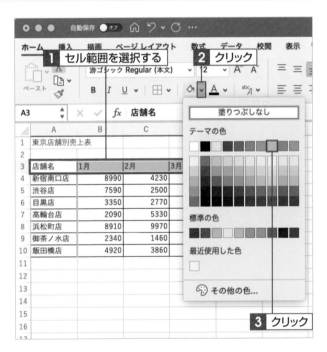

2 セルの背景に色が付く

選択したセル範囲に、指定した背景色が付きます。

> **! Hint　設定した色を消去する**
>
> 設定した色を消去するには、対象となるセル範囲を選択したあと、[塗りつぶしの色] の ▼ をクリックし、[塗りつぶしなし]をクリックします。

2 [塗りつぶしの色]の一覧にない色を付ける

1 [その他の色]をクリックする

背景色を付けるセル範囲を選択します **1**。
[ホーム]タブの[塗りつぶしの色]の ☑ をク
リックし **2**、[その他の色]をクリックします
3。

2 色を指定する

[カラー]ダイアログボックスが表示されます。
スライドバーを左右にドラッグして明るさを選
び **1**、カラーホイールの上で好きな色の部分を
クリックします **2**。設定した色を確認して **3**、
[OK]をクリックします **4**。

3 セルの背景に色が付く

選択したセル範囲に、指定した背景色が付き
ます。

🔍 **COLUMN**　　**色を選べる5つのパレット**

[カラー]ダイアログボックス
では、ここで紹介した[カラー
ホイール]のほかに、右の4
つのパレットから色を選択で
きます。ダイアログボックス
の上にある5つのコマンドを
クリックして、パレットを切
り替えます。

・カラーつまみ　・カラーパレット　・イメージパレット　・鉛筆

  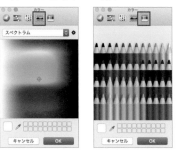

Section

11

見出しの文字を太字にして中央に揃える

覚えておきたいキーワード

| 太字 |
| 中央揃え |
| 文字列の配置 |

表の1行目や1列目に入れる見出しは、太字や斜体などのスタイルを設定したり、セル内で中央揃えなどの文字配置を設定したりすることで、見やすくなり、ほかの項目とも区別が付くようになります。ここでは、表の見出し行を太字にして、配置を中央揃えに設定しましょう。

1 文字列を太字にする

1 セル範囲を選択する

文字列を太字にするセル範囲を選択します **1**。

	A	B	C	D	E	F	G
1	東京店舗別売上表						
2							
3	店舗名	1月	2月	3月	合計		
4	新宿南口店	8990	4230	6980			
5	渋谷店	7590	2500	4550			
6	目黒店						
7	高輪台店						
8	浜松町店	8910	9970	2450			
9	御茶ノ水店	2340	1460	4780			
10	飯田橋店	4920	3860	3540			
11							

1 セル範囲を選択する

2 ［太字］をクリックする

［ホーム］タブの［太字］をクリックします **1**。

1 クリック

3 文字列が太字になる

選択したセル範囲の文字列が太字になります。

	A	B	C	D	E	F	G
1	東京店舗別売上表						
2							
3	**店舗名**	**1月**	**2月**	**3月**	**合計**		
4	新宿南口店	8990	4230	6980			
5	渋谷店	7590	2500	4550			
6	目黒店						
7	高輪台店						
8	浜松町店	8910	9970	2450			
9	御茶ノ水店	2340	1460	4780			
10	飯田橋店	4920	3860	3540			
11							

文字列が太字になる

! Hint　太字を解除する

太字の設定を解除するには、太字に設定したセルを選択して、再度［太字］をクリックします。

🔍 COLUMN　スタイルの種類

文字列のスタイルは、太字のほかに斜体と下線が設定できます。複数のスタイルを同時に設定することもできます。

太字　斜体　下線

文字スタイル	←	太字
文字スタイル	←	斜体
文字スタイル	←	下線

② 文字列を中央揃えにする

① セル範囲を選択する

文字列を中央揃えにするセル範囲を選択します**1**。

	A	B	C	D	E	F
1	東京店舗別売上表					
2						
3	店舗名	1月	2月	3月	合計	
4	新宿南口店	8990	4230	6980		
5	渋谷店	7590	2500	4550		
6	目黒店	3350	2770	8990		
7	高輪台店	2090	5330	5770		
8	浜松町店	8910	9970	2450		
9	御茶ノ水店	2340	1460	4780		
10	飯田橋店	4920	3860	3540		
11						
12		**1 セル範囲を選択する**				
13						

② [文字列中央揃え]を クリックする

[ホーム]タブの[文字列中央揃え]をクリックします**1**。

1 クリック

③ 文字列が中央揃えになる

選択したセル範囲の文字列が、中央に配置されます。

> ⚠ **Hint** 　**中央揃えを解除する**
>
> 中央揃えの設定を解除するには、中央揃えにしたセルを選択して、再度[文字列中央揃え]をクリックします。

	A	B	C	D	E	F
1	東京店舗別売上表					
2						
3	店舗名	1月	2月	3月	合計	
4	新宿南口店	8990	4230	6980		
5	渋谷店	7590	2500	4550		
6	目黒店	3350	2770	8990		
7	高輪台店	2090	5330	5770		
8	浜松町店	8910	9970	2450		
9	御茶ノ水店	2340	1460	4780		
10	飯田橋店	4920	3860	3540		
11						
12		**文字列が中央に配置される**				
13						

🔍 COLUMN　　文字列の配置の種類

[ホーム]タブの文字列の配置コマンドを利用すると、セル内の文字を左／中央／右に揃えたり、上／上下中央／下に揃えたりできます。それぞれのコマンドを組み合わせて、自由に配置することもできます。

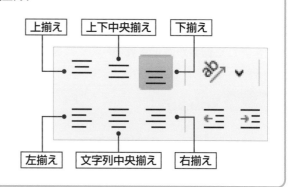

上揃え　　上下中央揃え　　下揃え

左揃え　　文字列中央揃え　　右揃え

Section 12 合計や平均を計算する

請求書や売上表などの表では、一般的に行や列の合計を求めますが、Excelにはかんたんに合計や平均を計算できる［オートSUM］という機能が用意されています。［オートSUM］を利用すると、数式を入力する手間が省けるので、入力ミスを防ぐこともできます。

第1章　Excelの基本操作をマスターしよう

1 合計を求める

1 ［オートSUM］をクリックする

合計を表示するセルをクリックして **1**、［ホーム］タブの［オートSUM］をクリックします **2**。［オートSUM］は、［ホーム］タブのほか、［数式］タブにも用意されています。

Memo 合計を表示するセル

合計を表示するセルは、連続するデータの下（あるいは右）にあるセルを選択します。

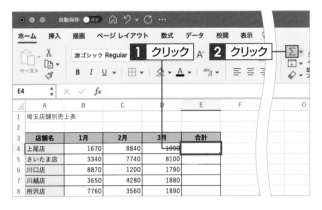

	A	B	C	D	E	F
1	埼玉店舗別売上表					
2						
3	店舗名	1月	2月	3月	合計	
4	上尾店	1670	8840	1990		
5	さいたま店	3340	7740	8100		
6	川口店	8870	1200	1790		
7	川越店	3650	4280	1880		
8	所沢店	7760	3560	1890		

2 対象となるセル範囲が選択される

計算の対象となるセル範囲が自動的に選択されて色が付き、破線で囲まれます **1**。セル範囲に間違いがないか確認し、[return] を押します **2**。

SUMIF ✕ ✓ fx =SUM(B4:D4)

	A	B	C	D	E	F	G
1	埼玉店舗別売上表						
2							
3	店舗名	1月	2月	3月	合計		
4	上尾店	1670	8840	1990	=SUM(B4:D4)		
5	さいたま店	3340	7740	8100			
6	川口店	8870	1200	1790			
7	川越店	3650	4280	1880			
8	所沢店						
9	越谷店						
10	平均売上						
11							

1 対象のセルが選択される

2 確認して [return] を押す

3 合計した結果が表示される

連続するデータの合計が表示されます。

Keyword SUM関数

［オートSUM］を利用して合計を求めたセルには、「SUM関数」が入力されています。SUM関数は、指定したセル範囲に含まれる数値の合計を求める関数です。

E5 ✕ ✓ fx

	A	B	C	D	E	F	G
1	埼玉店舗別売上表						
2							
3	店舗名	1月	2月	3月	合計		
4	上尾店	1670	8840	1990	12500		
5	さいたま店	3340	7740	8100			
6	川口店	8870	1200	1790			
7	川越店	3650	4280	1880			
8	所沢店	7760	3560	1890			
9	越谷店	2860	1340	3990			
10	平均売上						
11							

合計が表示される

2 平均を求める

1 [平均] をクリックする

平均を表示するセルをクリックして **1**、[ホーム] タブの [オートSUM] の ✓ をクリックし **2**、[平均] をクリックします **3**。

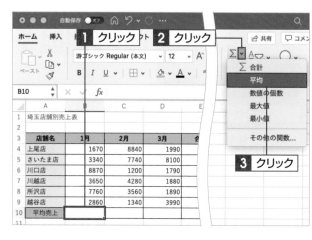

2 対象となるセル範囲が選択される

計算の対象となるセル範囲が自動的に選択されて色が付き、破線で囲まれます **1**。セル範囲に間違いがないか確認し、return を押します **2**。

3 平均値が表示される

指定したセル範囲の平均値が表示されます。

🔍 **COLUMN**　　**対象となるセル範囲を修正する**

[オートSUM] で計算をすると、対象となるセルの範囲が自動的に選択されます。範囲が間違って選択された場合は、正しい範囲をドラッグして修正します。

Section 13 最大値や最小値を求める

覚えておきたいキーワード

オートSUM
最大値
最小値

[オートSUM] には、前のセクションで紹介した合計や平均を求めるほかに、最大値や最小値、数値の個数を求める機能も用意されています。ここでは、最大値と最小値を求めてみましょう。最大値を求める関数をMAX関数、最小値を求める関数をMIN関数といいます。

1 最大値を求める

1 [最大値] をクリックする

最大値を表示するセルをクリックします**1**。[ホーム] タブの [オートSUM] の ▽ をクリックし**2**、[最大値] をクリックします**3**。

2 対象となるセル範囲が選択される

計算の対象となるセル範囲が自動的に選択されて色が付き、破線で囲まれます**1**。セル範囲に間違いがないか確認し、return を押します**2**。

3 最大値が表示される

指定したセル範囲の最大値が表示されます。

Keyword　MAX関数

MAX関数は、指定したセル範囲に含まれる数値の中で最大値を求める関数です。

2 最小値を求める

1 [最小値] をクリックする

最小値を表示するセルをクリックします**1**。[ホーム] タブの [オートSUM] の ▼ をクリックし**2**、[最小値] をクリックします**3**。

	A	B	C
1	埼玉店舗別売上表		
2			
3	店舗名	1月	2月
4	上尾店	1670	8840
5	さいたま店	3340	7740
6	川口店	8870	1200
7	川越店	3650	4280
8	所沢店	7760	3560
9	越谷店	2860	1340
10	最小売上		
11			

1 クリック　**2** クリック

Σ 合計
平均
数値の個数
最大値
最小値
その他の関数...

3 クリック

2 対象となるセル範囲が選択される

計算の対象となるセル範囲が自動的に選択されて色が付き、破線で囲まれます**1**。セル範囲に間違いがないか確認し、[return] を押します**2**。

SUMIF　fx　=MIN(B4:B9)

	A	B	C	D	E	F
1	埼玉店舗別売上表					
2						
3	店舗名	1月	2月	3月	合計	
4	上尾店	1670	8840	1990	12500	
5	さいたま店	3340	7740	8100		
6	川口店	8870	1200			
7	川越店	3650	4280			
8	所沢店	7760	3560	1890		
9	越谷店	2860	1340	3990		
10	最小売上	=MIN(B4:B9)				
11						

1 対象のセルが選択される

2 確認して [return] を押す

3 最小値が表示される

指定したセル範囲の最小値が表示されます。

B11　fx

	A	B	C	D	E	F
1	埼玉店舗別売上表					
2						
3	店舗名	1月	2月	3月	合計	
4	上尾店	1670	8840	1990	12500	
5	さいたま店	3340	7740	8100		
6	川口店	8870	1200	1790		
7	川越店	3650	4280	1880		
8	所沢店	7760	3560	1890		
9	越谷店	2860	1340	3990		
10	最小売上	1670				
11						

最小値が表示される

 Keyword MIN関数

MIN関数は、指定したセル範囲に含まれる数値の中で最小値を求める関数です。

数式を入力して計算する

覚えておきたいキーワード

数式
セルの位置
算術演算子

セルに数式を入力することによって、計算を実行することもできます。数式には、実際の数値を入力するかわりに、セルの位置を指定して計算させることもできます。セルの位置を利用すると、参照先のデータを修正した場合に、計算結果が自動的に更新されます。

1 セルに数式を入力する

1 半角文字で「＝」を入力する

計算結果を表示するセルに、半角文字で「＝」を入力します**1**。

🔑 **Keyword** セル参照

数式の中で、数値のかわりにセルの位置を指定することを「セル参照」といいます。セル参照を使うと、そのセルに入力されている値を使って計算できます。

SUMIF			fx	＝		
	A	B	C	D	E
1	東京店舗別売上表				
2					
3	店舗名	昨年同期売上	今期同期売上	増減	
4	新宿南口店	46540	47370	＝	
5	渋谷店	34520	35470		
6	目黒店	23450	22040		
7	高輪台店	28900	31900		
8	浜松町店	31260	29420		

1 「＝」を入力する

2 参照するセルを指定する

参照するセル（ここではセル［C4］）をクリックすると**1**、「＝」の後ろにセルの位置が入力されます。

SUMIF			fx	＝C4		
	A	B	C	D	E
1	東京店舗別売上表				
2					
3	店舗名	昨年同期売上	今期同期売上	増減	
4	新宿南口店	46540	47370	＝C4	
5	渋谷店	34520	35470		
6	目黒店	23450			

1 クリック

セルの位置が入力される

3 算術演算子を入力する

計算式（ここでは「引き算」）に使用する算術演算子「－」を入力します**1**。

📝 **Memo** 数式の入力

数式は、はじめに「＝」を入力し、続けて計算式を入力します。計算式に使用する算術演算子には、「＋」（足し算）、「－」（引き算）、「＊」（かけ算）、「/」（割り算）などを指定します。算術演算子はすべて半角文字で入力します。

SUMIF			fx	＝C4-		
	A	B	C	D	E
1	東京店舗別売上表				
2					
3	店舗名	昨年同期売上	今期同期売上	増減	
4	新宿南口店	46540	47370	＝C4-	
5	渋谷店	34520	35470		
6	目黒店	23450	22040		
7	高輪台店	28900	31900		
8	浜松町店	31260	29420		
9	御茶ノ水店	27680	29270		

1 「－」を入力する

④ 参照するセルを指定する

参照するセル（ここではセル［B4］）をクリックすると**1**、「ー」の後ろにセルの位置が入力されます。

SUMIF		fx	=C4-B4	
	A	B	C	D	E
1	東京店舗別売上表				
2		**1** クリック		セルの位置が入力される	
3	店舗名	昨年同期売上	今期同期売上	増減	
4	新宿南口店	46540	47370	=C4-B4	
5	渋谷店	34520	35470		
6	目黒店	23450	22040		

⑤ 計算結果が表示される

[return] を押すと、計算結果が表示されます。

D5		fx		
	A	B	C	D	E
1	東京店舗別売上表				
2		[return] を押すと、計算結果が表示される			
3	店舗名	昨年同期売上	今期同期売上	増減	
4	新宿南口店	46540	47370	830	
5	渋谷店	34520	35470		
6	目黒店	23450	22040		

② ほかのセルに数式をコピーする

① フィルハンドルをドラッグする

数式が入力されているセル（ここではセル［D4］）をクリックして**1**、フィルハンドルを下方向へドラッグします**2**。

D4		fx	=C4-B4	
	A	B	C	D	E
1	東京店舗別売上表				
2					
3	店舗名	昨年同期売上	今期同期売上	増減	
4	新宿南口店	**1** クリック	47370	830	
5	渋谷店	34520	35470		
6	目黒店	**2** ドラッグ	22040		
7	高輪台店	28900	31900		
8	浜松町店	31260	29420		
9	御茶ノ水店	27680	29270		
10					

② 数式がコピーされる

マウスのボタンを離すと、ドラッグしたセルに数式がコピーされて、計算結果が表示されます。

🔑 Keyword 相対参照

数式をコピーすると、数式内のセルの位置はコピー先のセルの位置に合わせて、自動的に変更されます。このような参照方式を「相対参照」といいます（110ページ参照）。

D4		fx	=C4-B4	
	A	B	C	D	E
1	東京店舗別売上表				
2				数式がコピーされる	
3	店舗名	昨年同期売上	今期同期売上	増減	
4	新宿南口店	46540	47370	830	
5	渋谷店	34520	35470	950	
6	目黒店	23450	22040	-1410	
7	高輪台店	28900	31900	3000	
8	浜松町店	31260	29420	-1840	
9	御茶ノ水店	27680	29270	1590	
10					

Section 15

数値や日付の表示形式を変更する

覚えておきたいキーワード

- 桁区切りスタイル
- パーセントスタイル
- 日付の表示形式

表示形式は、数値などを目的に合ったスタイルでセルに表示するための機能です。表内のデータに応じて、金額では桁区切りスタイル、割合ではパーセントスタイルを設定すると、見やすい表になります。また、日付の表示も西暦、和暦など好みの表示に切り替えができます。

1 数値を桁区切りスタイルで表示する

1 [桁区切りスタイル]をクリックする

桁区切りスタイルで表示するセル範囲を選択し **1**、[ホーム]タブの[桁区切りスタイル]をクリックします **2**。

2 桁区切りスタイルで表示される

選択したセル範囲の数値が、3桁ごとに「,」で区切られて表示されます。小数点以下の数値は、四捨五入されて表示されます。

数値が3桁ごとに「,」で区切られる

🔍 COLUMN　パーセントスタイルに変更する

パーセントスタイルに変更するには、セル範囲を選択して、[ホーム]タブの[パーセントスタイル]をクリックします **1**。

パーセントスタイルで表示される

2 日付の表示形式を変更する

1 [その他の番号書式] をクリックする

日付が入力されているセルをクリックします **1**。[番号書式] の ✓ をクリックし **2**、[その他の番号書式] をクリックします **3**。

Memo 日付の表示形式

日付の表示形式は、手順 **2** で表示されるメニューから選択することもできます。[短い日付形式] と [長い日付形式] が設定できます。

2 日付の表示形式を指定する

[セルの書式設定] ダイアログボックスの [表示形式] に [日付] が選択された状態で表示されます。[カレンダーの種類] で [グレゴリオ暦] を選択し **1**、[種類] で表示したい日付形式をクリックして **2**、[OK] をクリックします **3**。

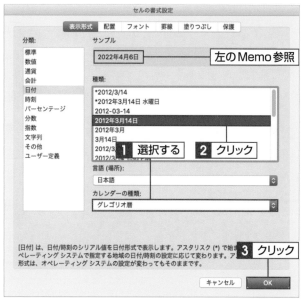

Memo サンプル欄で確認する

選択した表示形式は、[セルの書式設定] ダイアログボックスの [サンプル] 欄に表示されるので、確認してから設定しましょう。

3 日付の表示形式が変更される

日付の表示形式が変更されます。

! Hint 表示形式を和暦に設定する

[セルの書式設定] ダイアログボックスの [カレンダーの種類] で [和暦] を選択すると、[種類] で令和や平成など和暦が指定できます。

日付の表示形式が変更される

	A	B	C		
1	埼玉店舗別売上表				
2					2022年4月6日
3	店舗名	1月	2月	3月	合計
4	上尾店	1,670	8,840	1,990	12,500
5	さいたま店	3,340	7,740	8,100	19,180
6	川口店	8,870	1,200	1,790	11,860
7	川越店	3,650	4,280	1,880	9,810
8	所沢店	7,760	3,560	1,890	13,210
9	越谷店	2,860	1,340	3,990	8,190
10	平均売上	4,692	4,493	3,273	12,458
11					

列幅や行の高さを変更する

覚えておきたいキーワード

| 列幅 |
| 列番号 |
| 行の高さ |

セル内の文字列の長さや文字サイズに合わせて、列幅や行の高さをバランスよく調整すると、表の見栄えがよくなります。列幅や行の高さを変更するには、列番号や行番号の境界をドラッグします。セル内のデータに合わせて、列幅を自動的に調整することもできます。

1 列幅を変更する

1 列の境界にポインターを合わせる

幅を変更する列番号の境界にマウスポインターを合わせると1、┼ の形に変わります。

2 変更したい位置までドラッグする

そのまま、列の幅を変更したい位置まで左右にドラッグします1。

3 列幅が変更される

列幅が変更されます。

Memo　行の高さを変更する

行の高さを変更するときは、行番号の境界にマウスポインターを合わせ、┼ の形に変わった状態で上下にドラッグします。

2 セル内のデータに列幅を合わせる

1 列の境界をダブルクリックする

幅を変更する列番号の右側の境界にマウスポインターを合わせ、✛の形に変わった状態で、ダブルクリックします**1**。

> **1** マウスポインターを合わせてダブルクリック

2 列幅が変更される

対象となる列内のセルで、もっとも長い文字列に合わせて、列幅が調整されます。

> セルのデータの文字数に合わせて、列幅が変更される

3 複数の列の幅を同時に変更する

1 変更するすべての列を選択する

幅を変更するすべての列の列番号をドラッグして選択します**1**。

> **1** ドラッグして選択する

2 変更したい位置までドラッグする

いずれかの列番号の境界を、列幅を変更したい位置までドラッグします**1**。

> 幅: 13.00 (96 ピクセル)
> **1** ドラッグ

📝 **Memo** 複数の行の高さを変更する

複数の行の高さを同時に変更するときは、高さを変更するすべての行の行番号をドラッグして選択し、行番号の境界を上下にドラッグします。

3 複数の列幅が変更される

選択した列の幅が同時に変更されます。

> 複数の列の幅が同時に変更される

📝 **Memo** 列幅はすべて同じになる

選択した列の幅を同時に変更すると、それらの列はすべて同じ幅になります。

Section 17

セルを結合する

覚えておきたいキーワード

セルを結合して中央揃え

横方向に結合

セルの結合

隣接する複数のセルは、結合して1つのセルとして扱うことができます。表のタイトルや見出しなどは、セルを結合することで、罫線や配置などの処理がしやすくなります。セルの結合は、文字をセルの中央に揃えて結合する方法と、文字配置を維持したまま結合する方法の2つがあります。

1 セルを結合して文字列を中央に揃える

1 [セルを結合して中央揃え] をクリックする

結合するセル（ここではセル [A2] から [E2]）を選択します **1**。[ホーム] タブの [セルを結合して中央揃え] をクリックします **2**。

2 セルが結合される

選択したセルが結合され、セル内の文字列が中央揃えに設定されます。

> **! Hint　セルの結合を解除する**
>
> セルの結合を解除する場合は、結合されているセルを選択し、再度 [セルを結合して中央揃え] をクリックします。

🔍 COLUMN　メニューから選択する

セルを結合して文字列を中央に揃えるには、[セルを結合して中央揃え] の ☑ をクリックして、メニューの [セルを結合して中央揃え] をクリックする方法もあります。

② 文字配置を維持したままセルを結合する

① [横方向に結合] をクリックする

結合するセル（ここではセル［D3］から［E3]）を選択します①。[ホーム] タブの [セルを結合して中央揃え] の☑をクリックし②、[横方向に結合] をクリックします③。

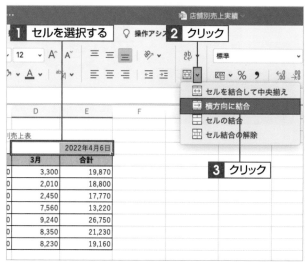

② セルが結合される

文字列の配置が右揃えのまま、セルが結合されます。

> **! Hint　横方向に結合後の文字配置**
>
> この方法でセルを結合したあとの文字の配置は、結合前の設定が維持されます。選択したセル範囲に複数のデータが入力されていた場合は、左上側のセルのデータのみが残ります。なお、空白のセルは無視されます。

🔍 COLUMN　[横方向に結合] と [セルの結合] の違い

[横方向に結合] は行方向のみが結合されます。列方向の結合は行いません。[セルの結合] は行方向、列方向ともまとめて結合されます。

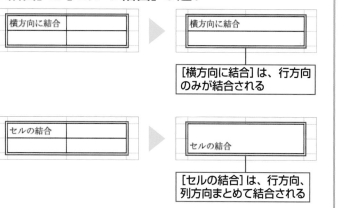

Section

18

文字サイズやフォントを変更する

覚えておきたいキーワード

文字サイズ

フォント

ポイント（pt）

セルに入力した文字のサイズやフォントの種類などは、任意に変更できます。用途に合わせた文字サイズやフォントに変更することで、見た目に美しい表を作成できます。とくに、表のタイトルや表内の見出し、項目などは、大きくしたり目立たせたりすると効果的です。

1 文字サイズを変更する

1 文字サイズを指定する

文字サイズを変更するセルをクリックします **1**。[ホーム] タブの [フォントサイズ] の ▼ をクリックし **2**、使用する文字サイズをクリックします **3**。ここでは [16] を指定します。

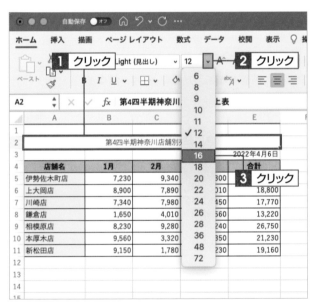

2 文字サイズが変更される

セル内の文字サイズが変更されます。

📝 Memo　文字サイズの指定

文字サイズはポイント（pt）という単位で指定します。「1pt」は約0.35mmです。[フォントサイズ] ボックスに直接数値を入力することでも、文字サイズを変更できます。この場合は、0.5 ポイント単位での指定も可能です。

② フォントを変更する

1 セルを選択する

フォントを変更するセルをクリックして **1**、
[ホーム] タブの [フォント] の ⌄ をクリックします **2**。

2 フォントを指定する

表示された一覧から、使用するフォントをクリックします **1**。ここでは [ヒラギノ丸ゴ Pro] を指定します。

Memo フォントの一覧

一覧に表示されているフォント名は、そのフォントの書体見本を兼ねています。フォントを選ぶときの参考にすると便利です。なお、ここに表示されるフォントの種類は、お使いのMacの環境によって異なる場合があります。

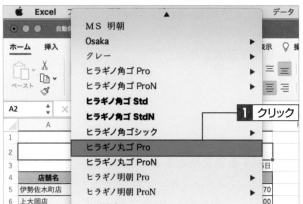

3 フォントが変更される

指定したフォントに変更されます。

🔍 COLUMN 一部の文字を変更する

セルを編集可能な状態にして
（48ページ参照）文字列の一部分を選択し、文字サイズやフォントの変更を行うと、セル内の一部の文字だけを変更できます。

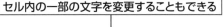

Section

19

文字に色を付ける・下線を引く

覚えておきたいキーワード

| フォントの色 |
| 下線 |
| 二重下線 |

文字や数値には、用途に応じて色を付けたり、下線を引いたりできます。一部の文字に色を付けたり下線を引いたりすることで、その部分を強調させることができます。ただし、文字の色を薄くしすぎると読みづらくなるので注意が必要です。下線は文字と同じ色で設定されます。

① 文字に色を付ける

1 セルを選択する

文字に色を付けるセルをクリックします**1**。

2 使用する色を指定する

[ホーム] タブの [フォントの色] の ☑ をクリックし**1**、使用する色をクリックします**2**。ここでは [緑] を指定します。

📝 **Memo** 一覧にない色を付ける

手順**2**で [その他の色] をクリックすると、一覧にない色を選択できます（59ページ参照）。

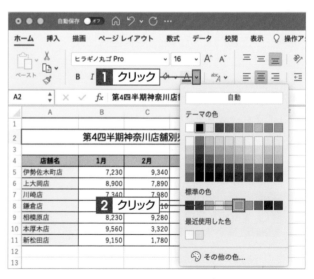

3 文字の色が変更される

文字が指定した色に変更されます。

❗ **Hint** 一部の文字に色を付ける

セルを編集可能な状態にして（48ページ参照）文字列の一部分を選択すると、セル内の一部の文字だけに色を付けることができます。

2 文字に下線を引く

1 [下線] をクリックする

文字に下線を付けるセルをクリックし**1**、[ホーム] タブの [下線] をクリックします**2**。

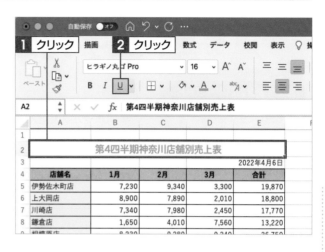

> **! Hint　下線を解除する**
>
> 下線の設定を解除するには、下線を設定したセルを選択して、再度 [下線] をクリックします。

2 文字に下線が付く

文字に下線が付きます。下線は文字と同じ色で設定されます。

> **! Hint　二重下線を引く**
>
> [下線] の☑をクリックすると、[二重下線] を引くこともできます。

🔍 **COLUMN**　**会計用の下線を引く**

下線には、ここで紹介したもの以外に [下線 (会計)] [二重下線 (会計)] が用意されています。会計用の下線を引くには、[番号書式] の☑をクリックして、[その他の番号書式] をクリックします（69ページ参照）。[セルの書式設定] ダイアログボックスが表示されるので、[フォント] をクリックして [下線] をクリックし、使用する下線の種類を指定します。

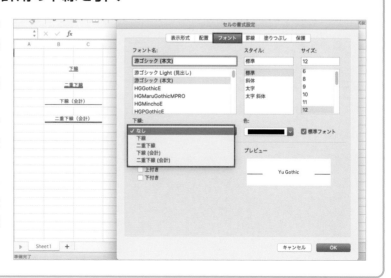

Section
20
文字列の配置を変更する

覚えておきたいキーワード

折り返して全体を表示する

縦書きテキスト

縮小して全体を表示する

文字列がセルの幅よりも長くて一部が表示されない場合は、文字列を折り返したり、文字サイズを縮小するなどして、全体を表示させることができます。また、文字列を縦書きにしたり、回転させたりすることもできるので、必要に応じて利用しましょう。

1　文字列を折り返して全体を表示する

1 [折り返して全体を表示する] をクリックする

セル内に文字が収まりきれないセルをクリックして**1**、[ホーム] タブの [折り返して全体を表示する] をクリックします**2**。

> **!** Hint　**セルの高さは自動調整される**
>
> 文字列を折り返すと、セルの高さは自動的に調整されます。調整されない場合は、行番号の境界をドラッグして広げます（70ページ参照）。

2 文字列が折り返される

文字列が折り返され、全体が表示されます。

2 文字列を縦書きにして表示する

1 [縦書きテキスト]をクリックする

文字列を縦書きにするセルをクリックします
1。[ホーム]タブの[文字の向き]をクリック
し**2**、[縦書きテキスト]をクリックしてオンに
します**3**。

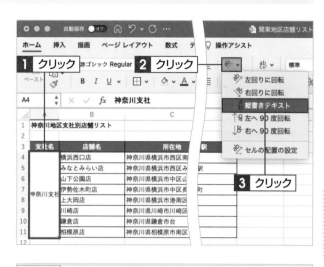

> ! Hint **文字列を回転して表示する**
>
> [文字の向き]をクリックして表示される一覧か
> ら、回転角度を選ぶこともできます。

2 文字列が縦書きになる

文字列が縦書き表示になります。

> ! Hint **縦書きを解除する**
>
> 縦書きの状態を解除するには、[文字の向き]を
> クリックし、再度[縦書きテキスト]をクリック
> してオフにします。

3 文字列をセルの幅に合わせる

1 [縮小して全体を表示する]を
クリックする

文字列をセルの幅に合わせるセルをクリックし
ます**1**。[ホーム]タブの[折り返して全体を表
示する]の☑をクリックし**2**、[縮小して全体
を表示する]をクリックします**3**。

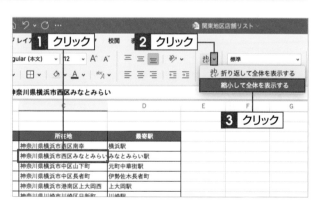

2 文字列が縮小される

セルの幅に合わせて、文字列が自動的に縮小
されて表示されます。

Section

21

ふりがなを表示する

覚えておきたいキーワード

ふりがなの表示

ふりがなの編集

ふりがなの設定

読み方が難しい漢字などには、ふりがなを表示しておくと便利です。ふりがなは、文字列を入力したときに保存される読みの情報を利用しているので、Excelで入力した文字であれば、[ホーム] タブの [ふりがなの表示／非表示] をクリックするだけで、自動的に表示できます。

1　ふりがなを表示する

1　[ふりがなの表示／非表示] をクリックする

ふりがなを表示するセル範囲を選択します **1**。
[ホーム] タブの [ふりがなの表示／非表示] をクリックします **2**。

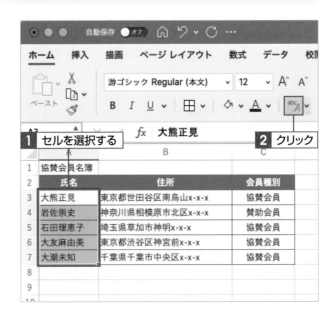

2　ふりがなが表示される

選択したセル範囲にふりがなが表示されます。

📝 **Memo**　**ふりがなを表示するための条件**

ふりがなの表示機能は、セルに文字列を入力した際に保存される読み情報を利用しています。このため、ほかのアプリケーションで入力したデータをコピーした場合などは、ふりがなが表示されません。また、入力時に表示される変換候補を使って入力した文字も、ふりがなが表示されない場合があります。

2 ふりがなを編集する

1 ふりがなを編集可能な状態にする

ふりがなを変更するセルをクリックします**1**。
[ホーム] タブの [ふりがなの表示／非表示] の
☑ をクリックし**2**、[ふりがなの編集] をクリックします**3**。

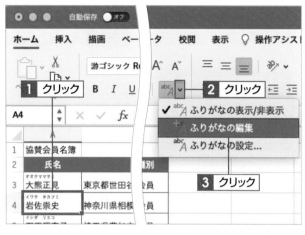

2 ふりがなを修正する

ふりがなが編集可能な状態になります。ふりがなを修正し**1**、return を押します**2**。なお、ふりがなをひらがなで入力して control ＋ K を押すと、カタカナに変換できます。

3 ふりがなを確定する

ふりがなが確定します。

🔍 COLUMN **ふりがなの種類や配置などを変更する**

ふりがなの種類や配置、フォントなどは、[ふりがなの設定] ダイアログボックスで変更できます。[ふりがなの設定] ダイアログボックスを表示するには、[ふりがなの表示／非表示] の☑ をクリックして**1**、[ふりがなの設定] をクリックします**2**。

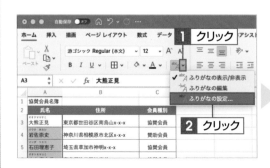

Section

22

書式をコピーする

覚えておきたいキーワード

- 書式のコピー
- 書式の貼り付け
- 書式の連続貼り付け

セル内の文字はそのままで、別のセルに設定されている罫線や背景色、文字書式などの書式のみをコピーして貼り付けることができます。書式のみのコピーを利用すると、同じ書式を繰り返し設定する手間が省けるので、効率的です。書式を連続して貼り付けることもできます。

1 セルの書式をコピーして貼り付ける

1 書式をコピーする

書式（ここでは背景色）が設定されているセル範囲を選択し**1**、[ホーム] タブの [書式を別の場所にコピーして適用] をクリックします**2**。

2 書式を貼り付ける位置を指定する

書式がコピーされ、マウスポインターの形が🖏に変わるので、書式を貼り付ける位置でクリックします**1**。

3 書式が貼り付けられる

セル内に入力されていた文字はそのままで、書式だけが貼り付けられます。ここでは、もとのセルと同じ背景色が適用されました。

② セルの書式を連続して貼り付ける

1 書式をコピーする

書式が設定されているセル範囲を選択し**1**、[ホーム] タブの [書式を別の場所にコピーして適用] をダブルクリックします**2**。

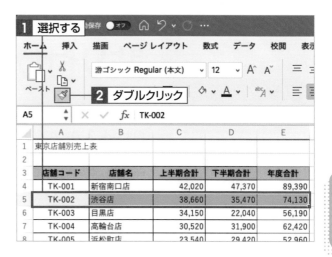

2 書式が続けて貼り付けられる

書式を貼り付ける位置でクリックすると、書式が貼り付けられます**1**。マウスポインターの形は➕のままなので、続けて別のセルにも書式を貼り付けることができます**2**。

3 書式の貼り付けを終了する

貼り付けが完了したら、[書式を別の場所にコピーして適用] をクリックします**1**。書式の貼り付けが終了し、マウスポインターがもとの形に戻ります。

📝 Memo　コピーされる書式

[書式を別の場所にコピーして適用] では、次の書式がコピーされます。
- 表示形式
- 文字の配置
- 罫線の設定
- セルの結合
- 文字の色やセルの背景色
- 文字サイズやフォント、スタイル

Section 23

形式を選択して 貼り付ける

覚えておきたいキーワード

- コピー
- 値の貼り付け
- 元の列幅を保持

コピーやカットしたデータを貼り付けるとき、そのまま貼り付けると、もとのセルに入力されている値や数式、書式もいっしょにコピーされます。値のみを貼り付けたり、もとの列幅を保持して貼り付けたりしたい場合は、貼り付けるときに条件を指定します。

1 値のみを貼り付ける

1 データをコピーする

コピーするセル範囲を選択し**1**、[ホーム] タブの [コピー] をクリックします**2**。

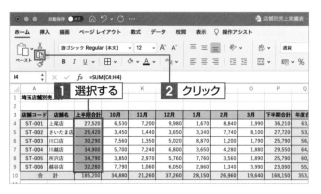

2 [値の貼り付け] をクリックする

貼り付け先のセルをクリックし**1**、[ホーム] タブの [ペースト] の ▼ をクリックして**2**、[値の貼り付け] をクリックします**3**。

3 セルの値のみが貼り付けられる

数式や背景色などの書式が取り除かれて、セルの値のみが貼り付けられます。

📝 Memo 値の貼り付け

セルに書式が設定されている場合、通常のコピーと貼り付けを実行すると書式もコピーされます。[値の貼り付け] を利用すると、書式を除いた値だけを貼り付けることができます。

2 もとの列幅を保持して貼り付ける

1 データをコピーする

コピーするセル範囲を選択し**1**、[ホーム] タブの [コピー] をクリックします**2**。

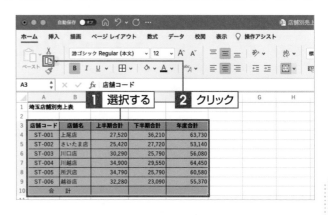

2 [元の列幅を保持] をクリックする

貼り付け先のセルをクリックし、[ホーム] タブの [ペースト] の▼をクリックして**1**、[元の列幅を保持] をクリックします**2**。

3 もとの列幅でセル範囲が貼り付けられる

コピーもとの列幅と同じ列幅で、セル範囲が貼り付けられます。

> 📝 **Memo** 元の列幅を保持
>
> 単なる貼り付けを行ったあとに、列幅を変更することもできます。貼り付けを行ったあとに表示される [ペーストのオプション] を利用します（下のCOLUMN参照）。

🔍 COLUMN [ペーストのオプション] を利用する

コピーしたセル範囲を貼り付けると、右下に [ペーストのオプション] が表示されます。このコマンドをクリックして、表示されるメニューから貼り付けたあとの結果を変更することもできます。

越谷店	32,280	23,090	55,370
合計			

ペーストのオプション

- 元の書式を保持(K)
- ✓ 貼り付け先のテーマを使用(D)
- 貼り付け先の書式に合わせる(M)
- 値のみ(V)
- 値と数値の書式(N)
- 値と元の書式(U)
- 元の列幅を保持(W)
- 書式のみ(F)
- セルのリンク(L)

Section

24

行や列を挿入・削除する

覚えておきたいキーワード

| 行／列の挿入 |
| 行／列の削除 |
| 挿入オプション |

表の作成中や作成後に、新しい行や列が必要になることがあります。また、不要な行や列ができてしまうこともあります。このような場合は、必要な箇所に行や列を挿入し、不要な列や行を削除します。行や列を削除すると、入力されていたデータも同時に削除されるので注意が必要です。

1　行や列を挿入する

1　[シートの行を挿入] をクリックする

行を挿入する下側の行番号（ここでは [6]）をクリックします **1**。[ホーム] タブの [挿入] の ☑ をクリックし **2**、[シートの行を挿入] をクリックします **3**。

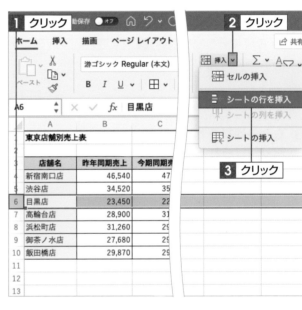

> 📝 **Memo**　列を挿入する
>
> 列を挿入するときは、列番号をクリックして、手順 **3** で [シートの列を挿入] をクリックすると、選択した列の左側に列が挿入されます。

2　行が挿入される

選択した行の上に、新しく行が追加されます。

> ❗ **Hint**　複数の行や列の挿入
>
> 複数の行や列を選択した状態で挿入を行うと、行や列をまとめて挿入できます。

2 列や行を削除する

1 [シートの列を削除] を クリックする

削除する列の列番号（ここでは [D]）をクリックします**1**。[ホーム] タブの [削除] の▼をクリックし**2**、[シートの列を削除] をクリックします**3**。

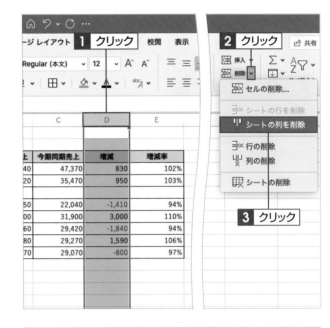

Memo　行を削除する

行を削除するときは、行番号をクリックして、手順**3**で [シートの行を削除] をクリックします。

2 列が削除される

選択した列が削除されます。

列が削除される

Hint　複数の行や列の削除

複数の行や列を選択した状態で削除を行うと、行や列をまとめて削除できます。

COLUMN　挿入した行や列の書式の適用

挿入した行には、上側にある行と同じ書式が適用されます。下の行の書式と同じにしたい場合や、書式を消去したい場合は、行を挿入すると表示される [挿入オプション] をクリックして、表示されるメニューから [下と同じ書式を適用] または [書式のクリア] をクリックします。

また、列を挿入した場合は、左側にある列の書式が適用されます。右側にある列の書式を適用したい場合や、書式を消去したい場合は、同様に [挿入オプション] を利用します。

Section
25
セルを挿入・削除する

覚えておきたいキーワード

セルの挿入
セルの削除
挿入オプション

行単位や列単位だけでなく、セル単位で挿入や削除をすることもできます。セルの場合は、挿入や削除後のセルの移動方向を指定する必要があります。挿入したセルには、上や左のセルの書式が適用されますが、不要な場合は消去できます。

1 セルを挿入する

1 [セルの挿入] をクリックする

セルを挿入したい位置にあるセル範囲を選択します**1**。[ホーム] タブの [挿入] の ✔ をクリックし**2**、[セルの挿入] をクリックします**3**。

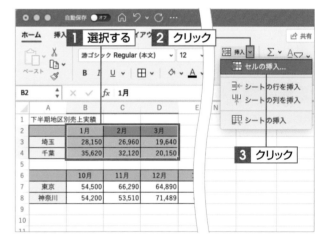

2 セルの移動方向を指定する

[挿入] ダイアログボックスが表示されるので、挿入後のセルの移動方向を指定します。ここでは [右方向にシフト] をクリックしてオンにし**1**、[OK] をクリックします**2**。

3 セルが挿入される

空白のセルが挿入され、選択したセルが右方向に移動します。

2 セルを削除する

1 [セルの削除] をクリックする

削除するセル範囲を選択します **1**。[ホーム] タブの [削除] の ✓ をクリックして **2**、[セルの削除] をクリックします **3**。

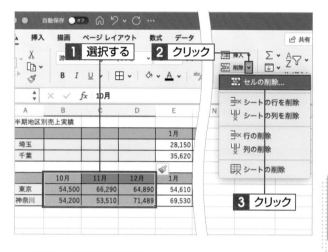

2 セルの移動方向を指定する

[削除] ダイアログボックスが表示されるので、削除後のセルの移動方向を指定します **1**。ここでは [左方向にシフト] をクリックしてオンにし、[OK] をクリックします **2**。

3 セルが削除される

セルが削除され、その右側にあるセルが左方向に移動します。

🔍 COLUMN　挿入したセルの書式の適用

挿入したセルには、上のセルあるいは左のセルの書式が適用されます。下側のセルや右側のセルの書式と同じにしたい場合や、書式を消去したい場合は、[挿入オプション] をクリックして、表示されるメニューから適用される書式を変更したり、消去したりできます。

26

ワークシートを操作する

覚えておきたいキーワード

シートの追加／削除

シート名の変更

シートの移動／コピー

標準の設定では、1枚のワークシートが表示されていますが、ワークシートは必要に応じて追加したり、削除したりできます。また、ブック内やブック間でワークシートを移動やコピーすることもできます。シート名を変更したり、シート見出しに色を付けたりすることも可能です。

1　ワークシートを追加する

1 [新しいシート]をクリックする

[新しいシート]をクリックします**1**。

2 新しいワークシートが追加される

新しいワークシートが追加されます。

2　表示するワークシートを切り替える

1 シート見出しをクリックする

切り替えたいワークシートのシート見出し（ここでは「Sheet1」）をクリックします**1**。

2 ワークシートが切り替わる

表示するワークシートが切り替わります。

3 ワークシートを削除する

1 シート見出しをクリックする

削除するワークシートのシート見出しをクリックします**1**。

2 [シートの削除]をクリックする

[ホーム]タブの[削除]の▼をクリックして**1**、[シートの削除]をクリックします**2**。

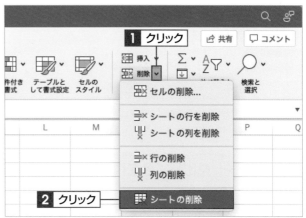

3 [削除]をクリックする

シートにデータが入力されている場合は確認のダイアログボックスが表示されます。[削除]をクリックすると**1**、選択したシートが削除されます。

4 シート名を変更する

1 シート見出しを
ダブルクリックする

シート見出しをダブルクリックすると**1**、シート名が選択されます。

2 シート名を入力する

新しいシート名を入力して return を押すと**1**、シート名が変更されます。

5　ワークシートを移動・コピーする

1 移動先へドラッグする

移動（コピー）したいシート見出しをクリックし、移動先へドラッグすると**1**、シートの移動先に▼マークが表示されます。

2 移動先でマウスのボタンを離す

移動先でマウスのボタンを離すと**1**、その位置にシートが移動します。

> 📝 **Memo**　**ワークシートをコピーする**
>
> ワークシートをコピーするには、同様の手順でシート見出しをドラッグし、挿入する位置で option を押しながらマウスのボタンを離します。

6　シート見出しに色を付ける

1 シート見出しをクリックする

色を付けるシート見出しをクリックします**1**。

2 ［シート見出しの色］を指定する

［ホーム］タブの［書式］をクリックし**1**、［シート見出しの色］にマウスポインターを合わせて**2**、見出しの色をクリックします。ここでは、［赤］を指定します**3**。

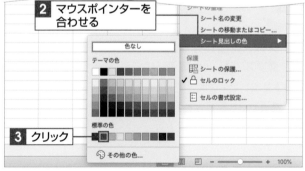

3 シート見出しに色が付く

シート見出しに色が付きます。

7 ブック間でワークシートを移動・コピーする

1 シート見出しをクリックする

移動（コピー）したいワークシートのシート見出しをクリックします**1**。

2 ［シートの移動またはコピー］をクリックする

［ホーム］タブの［書式］をクリックして**1**、［シートの移動またはコピー］をクリックします**2**。

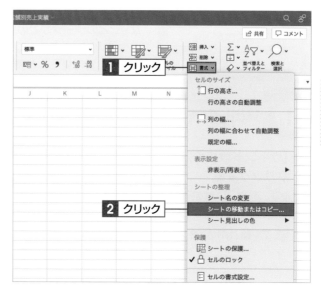

> **! Hint** ほかのブックに移動する
>
> 既存のブックに移動（コピー）する場合は、移動先（コピー先）のブックを開いておく必要があります。

3 移動（コピー）先を指定する

［移動またはコピー］ダイアログボックスが表示されるので、移動先（コピー先）のブックを指定します**1**。ここでは［（新しいブック）］を指定して、［OK］をクリックします**2**。

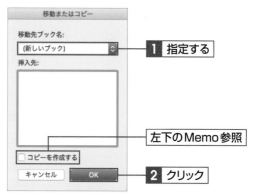

4 ワークシートが移動される

新しいブックにワークシートが移動されます。

> **📝 Memo** ブック間でのシートのコピー
>
> ブック間でワークシートをコピーするには、［移動またはコピー］ダイアログボックスで［コピーを作成する］をクリックしてオンにします。

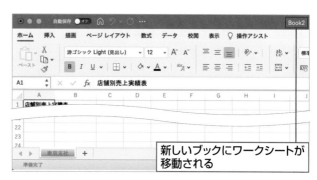

Section 27 見出しを固定する

- ウィンドウ枠の固定
- 列の固定
- 行と列の固定

表が大きくなると、下や横へスクロールしたときに先頭の見出しが見えなくなり、どのデータがどの見出しに対応するのかわからなくなります。[ウィンドウ枠の固定]を使って行や列の見出し部分を固定しておくと、スクロールしても、常に見出しが表示されているのでわかりやすくなります。

1 見出しの列を固定する

1 [ウィンドウ枠の固定]をクリックする

ここでは、見出しの列を固定します。固定する列の右側の、先頭のセル（ここではセル[C1]）をクリックし**1**、[表示]タブをクリックして**2**、[ウィンドウ枠の固定]をクリックします**3**。

Memo コマンドの名前が変化する

[ウィンドウ枠の固定]をクリックすると、このコマンドの名前は[ウィンドウ枠固定の解除]に変化します。

2 見出しの列が固定される

見出しの列が固定され、画面をスクロールしても常に見出しの列（ここではA〜B列）が表示される状態になります。固定した位置には、境界線が表示されます。セルの罫線を設定している場合、境界線は見えづらい場合があります。

Hint 固定を解除する

ウィンドウ枠の固定を解除するには、[表示]タブの[ウィンドウ枠固定の解除]をクリックします。

この列（A〜B列）を固定する

	A	B	C	D	E	F	G			12月	1月
1	店舗別売上実績表										
2											
3	店舗コード	店舗名	4月	5月	6月	7月	8月			12月	1月
4	TK-001	新宿南口店	6,940	9,120	3,700	8,930	3,800	240		7,950	8,990
5	TK-002	渋谷店	4,530	8,870	9,980	2,650	7,98	970		5,880	7,590
6	TK-003	目黒店	8,930	2,790	8,990	5,970	5,12	950		2,790	3,350
7	TK-004	高輪台店	3,770	5,540	7,430	2,550	5,9	540		9,690	2,090
8	TK-005	浜松町店	2,450	1,510	3,260	1,990	4,8	550		4,780	8,910
9	TK-006	御茶ノ水店	5,120	7,520	7,780	6,980	8,4	520		5,190	2,340
10	TK-007	飯田橋店	3,540	3,210	7,430	4,900	2,9	120		9,980	4,920
11	TK-008	御徒町店	5,660	5,260	1,800	2,040	2,8	240		5,320	1,990
12	TK-009	両国店	3,400	5,530	4,200	5,520	1,2	350		3,650	9,580
13	TK-010	日本橋店	6,670	820	8,720	6,650	9,1	560		2,100	2,870
14	TK-011	八丁堀店	8,660	7,250	3,180	9,990	8,9	250		7,560	1,980
15	KG-001	横浜西口店	8,230	8,010	1,660	2,540	7,2	010		6,570	9,150
16	KG-002	みなとみらい店	2,890	4,560	1,930	2,450	9,7	560		6,890	3,650
17	KG-003	山下公園店	6,640	5,340	6,430	4,990	7,54	340		7,760	4,670

境界線が表示される

	A	B		G			L	M	N
1	店舗別売上実績表								
3	店舗コード	店舗名		8月	9月	上半期合計	10月	11月	12月	1月	2
4	TK-001	新宿南口店		3,800	9,530	42,020	9,980	9,240	7,950	8,990	4
5	TK-002	渋谷店		7,980	4,650	38,660	4,980	9,970	5,880	7,590	2
6	TK-003	目黒店		5,120	2,350	34,150	2,190	1,950	2,790	3,350	2
7	TK-004	高輪台店		5,980	5,250	30,520	3,480	5,540	9,690	2,090	2
8	TK-005	浜松町店		4,880	9,450	23,540	1,760	1,550	4,780	8,910	9
9	TK-006	御茶ノ水店		8,450	8,560	44,410	7,980	7,520	5,190	2,340	1
10	TK-007	飯田橋店		2,970				80	4,920	3

見出しの列が固定される

	A	B		G						
11	TK-008	御徒町店		2,860		21,70	0,510	0,210	20	1,990	3
12	TK-009	両国店		1,290	1,890	21,830	5,450	6,350	3,650	9,580	6
13	TK-010	日本橋店		9,340	8,820	41,020	6,150	8,560	2,100	2,870	5
14	TK-011	八丁堀店		8,910	8,930	46,920	2,230	7,250	7,560	1,980	3
15	KG-001	横浜西口店		7,240	7,800	35,480	7,690	9,010	6,570	9,150	2
16	KG-002	みなとみらい店		9,770	5,230	26,830	1,480	4,560	6,890	3,650	5
17	KG-003	山下公園店		7,540	5,420	41,360	7,890	5,340	7,760	4,670	5
18	KG-004	伊勢佐木町店		4,990	3,010	29,500	6,550	3,750	9,789	7,230	2
19	KG-005	上大岡店		1,650	2,580	10,910	2,230	1,540	9,770	8,900	7

2 行と列を同時に固定する

1 [ウィンドウ枠の固定] を
クリックする

ここでは、行と列の両方を固定します。固定する位置の右下のセル（ここではセル[C4]）をクリックし**1**、[表示]タブをクリックして**2**、[ウィンドウ枠の固定]をクリックします**3**。

2 指定した位置で行と列が
固定される

ウィンドウ枠が固定され、選択したセルの上側と左側に境界線が表示されます。この例では、画面を左右にスクロールさせるとA～B列が固定され、上下にスクロールさせると行1～3が固定されます。

🔍 **COLUMN**

見出しの行を固定する

見出しの行を固定する場合は、固定する行の1つ下のセル（ここではセル[A4]）、または1つ下の行（ここでは[行4]）をクリックします。続いて、[表示]タブをクリックして、[ウィンドウ枠の固定]をクリックします。
なお、[先頭行の固定]や[先頭列の固定]を利用すると、先頭行や先頭列を固定できます。この場合は、事前にセルをクリックして指定する必要はありません。

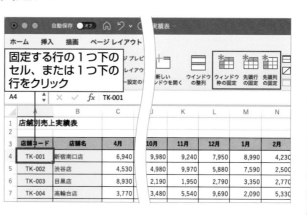

Section

28

改ページ位置を変更する

覚えておきたいキーワード

| 改ページ |
| 改ページプレビュー |
| ページ区切りの挿入 |

印刷時のページ区切りの位置は、印刷領域に対応して自動的に設定されますが、レイアウト的にちょうどよい位置で改ページされるとは限りません。改ページプレビューを利用すると、ドラッグ操作やコマンド操作でページの区切り位置を変更できます。

1 現在のページ区切り位置を確認する

1 改ページプレビューに切り替える

[表示] タブをクリックして■、[改ページプレビュー] をクリックします■。

2 ページ区切り位置が表示される

画面の表示が改ページプレビューに切り替わり、ページ区切りの位置を示す青い破線が表示されます。

Keyword　ページ区切り

ページ区切りは、印刷時に改ページされる位置を示す線です。ページ区切り線に囲まれた範囲が1ページとして印刷されます。

2 ページ区切り位置を変更する

1 ページ区切り位置にポインターを合わせる

ページ区切りの位置を示す破線にマウスポインターを合わせると■、ポインターの形が ⊞ に変わります。

2 変更する位置までドラッグする

ポインターの形が変わった状態で、ページ区切りの位置を示す破線を変更したい位置までドラッグします**1**。同様に、列の位置もドラッグして変更します。

3 ページ区切り位置が変更される

ページ区切りの位置が変更されます。

> **! Hint 画面を標準表示に戻す**
>
> 画面を標準表示に戻すには、[表示] タブの [標準] をクリックします。

---

3 ページ区切りを挿入する

1 [ページ区切りの挿入] をクリックする

ページ区切りを挿入する位置の下の行（ここでは [行16]）をクリックします**1**。[ページレイアウト] タブをクリックして**2**、[改ページ] をクリックし**3**、[ページ区切りの挿入] をクリックします**4**。

2 ページ区切りが挿入される

選択した行の上側に、ページ区切りが挿入されます。

> **! Hint ページ区切りを解除する**
>
> ページ区切り位置の線の直下にあるセルをクリックします。[ページレイアウト] タブをクリックして、[改ページ] をクリックし、[ページ区切りの解除] をクリックします。

Section 29

ヘッダーとフッターを挿入する

覚えておきたいキーワード

- ヘッダー
- フッター
- ページレイアウト

全ページにファイル名、ページ番号、日付などの同じ情報を印刷したいときは、ヘッダーやフッターを挿入します。シートの上部余白に印刷される情報をヘッダー、下部余白に印刷される情報をフッターといいます。ヘッダーとフッターは、ページレイアウト表示で設定します。

1 ヘッダーを設定する

1 ページレイアウト表示に切り替える

[表示] タブをクリックして **1**、[ページレイアウト] をクリックします **2**。

2 ヘッダーを挿入する位置を指定する

ページレイアウト表示に切り替わり、マウスポインターを上部余白に移動させると、ヘッダーを挿入する領域が表示されます。ここでは、右側のボックスをクリックします **1**。

3 [ファイル名]をクリックする

表示される [ヘッダーとフッター] タブをクリックします **1**。ここではファイル名を挿入するために、[ファイル名] をクリックします **2**。ボックス内にファイル名を表す記号が表示されます。

Memo ヘッダー・フッターの表示位置

ヘッダーとフッターは、左側、中央部、右側のいずれかに表示できます。

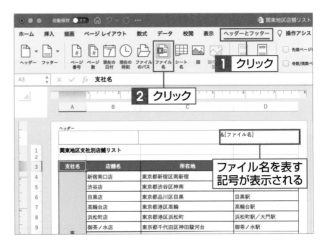

ファイル名を表す記号が表示される

4 ヘッダーが挿入される

ヘッダー領域以外をクリックすると**1**、ヘッダーに実際のファイル名が表示されます。

> **Hint　ヘッダーとフッターの挿入**
>
> ヘッダーやフッターは、[ヘッダーとフッター]タブのコマンドを利用して挿入するほか、文字を直接入力することもできます。

2　フッターを設定する

1 フッターを挿入する位置を指定する

画面を下方向にスクロールしてフッター部分を表示します。フッターを挿入する領域が表示されます。ここでは、中央のボックスをクリックします**1**。

> **Hint　フッター領域へ移動する**
>
> ヘッダー領域を選択している場合は、[ヘッダーとフッター]タブをクリックして、[フッターへ移動]をクリックするとフッターに移動します。

2 [ページ番号]をクリックする

[ヘッダーとフッター]タブをクリックします**1**。ここではページ番号を挿入するために、[ページ番号]をクリックします**2**。ボックス内にページ番号を表す記号が表示されます。

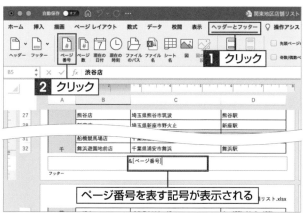

3 フッターが挿入される

フッター領域以外をクリックすると**1**、フッターに実際のページ番号が表示されます。

> **Hint　画面を標準表示に戻す**
>
> 画面を標準表示に戻すには、[表示]タブの[標準]をクリックします。

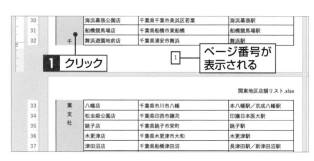

Section 30
印刷範囲を設定する

ワークシートの印刷では、印刷範囲を指定して印刷することもできます。ワークシートの一部のセル範囲だけを印刷する場合は、あらかじめ印刷範囲を設定しておきます。印刷範囲はまとまったセル範囲だけでなく、離れた場所にある複数のセル範囲を設定することもできます。

1 印刷範囲を設定する

1 セル範囲を選択する

印刷の対象となるセル範囲を選択します**1**。

1 セル範囲を選択する

2 [プリント範囲の設定]を
クリックする

[ページレイアウト] タブをクリックして**1**、[印刷範囲] をクリックし**2**、[プリント範囲の設定] をクリックします**3**。

> **!** Hint **一度だけ印刷する場合**
>
> 目的のセル範囲を一度だけ印刷する場合は、印刷したいセル範囲を選択して、[プリント]ダイアログボックス（104ページ参照）の[印刷]で[選択範囲]を選択して印刷します。

3 印刷範囲が設定される

選択したセル範囲が印刷対象に設定され、[名前ボックス] に「Print_Area」と表示されます。

「Print_Area」と表示される

| 関東地区支社別店舗リスト | | | | |

支社名	店舗名	所在地	最寄駅
東京支社	新宿南口店	東京都新宿区南新宿	新宿駅・新宿三丁目
	渋谷店	東京都渋谷区神南	渋谷駅
	目黒店	東京都品川区目黒	目黒駅
	高輪台店	東京都港区高輪	高輪台駅
	浜松町店	東京都港区浜松町	浜松町駅／大門駅
	御茶ノ水店	東京都千代田区神田駿河台	御茶ノ水駅
	飯田橋店	東京都千代田区飯田橋	飯田橋駅
	御徒町店	東京都台東区上野	御徒町駅／上野御徒町
	両国店	東京都墨田区横網	両国駅
	日本橋店	東京都中央区日本橋	日本橋駅
	八丁堀店	東京都中央区八丁堀	八丁堀駅
	虎ノ門店	東京都港区虎ノ門	虎ノ門駅
	中野店	東京都中野区中野	中野駅
	荻窪店	東京都杉並区荻窪	荻窪駅
	吉祥寺店	東京都武蔵野市吉祥寺	吉祥寺駅
	上尾店	埼玉県上尾市柏座	上尾駅
	さいたま店	埼玉県さいたま市大宮	さいたま駅
	川口店		西川口駅

Sheet1

印刷範囲が設定される

Hint 印刷範囲の確認をする

設定した印刷範囲は、[プリント] ダイアログボックスのプレビューで確認できます（104ページ参照）。

---

2 複数の範囲を印刷範囲に設定する

1 最初のセル範囲を選択する

印刷の対象となる、最初のセル範囲を選択します**1**。

1 セル範囲を選択する

	A	B	C	D	E
35	社	銚子店	千葉県銚子市栄町	銚子駅	
36		木更津店		木更津駅	
37		津田沼店	千葉県船橋市津田沼	長津田駅／新津田沼駅	
38		鴨川店	千葉県鴨川市滑谷	安房鴨川駅	
39	神奈川支社	横浜西口店	神奈川県横浜市西区南幸	横浜駅	
40		みなとみらい店	神奈川県横浜市西区みなとみらい	みなとみらい駅	
41		山下公園店	神奈川県横浜市中区山下町	元町中華街駅	
42		伊勢佐木町店	神奈川県横浜市中区長者町	伊勢佐木長者町	
43		上大岡店	神奈川県横浜市港南区上大岡西	上大岡駅	
44		川崎店	神奈川県川崎市川崎区日新町	川崎駅	
45		鎌倉店	神奈川県鎌倉市台	北鎌倉駅	
46		相模原店	神奈川県相模原市南区古淵	古淵駅	
47		本厚木店	神奈川県厚木市田村町	本厚木駅	
48		新松田店	神奈川県足柄上郡開成町	新松田駅／松田駅	
49		小田原店	神奈川県小田原市城山	小田原駅	

2 次のセル範囲を選択する

⌘ を押しながら、印刷の対象となる別のセル範囲を選択します**1**。[ページレイアウト] タブの [印刷範囲] をクリックして、[プリント範囲の設定] をクリックすると（前ページ参照）、離れたセル範囲を印刷範囲に設定できます。

1 ⌘を押しながら
セル範囲を選択する

	A	B	C	D	E
16		中野店		中野駅	
17		荻窪店		荻窪駅	
18		吉祥寺店	東京都武蔵野市吉祥寺	吉祥寺駅	
19	埼玉支社	上尾店	埼玉県上尾市柏座	上尾駅	
20		さいたま店	埼玉県さいたま市大宮	さいたま駅	
21		川口店	埼玉県川口市並木	西川口駅	
22		西川越店	埼玉県川越市西川越	西川越駅	
23		所沢店	埼玉県所沢市くすのき台	所沢駅	
24		越谷店	埼玉県越谷市越谷レイクタウン	越谷レイクタウン駅	
25		草加店	埼玉県草加市高砂	草加駅	
26		春日部店	埼玉県春日部市梅田	北春日部駅	
27		熊谷店	埼玉県熊谷市筑波	熊谷駅	
28		新座店	埼玉県新座市野火止	新座駅	
29	千葉支社	千葉みなと店	千葉県千葉市中央区幸町	千葉みなと駅	
30		海浜幕張公園店	千葉県千葉市美浜区若葉	海浜幕張駅	
31		船橋競馬場店	千葉県船橋市東船橋	船橋競馬場駅	
32		舞浜遊園地前店	千葉県浦安市舞浜	舞浜駅	
33		八幡店	千葉県市川市八幡	本八幡駅／京成八幡駅	
34		松虫姫公園店	千葉県印西市鎌苅	印旛日本医大駅	
35		銚子店	千葉県銚子市栄町	銚子駅	

Hint 印刷範囲の解除

印刷範囲の設定を解除するには、[ページレイアウト] タブの [印刷範囲] をクリックし、[プリント範囲の解除] をクリックします。

Section 31

2ページ目以降に
見出しを付けて印刷する

覚えておきたいキーワード

| 見出しの設定 |
| 印刷タイトル |
| タイトル行 |

表が複数ページにまたがるような場合、そのまま印刷すると、2ページ目以降には見出し（行のタイトル）の行が印刷されないため、各項目がどの見出しに対応しているのかわからなくなってしまいます。このようなときは、すべてのページに見出しが印刷されるように設定します。

1 見出しの行を設定する

1 [印刷タイトル]をクリックする

[ページレイアウト] タブをクリックして **1**、[印刷タイトル] をクリックします **2**。

2 [タイトル行]をクリックする

[ページ設定] ダイアログボックスの [シート]が表示されるので、[タイトル行] をクリックします **1**。

3 見出しに設定する行を指定する

見出しに設定する行（ここでは行1〜3）をドラッグして指定します **1**。ドラッグ中はダイアログボックスが折りたたまれます。

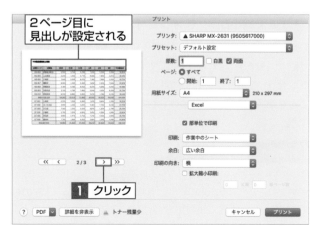

ドラッグ

$1:$3

ドラッグ中はダイアログボックスが折りたたまれる

4 ［OK］をクリックする

［ページ設定］ダイアログボックスの［OK］をクリックします **1**。

ページ設定

ページ　余白　ヘッダー/フッター　**シート**

印刷範囲：　**1〜3行目が見出しに設定される**

印刷タイトル
タイトル行：　$1:$3
タイトル列：

印刷オプション
□ 枠線　コメント：（なし）
□ 白黒印刷
□ 簡易印刷
□ 行列番号

ページの方向
◉ 左から右
○ 上から下

1 クリック

キャンセル　　OK

5 2ページ目以降に見出しが設定される

［ファイル］メニューから［プリント］をクリックして、［プリント］ダイアログボックスを表示します。 ▷ をクリックすると **1**、2ページ目以降に見出しが設定されていることが確認できます。

2ページ目に見出しが設定される

プリント

プリンタ： ▲ SHARP MX-2631 (9505617000)
プリセット： デフォルト設定
部数： 1　□ 白黒 ☑ 両面
ページ：◉ すべて
　　　　○ 開始： 1　終了： 1
用紙サイズ： A4　210 × 297 mm
Excel
☑ 部単位で印刷
印刷： 作業中のシート
余白： 広い余白
印刷の向き： 横
□ 拡大縮小印刷：

《《　《　2/3　▷　》》

1 クリック

? PDF 詳細を非表示　トナー残量少　　キャンセル　プリント

1ページに収まるように印刷する

覚えておきたいキーワード

プリント
拡大縮小印刷
印刷プレビュー

表を印刷したとき、列や行が指定した用紙に収まりきらずにはみ出してしまう場合があります。このようなときは、[プリント]ダイアログボックスで[拡大縮小印刷]をクリックしてオンにし、シートを1ページに収まるように設定します。

1 拡大縮小印刷を設定する

1 [プリント]をクリックする

[ファイル]メニューをクリックして **1**、[プリント]をクリックします **2**。

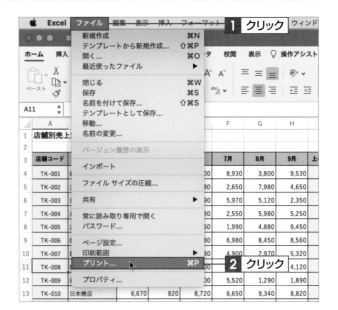

2 [拡大縮小印刷]をオンにする

[拡大縮小印刷]をクリックしてオンにし **1**、[縦]と[総ページ数]を「1」に設定します **2**。プレビューでページが1ページに収まっていることを確認して **3**、[プリント]をクリックします **4**。

> ⚠ Hint　詳細を表示する
>
> [プリント]ダイアログボックスが簡易な設定画面で表示された場合は、左下の[詳細を表示]をクリックして詳細な設定画面にします。

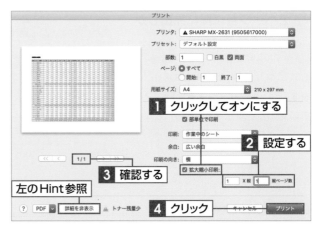

第 2 章

Excelをもっと便利に
活用しよう

Section 01　関数を入力して計算する

Section 02　3つの参照方式を知る

Section 03　絶対参照を利用する

Section 04　関数を使いこなす

Section 05　数式のエラーを解決する

Section 06　条件付き書式を利用する

Section 07　グラフを作成する

Section 08　グラフの位置やサイズを変更する

Section 09　グラフ要素を追加する

Section 10　グラフのレイアウトやデザインを変更する

Section 11　グラフの目盛範囲と表示単位を変更する

Section 12　データを並べ替える

Section 13　条件に合ったデータを抽出する

Section 14　ピボットテーブルを作成する

Section 15　ピボットテーブルを編集・操作する

Section 16　テキストボックスを利用して自由に文字を配置する

Section 17　マクロを作成する準備をする

Section 18　マクロを作成する

Section 19　マクロを実行・削除する

Section 20　ワークシートをPDFに変換する

Section

01 関数を入力して計算する

覚えておきたいキーワード

| 関数 |
| 引数 |
| 数式パレット |

特定の計算を行うために、あらかじめ定義されている数式を関数といいます。関数を使うと、関数名と計算に必要な引数を指定するだけで、目的の値をかんたんに計算できます。ここでは、[数式] タブのコマンドを使った関数の入力方法と、手動で関数を入力する方法を紹介します。

1 [数式] タブのコマンドを使って関数を入力する

1 関数を指定する

関数を入力するセル（ここでは [B12]）をクリックして 1、[数式] タブをクリックします 2。[その他の関数] をクリックして 3、[統計] にマウスポインターを合わせ 4、[AVERAGE] をクリックします 5。

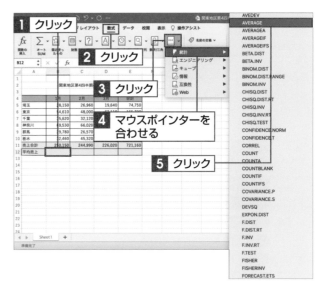

> 📝 Memo　ここでの目的
>
> ここではAVERAGE関数を使用して、表中の「埼玉」から「栃木」までの1月の売上額（セル [B5] からセル [B10]）の平均値を求めます。

2 引数を指定する

[数式パレット] が表示され、[数値1] に引数となるセルの位置が自動的に入力されるので、間違いがないか確認します 1。この例では、売上合計を計算したセル [B11] が計算範囲に含まれているので、修正が必要です。

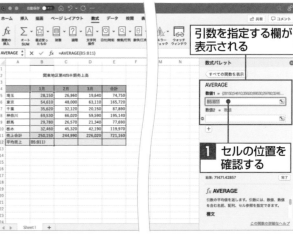

> ⚠️ Hint　[数式パレット] の表示位置
>
> [数式パレット] は画面の右側に表示されます。[数式パレット] の上部をドラッグすると、画面上に自由に配置できます。

3 引数を修正する

セル [B5] からセル [B10] までをドラッグして、選択し直します**1**。選択後、[数式パレット] の [完了] をクリックします**2**。

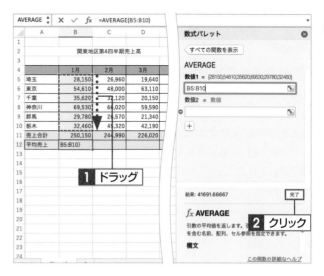

4 計算結果が表示される

[B12] セルに AVERAGE 関数が入力され、計算結果が表示されます。⊗ をクリックして**1**、[数式パレット] を閉じます。

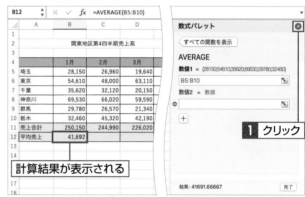

🔍 COLUMN

[数式パレット] を使って関数を入力する

[数式パレット] を利用して関数を入力することもできます。関数を入力するセルをクリックして、数式バーあるいは [数式] タブの [関数の挿入] をクリックすると**1**、画面の右側に [数式パレット] が表示されます**2**。一覧で関数をクリックすると、その関数の説明や使い方が表示されるので、これを参考にして関数を選択して入力できます。

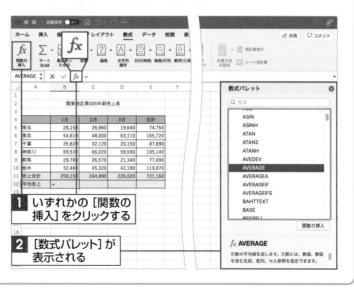

2 関数を直接入力する

1 関数名を直接入力する

関数を入力するセル（ここでは[C12]）をクリックし、半角の「＝」に続けて関数名を1文字以上入力します。ここでは、「AV」と2文字入力しています**1**。「数式オートコンプリート」が表示されるので、入力したい関数名をクリックします**2**。

| AVERAGE | × ✓ fx | =AV |

	A	B	C	D	E	F	G
1							
2			関東地区第4四半期売上高				
3							
4		1月	2月	3月	合計		
5	埼玉	28,150	26,960	19,640	74,750		
6	東京	54,610	48,000	63,110	165,720		
7	千葉	35,620	32,120	20,150	87,890		
8	神奈川	69,530	66,020	59,590	195,140		
9	群馬	29,780	26,570	21,340	77,690		
10	栃木	32,460	45,320	42,190	119,970		
11	売上合計	250,150	244,990	226,020	721,160		
12	平均売上	41,692	=AV				
13			最近使った関数				
14			AVERAGE				
15			関数				
16			AVEDEV				
17			AVERAGE				
18			AVERAGEA				
19			AVERAGEIF				
20			AVERAGEIFS				

1 「＝AV」と入力する

2 クリック

2 関数名が入力される

クリックした関数名と「(」（左カッコ）が入力されます。

| AVERAGE | × ✓ fx | =AVERAGE(|

	A	B	C	D	E	F	G
1							
2			関東地区第4四半期売上高				
3							
4		1月	2月	3月	合計		
5	埼玉	28,150	26,960	19,640	74,750		
6	東京	54,610	48,000	63,110	165,720		
7	千葉	35,620	32,120	20,150	87,890		
8	神奈川	69,530	66,020	59,590	195,140		
9	群馬	29,780	26,570	21,340	77,690		
10	栃木	32,460	45,320	42,190	119,970		
11	売上合計	250,150	244,990	226,020	721,160		
12	平均売上	41,692	=AVERAGE(				
13							
14							
15							
16							

関数名と「(」が入力される

🔍 **COLUMN**　関数の書式

関数は、先頭に「＝」（等号）を付けて関数名を入力し、後ろに引数を「()」で囲んで指定します。引数とは、関数の処理に必要な数値や文字列のことです。引数に連続するセル範囲を指定するときは、開始セルと終了セルを「：」（コロン）で区切ります。右の例では、セル[B5]からセル[B10]までが引数として指定されています。

= AVERAGE (B5:B10)

| 等号 | 関数の名称 | 引数 |

3 引数を指定する

平均を求める対象となるセル範囲を（ここでは
セル［C5］からセル［C10］まで）ドラッグし
1、「)」（右カッコ）を入力して return を押し
ます **2**。

AVERAGE	× ✓ *fx* =AVERAGE(C5:C10)					
	A	B	C	D	E	F	G
1						
2			関東地区第4四半期売上高			
3						
4		1月	2月	3月	合計	
5	埼玉	28,150	26,960	19,640	74,750	
6	東京	54,610	48,000	63,110	165,720	
7	千葉	35,620	32,120	20,150	**1 ドラッグ**	
8	神奈川	69,530	66,020	59,590	195,140	
9	群馬	29,780	26,570	21,340	77,690	
10	栃木	32,460	45,320	42,190	119,970	
11	売上合計	250,150	244,990	226,020	721,160	
12	平均売上	41,692	=AVERAGE(C5:C10)			
13						
14			**2 「)」を入力して return を押す**			

4 計算結果が表示される

関数が入力され、計算結果が表示されます。

C13	× ✓ *fx*					
	A	B	C	D	E	F	G
1						
2			関東地区第4四半期売上高			
3						
4		1月	2月	3月	合計	
5	埼玉	28,150	26,960	19,640	74,750	
6	東京	54,610	48,000	63,110	165,720	
7	千葉	35,620	32,120	20,150	87,890	
8	神奈川	69,530	66,020	59,590	195,140	
9	群馬	29,780	26,570	21,340	77,690	
10	栃木	32,460	45,320	42,190	119,970	
11	売上合計	250,150	244,990	226,020	721,160	
12	平均売上	41,692	40,832			
13						
14			**計算結果が表示される**			

🔍 COLUMN　関数の入力方法

Excelで関数を入力するには、主に以下の方法があります。

① ［数式］タブの関数の種類別のコマンドを使う。

② ［数式］タブや［数式バー］の［関数の挿入］コマンドを使う。

③ 数式バーやセルに直接入力する。

また、［数式］タブの［最近使ったもの］をクリックすると、最近使用した関数が10個表示されます。そこ
から選択して関数を入力することもできます。

3つの参照方式を知る

覚えておきたいキーワード

| 相対参照 |
| 絶対参照 |
| 複合参照 |

数式内でセルの位置を指定すると（66ページ参照）、そのセルのデータを参照して計算が行われます。これをセル参照といいます。セルの参照方式には、相対参照、絶対参照、複合参照の3種類があります。ここでは、これらの参照方式の違いを確認しておきましょう。

1 相対参照・絶対参照・複合参照の違い

● 相対参照

相対参照でセル [D1] に入力されている数式をセル [D2] にコピーすると、参照先がセル [A2] と [B2] に変化します。

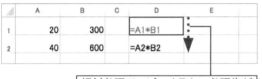

相対参照でコピーすると、参照先が
セル [A2] と [B2] に変化する

● 絶対参照

絶対参照でセル [D1] に入力されている数式をセル [D2] にコピーすると、参照先はセル [A1] と [B1] のまま固定されます。

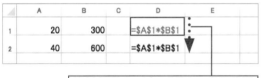

絶対参照でコピーすると、参照先は
セル [A1] と [B1] のまま固定される

● 複合参照（列が相対参照、行が絶対参照）

行だけを絶対参照にして、セル [D1] に入力されている数式をセル [D2] とセル [E1]［E2］にコピーすると、参照先の行だけが固定されます（本書では解説していません）。

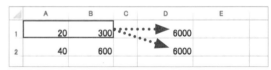
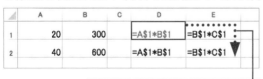

コピーすると、参照先の行だけが
固定される

第
2
章

Excelをもっと便利に活用しよう

● 複合参照（列が絶対参照、行が相対参照）

列だけを絶対参照にして、セル［D1］に入力されている数式をセル［D2］とセル［E1］［E2］にコピーすると、参照先の列だけが固定されます（本書では解説していません）。

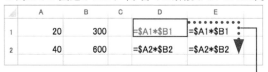

コピーすると、参照先の列だけが固定される

2 参照方式を切り替える

1 セルの位置を指定する

「＝」を入力して、参照先のセル［A1］をクリックします 1。セル［B1］は相対参照になっています。

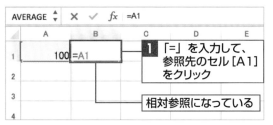

1 「＝」を入力して、参照先のセル［A1］をクリック

相対参照になっている

2 絶対参照に切り替える

⌘ を押しながら T を押すと、絶対参照に切り替わります。

⌘＋T を押すと、絶対参照に切り替わる

3 複合参照に切り替える

続けて、⌘ を押しながら T を押すと、「列が相対参照、行が絶対参照」の複合参照に切り替わります。

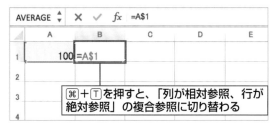

⌘＋T を押すと、「列が相対参照、行が絶対参照」の複合参照に切り替わる

4 別の複合参照に切り替える

続けて、⌘ を押しながら T を押すと、「列が絶対参照、行が相対参照」の参照方式に切り替わります。

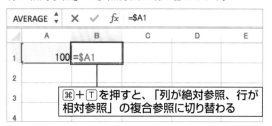

⌘＋T を押すと、「列が絶対参照、行が相対参照」の複合参照に切り替わる

🔍 COLUMN　それぞれの参照方式の特徴

方式	内　容
相対参照	数式が入力されているセルを基点として、ほかのセルの位置を相対的な位置関係で指定する方式です。数式が入力されているセルをコピーすると、参照するセルの位置も自動的に更新されます。
絶対参照	参照するセルの位置を固定する方式です。数式が入力されているセルをコピーしても、参照するセルの位置は変わりません。
複合参照	相対参照と絶対参照を組み合わせた方式です。「列が相対参照、行が絶対参照」、「列が絶対参照、行が相対参照」の2種類があります。

絶対参照を利用する

覚えておきたいキーワード

| 相対参照 |
| 絶対参照 |
| 参照先セルの固定 |

Excel の初期設定では、セル参照で入力された数式をコピーすると、コピー先に合わせて参照先のセルの位置も変更されます。このため、常に特定のセルを参照させたいときは、間違った結果が表示されたり、エラーが発生したりします。この場合は、参照方式を絶対参照に変更すると解決します。

1 相対参照で数式をコピーするとエラーになる

1 数式を入力する

ここでは、入場料の団体割引金額を求めるために、セル [B5] とセル [C3] を参照した数式「＝B5＊(1－C3)」をセル [C5] に入力します **1**。

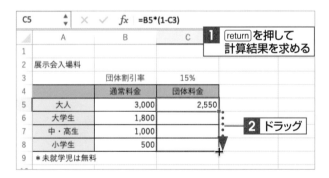

AVERAGE		fx	=B5*(1-C3)
	A	B	C	D	E
1					
2	展示会入場料				
3		団体割引率	15%	参照セル	
4		通常料金	団体料金		
5	大人	3,000	=B5*(1-C3)		
6	大学生	1,800			
7	中・高生	1,000	**1** 「=B5*(1-C3)」 と入力する	
8	小学生	500			
9	＊未就学児は無料				

2 数式をコピーする

[return] を押して計算結果を求めます **1**。セル [C5] のフィルハンドル（46 ページ参照）をドラッグして **2**、下のセルに数式をコピーします。

C5		fx	=B5*(1-C3)
	A	B	C	
				1 [return] を押して 計算結果を求める
1				
2	展示会入場料			
3		団体割引率	15%	
4		通常料金	団体料金	
5	大人	3,000	2,550	
6	大学生	1,800		**2** ドラッグ
7	中・高生	1,000		
8	小学生	500		
9	＊未就学児は無料			

3 計算結果が表示される

正しい計算結果を求めることができません。

📝 Memo　相対参照でのコピー

ここでは、セル [C5] をセル範囲 [C6:C8] にコピーする際、相対参照を使用しています。そのため、セル [C3] へのセル参照も自動的に変更されてしまい、正しい計算結果が求められません。

C5		fx	=B5*(1-C3)
	A	B	C	D	E
1					
2	展示会入場料				
3		団体割引率	15%		
4		通常料金	団体料金		
5	大人	3,000	2,550		
6	大学生	1,800	#VALUE!	正しい計算結果 が表示されない	
7	中・高生	1,000	-2,549,000		
8	小学生	500	#VALUE!		
9	＊未就学児は無料				

2 エラーを避けるために絶対参照でコピーする

1 セルを固定する

割引率のセルを常に参照させるために、セル [C3] を固定します。セル [C5] に入力されているセルの位置 [C3] の文字をドラッグして選択し **1**、⌘ を押しながら T を押します **2**。

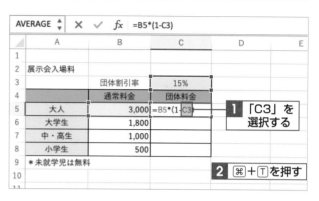

1 「C3」を選択する

2 ⌘＋T を押す

2 絶対参照に切り替わる

セル [C3] が [C3] に変わり、絶対参照になります。

> 📝 **Memo** 「$」（ドル）記号

「$」（ドル）は、参照先のセルを固定するための記号です。列番号や行番号の前に「$」を付けると、そのセルが固定され、絶対参照になります。

セル [C3] が絶対参照に変わる

3 数式をコピーする

return を押して計算結果を求めます **1**。セル [C5] のフィルハンドルをドラッグして **2**、下のセルに数式をコピーします。

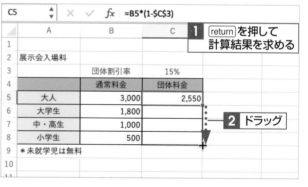

1 return を押して計算結果を求める

2 ドラッグ

4 計算結果が表示される

正しい計算結果が求められます。

> 📝 **Memo** 絶対参照でのコピー

ここでは、参照を固定したいセル [C3] を絶対参照に変更しています。そのため、セル [C5] を [C6:C8] にコピーしても、セル [C3] へのセル参照が保持され、正しい計算結果が求められます。

正しい計算結果が表示される

関数を使いこなす

覚えておきたいキーワード

| 関数 |
| 書式 |
| 引数 |

ここでは、よく使われる関数とその使い方を紹介します。関数の書式や引数の指定方法などがわからない場合でも、[数式パレット] の下にかんたんな説明が表示されるので、指示どおりにセル番地や条件などを入力すれば、数式をかんたんに入力できます。

1 端数を四捨五入する－ROUND 関数

1 関数を指定する

結果を表示するセル（ここでは [E5]）をクリックします **1**。[数式] タブをクリックして **2**、[数学／三角] をクリックし **3**、[ROUND] をクリックします **4**。

> **!** Hint　**端数を切り上げる**
>
> 端数を切り上げる場合は、手順 **4** で [ROUND UP] をクリックし、同様に操作します。

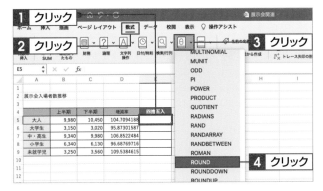

2 数値と引数を指定する

[数式パレット] が表示されます。[数値] に、もとデータを入力したセルの位置（ここでは「D5」）を入力します **1**。[桁数] に、小数点以下を四捨五入するために「0」と入力して **2**、[完了] をクリックします **3**。

3 端数が四捨五入して表示される

小数点以下の数値が四捨五入されて表示されます。セル [E5] のフィルハンドルをドラッグして **1**、下のセルに数式をコピーします。

> **🔑** Keyword　**ROUND 関数**
>
> 指定した桁数で数値を四捨五入します。桁数「0」を指定すると小数点第1位で四捨五入されます。
>
> 書式：ROUND（数値, 桁数）

2 条件を満たすセルの数値を合計する－SUMIF関数

1 関数を指定する

結果を表示するセル（ここでは［F4］）をクリックします。［数式］タブをクリックして**1**、［数学／三角］をクリックし**2**、［SUMIF］をクリックします**3**。

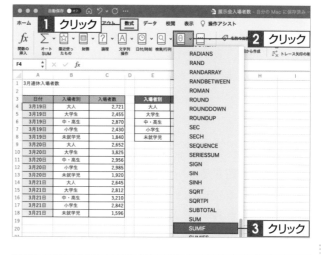

2 範囲と検索条件を指定する

［数式パレット］が表示されます。［範囲］に、検索対象となるセル範囲（ここでは「B4：B18」）を入力して**1**、［検索条件］に、条件を入力したセル（ここでは「E4」）を入力します**2**。［合計範囲］には、計算の対象となるセル（ここでは「C4：C18」）を入力して**3**、［完了］をクリックします**4**。

 Hint ▶ セルの指定

［数式パレット］では、セルの位置やセル範囲を直接入力するかわりに、対象のセルをクリックしたり、セル範囲をドラッグするなどして入力することもできます。

3 条件を満たすセルの数値が合計される

条件を満たすセルの数値が合計されます。セル［F4］のフィルハンドルをドラッグして**1**、下のセルに数式をコピーします。

Keyword ▶ SUMIF関数

指定した範囲から、検索条件を満たすセルの値を合計します。「合計範囲」を指定した場合は合計範囲の数値を合計し、省略した場合は「範囲」の数値を合計します。

書式：SUMIF（範囲, 検索条件, ［合計範囲］）

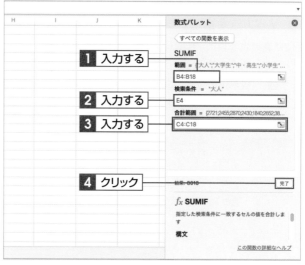

3 条件によって処理を振り分ける－IF関数

1 関数を指定する

結果を表示するセル（ここでは [D4]）をクリックします。[数式] タブをクリックして **1**、[論理] をクリックし **2**、[IF] をクリックします **3**。

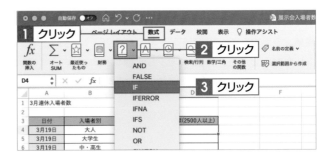

2 条件を指定する

[数式パレット] が表示されます。[論理式] に、セル [C4] の値が「2500」以上か否かを判断する式「C4>2500」を入力します **1**。

3 処理方法を指定する

[値が真の場合] に、セル [C4] の値が2500より大きい場合に表示する「"達成"」を入力します **1**。[値が偽の場合] に、2500以下の場合に表示する「"未達成"」を入力して **2**、[完了] をクリックします **3**。

> ❗ **Hint** 「"」の入力
>
> 引数の中で文字列を指定する場合は、半角の「"」（ダブルクォーテーション）で囲む必要があります。なお、[数式パレット] では、「"」は自動的に入力されます。

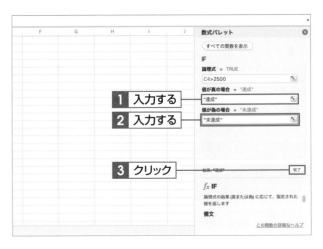

4 結果が表示される

セル [D4] に「達成」と表示されます。セル[D4] のフィルハンドルをドラッグして **1**、下のセルに数式をコピーすると、入場者数が2500より大きい場合は「達成」、2500以下の場合は「未達成」と表示されます。

> 🔑 **Keyword** IF関数
>
> 「論理式」で指定した条件を満たす場合は、「値が真の場合」で指定した値を表示し、満たさない場合は、「値が偽の場合」で指定した値を表示します。
>
> 書式：IF(論理式, 値が真の場合, 値が偽の場合)

第2章 Excelをもっと便利に活用しよう

4 表からデータを抽出する－VLOOKUP関数

1 関数を指定する

結果を表示するセル（ここでは [B4]）をクリックします **1**。[数式]タブをクリックして **2**、[検索／行列] をクリックし **3**、[VLOOKUP] をクリックします **4**。

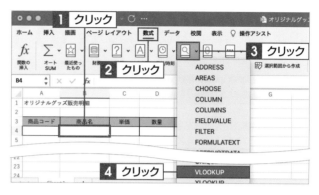

2 検索値と範囲を指定する

[数式パレット] が表示されます。[検索値] に、検索値を入力するセルの位置（ここでは「A4」）を入力します **1**。[範囲] に、対象のデータが入力されているセル範囲（ここでは「A8：C15」）を入力します **2**。

3 列番号と検索方法を指定する

[列番号] に、検索値が入力されているセルの「列番号」（ここでは「2」、Keyword 参照）を入力します **1**。[検索方法] に、検索値と完全に一致する値だけが検索されるように「0」と入力し **2**、[完了] をクリックします **3**。

4 データを抽出する

「商品コード」を入力すると **1**、対応する「商品名」が表示されます。
「単価」を抽出してセル [C4] に表示する場合は、列番号を「3」と指定します。数式は「＝VLOOKUP（A4,A8:C15,3,0）」となります。

🖉 Keyword　VLOOKUP関数

指定した「範囲」から「検索値」と一致するデータを検索し、一致するデータがあると、「列番号」で指定した列（指定した範囲の左端の列から1、2、3…と数える）にあるデータを表示します。

書式：VLOOKUP（検索値, 範囲, 列番号, 検索方法）

Section 05 数式のエラーを解決する

数式の参照先が間違っていたり、参照先の値にミスがあったりして、計算結果が正しく求められないような場合は、セルにエラーインジケーターとエラー値が表示されます。表示されるエラー値は、エラーの内容によって異なります。ここでは、エラーの内容と、その解決方法を紹介します。

1 エラー値 「#VALUE!」

1 参照先を修正する

数式の参照先や引数のデータ型、演算子などが間違っているときに表示されます。これらの間違いを修正すると **1**、エラーが解決されます。

> 文字が入ったセル [B4] を参照しているためエラーになっている

| E4 | fx | =B4*D4 |

	A	B	C		
1	オリジナルグッズ販売明細				
2					
3	商品コード	商品名	単価	数量	合計金額
4	B-001	バインダー	1,800	⚠ 28	#VALUE!
5	B-002	クリアホルダー	300	110	#VALUE!
6	B-003	レターセット	450	30	#VALUE!
7	B-004	ブックカバー	1,550	18	#VALUE!
8	B-005	メモ帳	500	55	#VALUE!

🔑 **Keyword　データ型**

データ型とは、引数に指定されている数値や日付、文字列などのデータの種類のことです。

> **1** 参照先をセル [C4] に修正する
>
> エラーが解決される

| E4 | fx | =C4*D4 |

	A	B	C		
1	オリジナルグッズ販売明細				
2					
3	商品コード	商品名	単価	数量	合計金額
4	B-001	バインダー	1,800	28	50,400
5	B-002	クリアホルダー	300	110	33,000
6	B-003	レターセット	450	30	13,500
7	B-004	ブックカバー	1,550	18	27,900
8	B-005	メモ帳	500	55	27,500

🔍 **COLUMN　[エラーチェックオプション] の利用**

数式になんらかのエラーがあると、セルの左上にエラーインジケーター ▮ が表示されます。このセルをクリックすると、[エラーチェックオプション] ⚠ が表示されます。このコマンドをクリックすると、エラーの内容に応じた処理を選択できます。

> エラーチェックオプション

	A	B	C	D	
1	オリジナルグッズ販売明細				
2					
3	商品コード	商品名	単価	数量	合計金額
4	B-001	バインダー	1,800	⚠	#VALUE!
5	B-002	クリアホルダー	300		
6	B-003	レターセット	450		ⓘ 値のエラー
7	B-004	ブックカバー	1,550		
8	B-005	メモ帳	500		このエラーに関するヘルプ
9	B-006	付箋セット	880		エラーのトレース(T)
10	B-007	ストラップ	350		エラーを無視する
					数式バーで編集(F)

2 エラー値「#DIV/0!」

1 セルに数値を入力する

割り算の除数（割るほうの数）の値に「0」が入力されているときや、空白のときに表示されます。セルに数値を入力すると**1**、エラーが解決されます。

F5		fx	=C5/D5		
	A	B	C	D	E	F

セル [D5] が空白になっているためエラーになっている

	A	B	C			
1	オリジナルグッズ販売明細					
2						
3	商品コード	商品名	販売金額	目標金額	差異	達成率
4	B-001	バインダー	50,400	50,000	400	101%
5	B-002	クリアホルダー	33,000		⚠ 00	#DIV/0!
6	B-003	レターセット	13,500	15,000	-1,500	90%
7	B-004	ブックカバー	27,900	30,000	-2,100	93%
8	B-005	メモ帳	27,500	25,000	2,500	110%

F5		fx	=C5/D5		

1 セル [D5] に数値を入れる

エラーが解決される

	A	B	C	D	E	F
1	オリジナルグッズ販売明細					
2						
3	商品コード	商品名	販売金額	目標金額	差異	達成率
4	B-001	バインダー	50,400	50,000	400	101%
5	B-002	クリアホルダー	33,000	30,000	3,000	110%
6	B-003	レターセット	13,500	15,000	-1,500	90%
7	B-004	ブックカバー	27,900	30,000	-2,100	93%
8	B-005	メモ帳	27,500	25,000	2,500	110%

3 エラー値「#N/A」

1 検索値を修正する

検索を行う関数で、検索した値が検索範囲内に存在しないときに表示されます。検索値を修正すると**1**、エラーが解決されます。

E7		fx	=VLOOKUP(E4,A4:C11,2,0)		

	A	B	C	D	E
1	オリジナルグッズ販売明細				
2					
3	商品コード	商品名	単価		検索番号（商品コード）
4	B-001	バインダー	2,500		B-0001
5	B-002	クリアホルダー	250		
6	B-003	レターセット	480		検索結果（商品名）
7	B-004	ブックカバー	1,650	⚠	#N/A
8	B-005	メモ帳	400		
9	B-006	付箋セット	600		
10	B-007	ストラップ			
11	B-008	エコバッグ			
12					

セル範囲 [A4：C11] に検索値「B-0001」が存在しないためエラーになっている

E7		fx	=VLOOKUP(E4,A4:C11,2,0)		

	A	B	C	D	E
1	オリジナルグッズ販売明細				
2					
3	商品コード	商品名	単価		検索番号（商品コード）
4	B-001	バインダー	2,500		B-001
5	B-002	クリアホルダー	250		
6	B-003	レターセット	480		検索結果（商品名）
7	B-004	ブックカバー	1,650		バインダー
8	B-005	メモ帳	400		
9	B-006	付箋セット	600		
10	B-007	ストラップ	350		
11	B-008	エコバッグ	1,000		
12					

1 検索値を修正する

エラーが解決される

④ エラーをトレースする

1 [参照元のトレース]を クリックする

エラーが表示されているセルをクリックします **1**。[数式] タブをクリックして **2**、[参照元の トレース] をクリックします **3**。

> **! Hint** そのほかの方法
>
> エラーが表示されているセルをクリックして、[エラーチェックオプション] ⚠ をクリックし、[エラーのトレース] をクリックしても（118ページのCOLUMN参照）、参照もとからトレース矢印が表示されます。

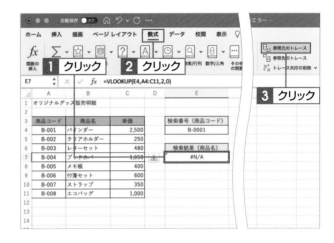

2 参照もとがトレースされる

数式が参照しているセルから、トレース矢印が表示されます。トレースされた参照もとを確認することで、エラーの原因を調べることができます。[数式] タブの [トレース矢印の削除] をクリックすると、矢印が削除されます。

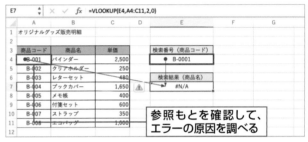

参照もとを確認して、エラーの原因を調べる

⑤ ワークシート全体のエラーを確認する

1 [エラーのトレース]を クリックする

[数式] タブをクリックして **1**、[エラーチェック] をクリックします **2**。[エラーチェック] ダイアログボックスが表示され、エラーのあるセルが選択されます。[エラーのトレース] をクリックします **3**。

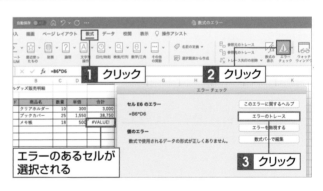

エラーのあるセルが選択される

2 エラーの原因を確認する

数式が参照しているセルからトレース矢印が表示されるので、エラーの原因を調べます **1**。右の例では、文字が入ったセル [B6] を参照しているため、「＝B6＊D6」のかけ算を実行できません。この段階では修正は行わずに、[次へ] をクリックします **2**。

エラーの原因を調べる

3 次のエラーへ移動する

次のエラーのあるセルが選択されます。[エラーのトレース] をクリックして 1、トレース矢印を表示させ、原因を調べます 2。[次へ] をクリックします 3。

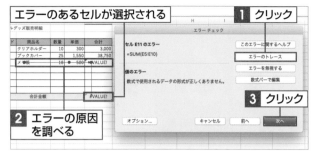

4 エラーチェックが終了する

手順を繰り返して、すべてのエラーをチェックします。エラーのチェックが終了するとメッセージが表示されるので、[OK] をクリックします 1。

5 数式を修正する

確認した結果、この例のエラーはすべてセル [E6] の数式のミスが原因であることが確認できました。数式を修正して 1、エラーを解決します。

> **! Hint エラーの確認**
>
> ここでは、トレース矢印が同じ場所を示していることで、セル [E6] の数式ミスであることが確認できます。「= B6 * D6」を「= C6 * D6」に修正します。

	E6	▲▼	× ✓	fx	=C6*D6	
	A	B	C	D	E	F
1	オリジナルグッズ販売明細				**1 数式を修正する**	
2						
3	商品コード	商品名	数量	単価	合計	
4	B-002	クリアホルダー	10	300	3,000	
5	B-004	ブックカバー	25	1,550	38,750	
6	B-005	メモ帳	18	500	9,000	
7						
8						
9						
10						
11		合計金額			47,750	
12						
13				エラーが解決される		
14						

🔍 COLUMN そのほかのエラー値

エラー値	原因と解決方法
#NAME?	関数名やセル範囲に定義した名前が間違っているときに表示されます。関数名や数式内の文字を修正すると、エラーは解決されます。
#NULL!	指定した2つ以上のセル範囲に共通部分がないときに表示されます。参照しているセル範囲を修正すると、エラーは解決されます。
#NUM!	引数として指定できる数値の範囲を超えているときに表示されます。Excelで処理可能な範囲に収まるように修正すると、エラーは解決されます。
#REF!	数式で参照しているセルがある列や行を削除したときに表示されます。参照先を修正すると、エラーは解決されます。
#####	数式のエラーではありませんが、セルの幅が狭くて計算結果などを表示できないときに表示されます。セルの幅（列幅）を広げると、エラーは解決されます（70ページ参照）。

Section 06 条件付き書式を利用する

覚えておきたいキーワード

| 条件付き書式 |
| セルの強調表示ルール |
| データバー |

条件付き書式を利用すると、指定した条件を満たすセルに文字色やセルの背景色を付けることができます。また、セル範囲のデータの最大値や最小値を自動計算して、データを相対的に評価し、セルにグラデーションや単色のデータバーを表示させることもできます。

1 指定値より大きいセルに色を付ける

1 セル範囲を選択する

対象となるセル範囲を選択します**1**。

2 [指定の値より大きい] をクリックする

[ホーム] タブの [条件付き書式] をクリックします**1**。[セルの強調表示ルール] にマウスポインターを合わせて**2**、[指定の値より大きい] をクリックします**3**。

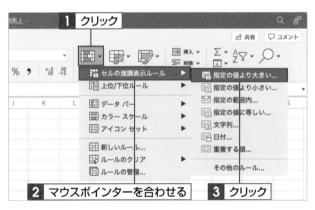

3 条件を指定する

[新しい書式ルール] ダイアログボックスが表示されるので、条件となる値 (ここでは「50,000」) を入力して**1**、書式 (ここでは「濃い緑の文字、緑の背景」) を指定し**2**、[OK] をクリックします**3**。

4 結果が表示される

指定した値（50,000）よりも数値が大きいセ
ルに、色が付いて表示されます。

	A	1月	2月	3月	合計
指定値より大きいセルに色が付く

	関東地区第4四半期売上高			
	1月	2月	3月	合計
埼玉	28,150	26,960	19,640	74,750
東京	54,610	48,000	63,110	165,720
千葉	35,620	32,120	20,150	87,890
神奈川	69,530	66,020	59,590	195,140
群馬	29,780	26,570	21,340	77,690
栃木	32,460	45,320	42,190	119,970

---

2 セルの値の大小を示すデータバーを表示する

1 セル範囲を選択する

データバーを表示するセル範囲を選択します
🗊。

	A	B	C	D	E	F	G
1		1 セル範囲を選択する					
2		関東地区第4四半期売上高					
3							
4		1月	2月	3月	合計		
5	埼玉	28,150	26,960	19,640	74,750		
6	東京	54,610	48,000	63,110	165,720		
7	千葉	35,620	32,120	20,150	87,890		
8	神奈川	69,530	66,020	59,590	195,140		
9	群馬	29,780	26,570	21,340	77,690		
10	栃木	32,460	45,320	42,190	119,970		

2 データバーを指定する

[ホーム] タブの [条件付き書式] をクリックし
ます🗊。[データバー] にマウスポインターを
合わせて🗌、[塗りつぶし（グラデーション）]
の [紫のデータバー] をクリックします🗌。

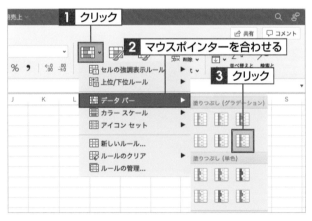

3 データバーが表示される

セルの値の大小に応じて、セルにグラデーショ
ンでデータバーが表示されます。

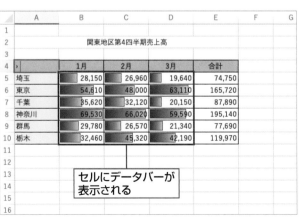

> ❗ **Hint** 条件付き書式の解除
>
> 設定を解除したいセル範囲を選択して、[ホー
> ム] タブの [条件付き書式] をクリックし、[ルー
> ルのクリア] から [選択したセルからルールをク
> リア] をクリックします。また、[シート全体か
> らルールをクリア] をクリックすると、表示して
> いるワークシートにあるすべてのルールが解除
> されます。

Section 07 グラフを作成する

覚えておきたいキーワード
- グラフ
- おすすめグラフ
- グラフタイトル

グラフを利用すると、データを視覚的に表現できます。[おすすめグラフ]を利用すると、表の内容に最適なグラフをかんたんに作成できます。また、[挿入] タブに用意されているグラフの種類のコマンドから作成することもできます。

1 グラフを作成する

1 グラフにする範囲を選択する

グラフのもとになるセル範囲を選択します **1**。

	A	B	C	D	E
3		1月	2月	3月	合計
4	埼玉	28,150	26,960	19,640	74,750
5	東京	54,610	48,000	63,110	165,720
6	千葉	35,620	32,120	20,150	87,890
7	神奈川	69,530	66,020	59,590	195,140
8	群馬	29,780	26,570	21,340	77,690
9	栃木	32,460	45,320	42,190	119,970

1 セル範囲を選択する

2 グラフの種類を指定する

[挿入] タブをクリックして **1**、[おすすめグラフ] をクリックし **2**、使用するグラフをクリックします **3**。ここでは [集合縦棒] を指定します。

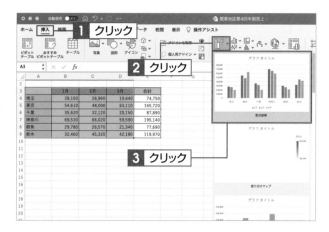

1 クリック

2 クリック

3 クリック

3 グラフが作成される

指定した種類のグラフが作成されます。

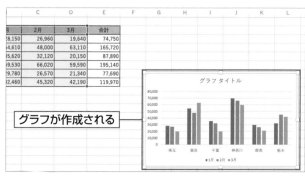

グラフが作成される

Memo　おすすめグラフ

グラフのもとになるセル範囲を選択して [挿入] タブの [おすすめグラフ] をクリックすると、セル範囲のデータに適したグラフが表示されます。

2 グラフタイトルを入力する

1 グラフタイトルをクリックする

作成したグラフに表示されている「グラフタイトル」をクリックし、ドラッグして文字列を選択します **1**。

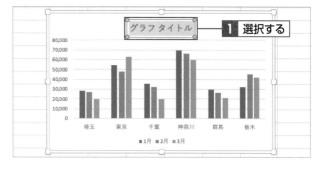

1 選択する

2 タイトルを入力する

グラフタイトルを入力して **1**、グラフタイトル以外の部分をクリックします **2**。

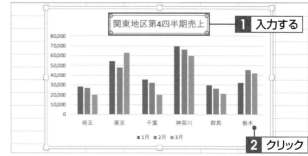

1 入力する

2 クリック

3 グラフタイトルが表示される

入力したグラフタイトルが表示されます。

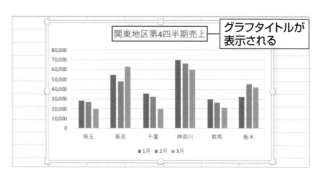

グラフタイトルが表示される

🔍 COLUMN　グラフの種類を選んで作成する

［挿入］タブに用意されている、グラフの種類のコマンドからグラフを作成することもできます。［挿入］タブをクリックして、グラフの種類のコマンドをクリックし **1**、表示された一覧から目的のグラフをクリックします **2**。

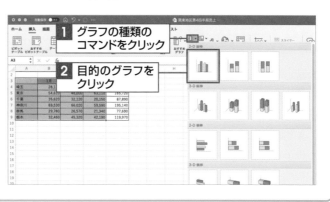

1 グラフの種類のコマンドをクリック

2 目的のグラフをクリック

Section 08

グラフの位置やサイズを変更する

覚えておきたいキーワード

グラフ

グラフの移動

グラフのサイズ変更

作成したグラフは、任意の位置に移動したり、サイズを自由に変更したりできます。特に情報が多いグラフの場合は、サイズが小さいと見づらいので、拡大して見やすくすると効率的です。また、グラフをもとデータとは別のワークシートに移動することもできます。

1 グラフを移動する

1 グラフをドラッグする

グラフエリア内のグラフ要素のない部分をクリックして **1**、グラフを移動する場所までドラッグします **2**。

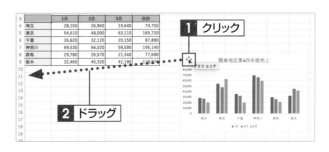

2 グラフが移動される

移動先でマウスのボタンを離すと、グラフが移動します。

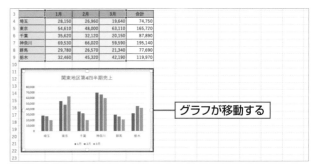

グラフが移動する

COLUMN　別のワークシートに移動する

作成したグラフを別のワークシートに移動させたいときは、グラフを選択して ［グラフのデザイン］ タブの ［グラフの移動］ をクリックします。［グラフの移動］ ダイアログボックスが表示されるので、［新しいシート］ をクリックして、［OK］ をクリックします。

別のワークシートに移動する場合は、移動先のワークシートを指定する

2 グラフのサイズを変更する

1 グラフをクリックする

グラフをクリックして **1**、四隅に表示されたサイズ変更ハンドルにマウスポインターを合わせます **2**。

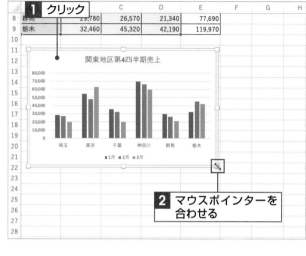

1 クリック

2 マウスポインターを合わせる

2 サイズ変更ハンドルをドラッグする

グラフが目的のサイズになるまでドラッグします **1**。

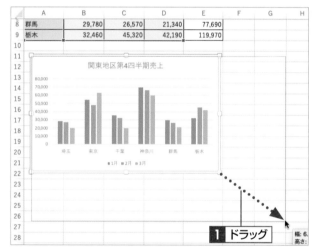

1 ドラッグ

3 グラフのサイズが変更される

グラフのサイズが、ドラッグした大きさに変更されます。

グラフのサイズが変更される

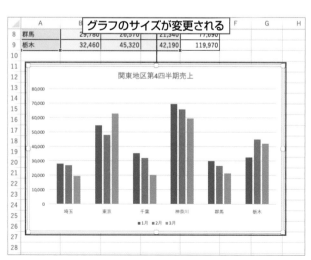

! Hint **縦横比を変えずにサイズを変更する**

グラフの縦横比を変えずにサイズを変更したい場合は、shift を押しながら四隅のサイズ変更ハンドルをドラッグします。

Section 09

グラフ要素を追加する

覚えておきたいキーワード

グラフ要素

軸ラベル

書式ウィンドウ

作成した直後のグラフには、通常、グラフタイトルと凡例だけが表示されています。そのほかに必要な要素がある場合は、[グラフのデザイン] タブを利用して、適宜追加する必要があります。ここでは、軸ラベルを追加して書式を変更します。

1 グラフに軸ラベルを追加する

1 軸ラベルを指定する

グラフをクリックして、[グラフのデザイン] タブをクリックします 1 。[グラフ要素を追加] をクリックし 2 、[軸ラベル] にマウスポインターを合わせて 3 、[第1縦軸] をクリックします 4 。

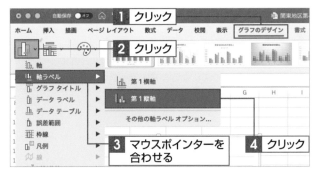

2 軸ラベルエリアが表示される

グラフの左側に、「軸ラベル」と表示されたエリアが表示されます。

🔑 Keyword　グラフ要素

グラフ要素とは、グラフタイトル、グラフ、目盛、凡例などのグラフを構成する要素のことです。

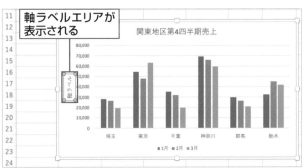

3 軸ラベルを入力する

軸ラベルエリアをクリックして、軸ラベルを入力します 1 。軸ラベルエリア以外の場所をクリックすると 2 、軸ラベルが確定します。

🔑 Keyword　軸ラベル

軸ラベルとは、グラフの横方向と縦方向の軸に付ける名前のことです。

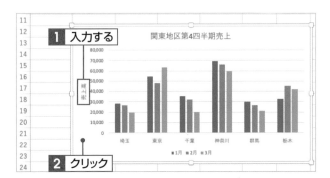

2 軸ラベルの文字方向を変える

1 軸ラベルをクリックする

軸ラベルをクリックします■。

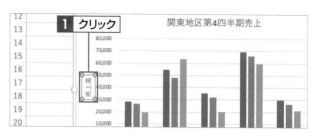

2 [書式ウィンドウ]をクリックする

[書式] タブをクリックして■、[書式ウィンドウ] をクリックします■。

3 テキストの方向を指定する

[軸ラベルの書式設定] ウィンドウが表示されます。[文字のオプション]をクリックして ■、[テキストボックス]をクリックします■ 。[文字列の方向] 右横のコマンドをクリックし■、[垂直]をクリックします■。

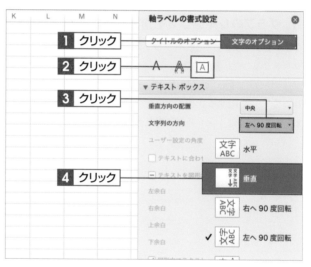

4 軸ラベルが縦書きになる

軸ラベルの文字方向が、縦書き（垂直）に変更されます。

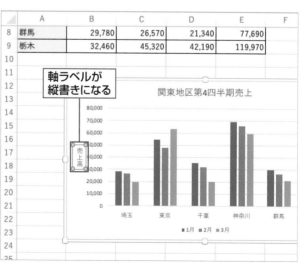

📄 Memo　書式設定ウィンドウ

グラフ要素の書式などを変更する際は、その要素をクリックして選択し、[書式ウィンドウ]をクリックして、[書式設定] ウィンドウを表示します。表示されるウィンドウの名称は、選択したグラフ要素によって異なります。ウィンドウ右上の⊗をクリックすると、[書式設定] ウィンドウが閉じます。

グラフのレイアウトや
デザインを変更する

覚えておきたいキーワード

クイックレイアウト

グラフのスタイル

グラフの種類の変更

作成したグラフは、クイックレイアウトを利用してレイアウトを変更したり、あらかじめ用意されているグラフのスタイルを適用するなどして、より見栄えのよいグラフにできます。また、グラフの配色を変更したり、グラフの種類を変更することもできます。

1 グラフのレイアウトを変更する

1 グラフのレイアウトを指定する

グラフをクリックして**1**、[グラフのデザイン]タブをクリックし**2**、[クイックレイアウト]をクリックします**3**。レイアウトの一覧が表示されるので、使用するレイアウトをクリックします**4**。ここでは [レイアウト5] を指定します。

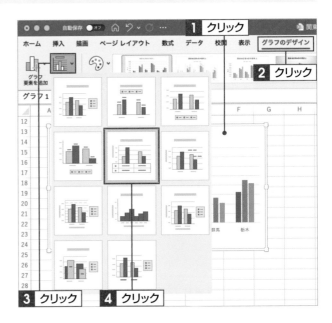

2 レイアウトが変更される

グラフのレイアウトが変更されます。ここでは、グラフの下側にデータが表示されるレイアウトに変更しています。

! Hint　グラフの種類を変更する

グラフの種類は、グラフを作成したあとから変更することもできます。変更するグラフをクリックして、[グラフのデザイン]タブの [グラフの種類の変更] をクリックし、変更したいグラフの種類を選択します。

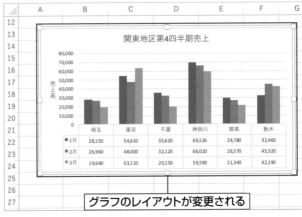

グラフのレイアウトが変更される

② グラフのデザインを変更する

1 スタイル一覧を表示する

グラフをクリックして **1**、[グラフのデザイン]
タブをクリックします **2**。[グラフのスタイル]
にマウスポインターを合わせると **3**、 ▼ が
表示されます。

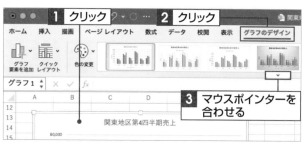

2 スタイルを指定する

▼ をクリックすると **1**、スタイルの一覧が
表示されるので、使用するスタイルをクリック
します **2**。ここでは [スタイル4] を指定します。

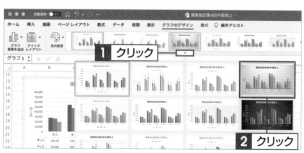

3 グラフのスタイルが変更される

グラフのスタイルが変更されます。ここでは、
グラフの背景に薄い色が付いたスタイルに変
更しています。

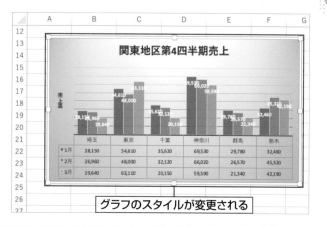

🔍 COLUMN　グラフの配色を変更する

グラフは、あらかじめ設定されている配色で作成さ
れますが、配色を変更することもできます。グラフ
をクリックして、[グラフのデザイン]タブの [色の
変更] をクリックし、配色パターンを選択します。
グラフを白黒印刷する場合は、「モノクロ」の配色
パターンを選択しましょう。

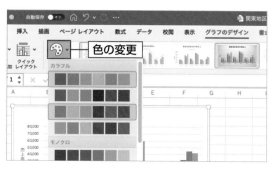

Section

11

グラフの目盛範囲と表示単位を変更する

覚えておきたいキーワード

目盛範囲
軸の書式設定
表示単位

グラフの縦軸の数値の差が少なくて大小の比較がしにくい場合は、目盛の範囲を変更すると比較がしやすくなります。また、数値の桁数が多いと、グラフの見栄えがあまりよくありません。この場合は、表示単位を変更すると、グラフが見やすくなります。

1 目盛の最小値と表示単位を変更する

1 縦（値）軸をクリックする

縦（値）軸をクリックします **1**。

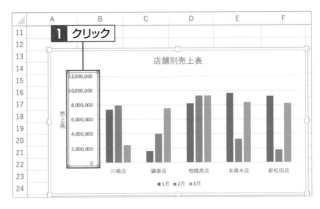

2 ［書式ウィンドウ］を クリックする

［書式］タブをクリックして **1**、［書式ウィンドウ］をクリックします **2**。

3 ［最小値］を変更する

［軸の書式設定］ウィンドウが表示されます。［境界値］の［最小値］に「2000000」と入力して **1**、return を押します **2**。

> **! Hint　設定した軸の数値をもとに戻す**
>
> 設定した軸の数値をもとに戻すには、再度［軸の書式設定］ウィンドウを表示して、数値ボックスの右に表示されている［リセット］🔄 をクリックします。

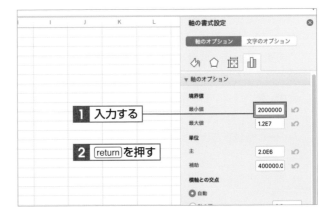

4 表示単位を指定する

[軸の書式設定] ウィンドウのスクロールバーを
ドラッグします **1**。[表示単位] の・をクリック
して **2**、表示単位（ここでは [千]）をクリック
します **3**。

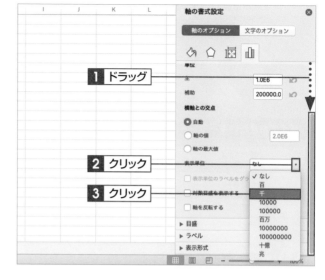

5 表示単位のラベルをオンにする

[表示単位のラベルをグラフに表示する] をオ
ンかオフに設定します。ここでは、クリックし
てオンにします **1**。

6 軸の最小値と表示単位が
   変更される

軸の最小値と表示単位が変更されます。

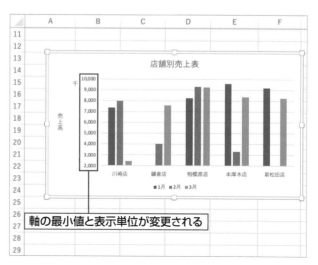

軸の最小値と表示単位が変更される

📄 Memo　表示単位のラベル

手順 **5** で [表示単位のラベルをグラフに表示す
る] をオンにすると、指定した単位「千」がグラ
フ上に表示されます。ここでは、ラベルを縦書
きに変更しています（129ページ参照）。

Section

12

データを並べ替える

覚えておきたいキーワード

| 並べ替え |
| 昇順 |
| 降順 |

データベース形式の表を利用すると、数値の小さい順や大きい順、五十音順などで並べ替えができます。並べ替えを行う際は、基準となるフィールド（列）を指定します。基準となるフィールドは1つだけでなく、複数のフィールド（列）を指定して並べ替えができます。

1 データを昇順・降順で並べ替える

1 並べ替えの方法を指定する

並べ替えの基準となるフィールド（ここではC列の「担当者」）のセルをクリックします**1**。[データ] タブをクリックして**2**、[昇順] をクリックします**3**。

📝 **Memo** 　**正しく並べ替えられない！**

セル結合して入力したタイトルなど、ほかの行と異なる列幅のセルがある場合は、並べ替えはできません。また、ほかのセルからコピーしたデータが混在していると、同じ内容でも正しく並べ替えができない場合があります。

	A	B	C	D	E	F
1	経費一覧 (4/4〜4/8)					
2						
3	No	支払日	担当者	費目	金額	
4	1	4月4日	伊藤 健太郎	交通費	2,550	
5	2	4月4日	佐々木 結芽	会議費	1,450	
6	3	4月4日	綿貫 真沙美	宿泊費	13,500	
7	4	4月5日	及川貴志	交通費	1,850	
8	5	4月5日	柳田真史	交通費	1,760	
9	6	4月5日	伊藤 健太郎	消耗品費	660	
10	7	4月5日	佐々木 結芽	会議費	1,200	
11	8	4月6日	及川貴志	宿泊費	12,000	

2 データが並べ替えられる

表のデータが、担当者の昇順で並べ替えられます。

	A	B	C	D	E	F
1	経費一覧 (4/4〜4/8)					
2						
3	No	支払日	担当者	費目	金額	
4	1	4月4日	伊藤 健太郎	交通費	2,550	
5	6	4月5日	伊藤 健太郎	消耗品費	660	
6	11	4月7日	伊藤 健太郎	消耗品費	980	
7	4	4月5日	及川貴志	交通費	1,850	
8	8	4月6日	及川貴志	宿泊費	12,000	
9	12	4月7日	及川貴志	消耗品費	1,100	
10	16	4月8日	及川貴志	会議費		
11	2	4月4日	佐々木 結芽	会議費		
12	7	4月5日	佐々木 結芽	会議費		
13	10	4月6日	佐々木 結芽	会議費	2,500	
14	9	4月6日	柳田 真史	会議費	1,980	
15	13	4月7日	柳田 真史	交通費	980	
16	5	4月5日	柳田真史	交通費	1,760	
17	3	4月4日	綿貫 真沙美	宿泊費	13,500	
18	14	4月8日	綿貫 真沙美	交通費	1,250	
19						

> **データが担当者の昇順で並べ替わる**

🔑 **Keyword** 　**データベース形式の表**

データベース形式の表とは、列ごとに同じ種類のデータが入力され、先頭行に列の見出しが入力されている一覧表のことです。1件分のデータを「レコード」（1レコード＝1行）、1列分のデータを「フィールド」といいます。

② 2つの条件を指定して並べ替える

1 [並べ替え] をクリックする

表内のいずれかのセルをクリックします**1**。
[データ] タブをクリックして**2**、[並べ替え]
をクリックします**3**。

2 最優先されるキーを指定する

[並べ替え] ダイアログボックスが表示されます。[最優先されるキー] の [列] をクリックして、「担当者」をクリックし**1**、[＋] をクリックします**2**。

3 次に優先されるキーを指定する

[次に優先されるキー] を指定する行が追加されるので、この行の [列] をクリックして、「費目」をクリックします**1**。

4 順序を指定する

[順序] を選択します。ここではどちらも [昇順（A〜Z）] を指定して**1**、[OK] をクリックします**2**。

5 データが並べ替えられる

指定した2つのフィールド（「担当者」と「費目」）を基準に、データが昇順で並べ替えられます。

> **! Hint もとに戻せるように工夫する**
>
> 表をもとの状態に戻す必要がある場合は、あらかじめ表をほかのワークシートにコピーしておくか、もと通りに並び替えるための連番を入力しておきましょう。この例では「No」の列に連番を入力しています。

2つのフィールドを基準にデータが並べ替えられる

経費一覧（4/4〜4/8）

No	支払日	担当者	費目	金額
1	4月4日	伊藤 健太郎	交通費	2,550
5	4月5日	伊藤 健太郎	消耗品費	660
11	4月7日	伊藤 健太郎	消耗品費	980
4	4月5日	及川貴志	交通費	1,850
8	4月6日	及川貴志	宿泊費	12,000
12	4月7日	及川貴志	消耗品費	1,100
16	4月8日	及川貴志	会議費	2,580
2	4月4日	佐々木 結芽	会議費	1,450
10	4月6日	佐々木 結芽	会議費	2,500
7	4月5日	佐々木 結芽	会議費	1,200
9	4月6日	柳田 直也	会議費	1,980

条件に合ったデータを抽出する

覚えておきたいキーワード

> フィルター
>
> データの抽出
>
> フィルターのクリア

Excelには、データの中から特定の条件に合うデータをすばやく抽出して表示するフィルター機能が用意されてます。フィルター機能を利用すると、フィールド（列）の項目を指定して、大量のデータの中から目的に合ったものをかんたんに探し出すことができます。

1 フィルターを設定する

1 [フィルター]をクリックする

表内のいずれかのセルをクリックします**1**。[データ]タブをクリックして**2**、[フィルター]をクリックします**3**。

2 フィルターが設定される

フィルターが設定され、すべての列見出しに▼が表示されます。

Hint　フィルターが設定されない

表内に空白の行や列があると、それ以降のデータは1つの表として認識されず、フィルターは設定されません。空白の行や列は削除してから、フィルターの設定をしましょう。

2 条件に合ったデータを抽出する

1 条件を指定するウィンドウを表示する

抽出に使用するフィールドの列見出し（ここでは「費目」）の▼をクリックすると **1**、条件を指定するウィンドウが表示されます。

条件を指定するウィンドウが表示される

2 抽出項目を指定する

項目の一覧で、抽出する項目（ここでは「会議費」）以外をクリックしてオフにします **1**。⊗をクリックして **2**、条件を指定するウィンドウを閉じます。

左のMemo参照

1 抽出する項目以外をクリックしてオフにする

2 クリック

> 📝 **Memo** データの抽出方法
>
> 条件を指定するウィンドウの検索ボックスに、抽出したい文字列を入力しても同様に抽出できます。

3 データが抽出される

条件に合ったデータだけが抽出されます。

> 📝 **Memo** 抽出を解除する
>
> 抽出を解除するには、列見出しの▼をクリックして条件を抽出するウィンドウを表示し、［フィルターのクリア］をクリックします。

左のMemo参照

	A	B	C	費目	金額	F
1	経費一覧（4/4～4/8）					
2						
3	N▼	支払日	担当者	費目	金額 ▼	
5	2	4月4日	佐々木 結芽	会議費	1,450	
9	7	4月5日	佐々木 結芽	会議費	1,200	
12	10	4月6日	佐々木 結芽	会議費	2,500	
13	9	4月6日	柳田 真史	会議費	1,980	
17	16	4月8日	及川 貴志	会議費	2,580	
19						
20						
21						

データが抽出される

Section

14

ピボットテーブルを
作成する

覚えておきたいキーワード

ピボットテーブル

おすすめピボットテーブル

ピボットテーブルのフィールド

データベース形式の表から特定のフィールド（項目）を取り出して集計した表をピボットテーブルといいます。ピボットテーブルを利用すると、データをさまざまな角度から分析して表示できるので、いろいろな観点からデータを確認できます。

1　ピボットテーブルを作成する

1　[ピボットテーブル] をクリックする

表内のいずれかのセルをクリックします **1**。[挿入] タブをクリックして **2**、[ピボットテーブル] をクリックします **3**。

> **! Hint　ピボットテーブルをすばやく作成する**
>
> 手順 **3** で [おすすめピボットテーブル] をクリックすると、表のデータに応じてフィールドを配置したピボットテーブルが作成されます。必要に応じて、フィールドの配置を変更して使います。

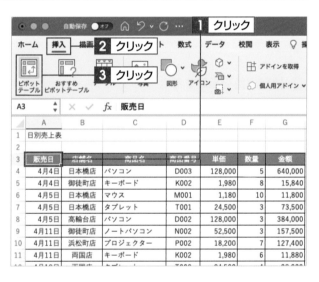

2　テーブルの範囲と作成先を指定する

[ピボットテーブルの作成] ダイアログボックスが表示されます。選択されたテーブルの範囲を確認して **1**、[新規ワークシート] をクリックしてオンにし **2**、[OK] をクリックします **3**。新しいシートにピボットテーブルが作成され、[ピボットテーブルのフィールド] が表示されます。

> **📝 Memo　空のピボットテーブルが作成される**
>
> 手順 **3** で [OK] をクリックすると、それぞれのエリアに何も設定されていない空のピボットテーブルが作成されます。

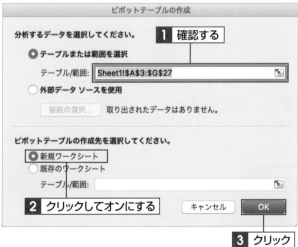

2 ピボットテーブルにフィールドを配置する

1 「商品名」を[列]に、 「店舗名」を[行]に配置する

フィールド名の一覧から、「商品名」を[列]に
ドラッグします **1**。続いて、「店舗名」を[行]
にドラッグします **2**。

📝 Memo **フィールドを移動する**

それぞれのエリアに配置したフィールドは、ほ
かのフィールドにドラッグして移動させること
ができます。1つのエリアに複数のフィールド
を配置することもできます。

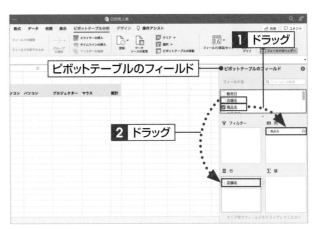

2 「金額」を[値]に配置する

フィールド名の一覧から、「金額」を[値]にド
ラッグします **1**。

📝 Memo **フィールドを削除する**

削除したいフィールドをそれぞれのエリアから
[ピボットテーブルのフィールド]の外にドラッ
グすると、フィールドを削除できます。

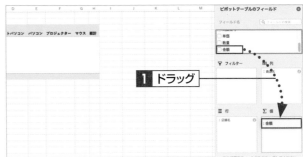

3 「販売日」を[フィルター]に 配置する

フィールド名の一覧から、「販売日」を[フィル
ター]にドラッグします **1**。

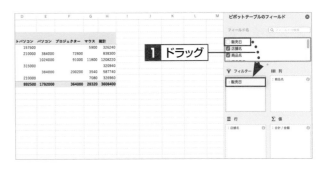

4 ピボットテーブルが作成される

ピボットテーブルが作成されます。

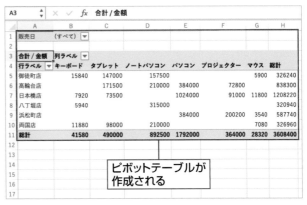

	A	B	C	D	E	F	G	H
1	販売日	(すべて) ▼						
2								
3	合計 / 金額	列ラベル ▼						
4	行ラベル ▼	キーボード	タブレット	ノートパソコン	パソコン	プロジェクター	マウス	総計
5	御徒町店	15840	147000	157500			5900	326240
6	高輪台店		171500	210000	384000	72800		838300
7	日本橋店	7920	73500		1024000	91000	11800	1208220
8	八丁堀店	5940		315000				320940
9	浜松町店				384000	200200	3540	587740
10	両国店	11880	98000	210000			7080	326960
11	総計	41580	490000	892500	1792000	364000	28320	3608400
12								
13								
14								
15								
16								
17								

ピボットテーブルが
作成される

📝 Memo **ここで作成したピボットテーブル**

ここでは、店舗ごとの商品別売上金額を集計す
るピボットテーブルを作成しています。

Section

15

ピボットテーブルを編集・操作する

覚えておきたいキーワード

- フィルター
- スライサー
- タイムライン

ピボットテーブルは、あらかじめ用意されている一覧から好みのデザインを選択するだけで、かんたんにスタイルを変更できます。また、フィルターボタンを利用したり、スライサーやタイムラインを挿入するなどして、表示するデータを絞り込むこともできます。

1 ピボットテーブルのスタイルを変更する

1 スタイル一覧を表示する

ピボットテーブル内のセルをクリックして **1**、[デザイン] タブをクリックし **2**、[ピボットテーブルスタイル] にマウスポインターを合わせると **3**、▼ が表示されます。

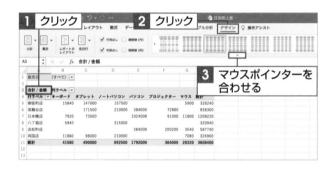

2 スタイルを指定する

▼ をクリックして **1**、表示される一覧から使用したいスタイルをクリックします **2**。ここでは [薄いオレンジ、ピボットスタイル（中間）3] をクリックします。

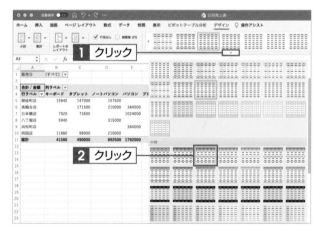

3 スタイルが変更される

ピボットテーブルのスタイルが変更されます。[ピボットテーブルのフィールド] が表示されている場合は、❌ をクリックして閉じます **1**。

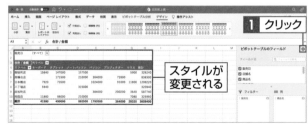

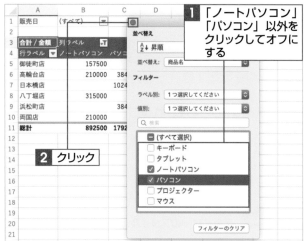

2 表示するデータを絞り込む

1 フィールドを指定する

［列ラベル］の▼をクリックします**1**。条件を指定するウィンドウが表示されるので、［並べ替え］で「商品名」をクリックします**2**。

2 絞り込む項目を指定する

絞り込むフィールドを指定します。ここでは、「ノートパソコン」「パソコン」以外をクリックしてオフにします**1**。⊗をクリックして**2**、条件を指定するウィンドウを閉じます。

📄 Memo フィルターで絞り込む

［フィルター］に追加した「販売日」で絞り込むこともできます。セル［B1］の［(すべて)］の▼をクリックして販売日を指定します。

3 データが絞り込まれる

指定したフィールド（「ノートパソコン」と「パソコン」）のデータだけが表示されます。

📄 Memo 絞り込みを解除する

絞り込みを解除するには、［列ラベル］の⊡をクリックして条件を指定するウィンドウを表示し、［フィルターのクリア］をクリックします。

1 [スライサーの挿入] を クリックする

ピボットテーブル内のセルをクリックして**1**、[ピボットテーブル分析] タブをクリックし**2**、[スライサーの挿入] をクリックします**3**。

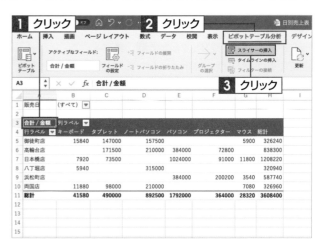

2 フィールドを指定する

[スライサーの挿入] ダイアログボックスが表示されます。絞り込みに使用するフィールド（ここでは「店舗名」）をクリックしてオンにし**1**、[OK] をクリックします**2**。

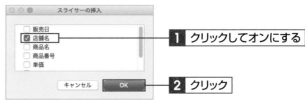

3 スライサーが挿入される

スライサーが挿入されます。

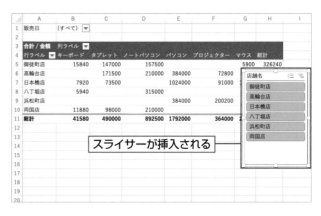

4 データを絞り込む

スライサーで絞り込むフィールド（ここでは「高輪台店」）をクリックすると**1**、そのデータだけが表示されます。

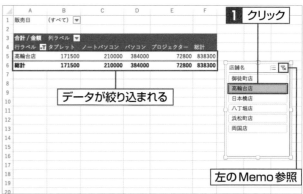

4 タイムラインを追加する

1 [タイムラインの挿入] をクリックする

ピボットテーブル内のセルをクリックして **1**、[ピボットテーブル分析] タブをクリックし **2**、[タイムラインの挿入] をクリックします **3**。

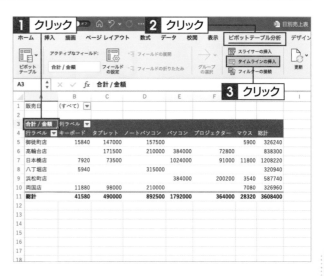

2 フィールドを指定する

[タイムラインの挿入] ダイアログボックスが表示されます。絞り込みに使用するフィールドをクリックしてオンにし **1**、[OK] をクリックします **2**。

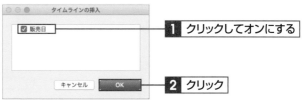

3 タイムラインが挿入される

タイムラインが挿入されます。スクロールバーをドラッグして **1**、絞り込む期間を表示します。

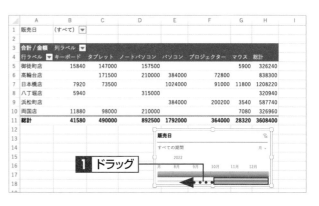

📝 Memo **タイムラインのスタイル**

タイムラインをクリックして、[オプション]タブの [タイムラインのスタイル] を利用すると、タイムラインのスタイルを変更できます。

4 データを絞り込む

絞り込みたい期間(ここでは2022年の「4月」)をクリックすると **1**、その期間のデータだけが表示されます。

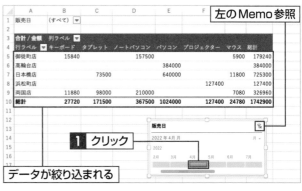

📝 Memo **絞り込みを解除する**

絞り込みを解除するには、タイムラインの右上の [フィルターのクリア] 🗑 をクリックします。

Section

16

テキストボックスを利用して自由に文字を配置する

覚えておきたいキーワード

| テキストボックス |
| 文字配置 |
| 図形のスタイル |

セルの枠や位置などに影響されずに自由に文字を配置したい場合は、テキストボックスを利用します。テキストボックスには、縦書きと横書きの2種類があるので、目的に応じて使い分けます。入力した文字は、通常のセル内の文字と同様に書式を設定できます。

1　テキストボックスを挿入して文字を入力する

1　[横書きテキストボックスの描画] をクリックする

[挿入] タブをクリックします**1**。[テキスト] をクリックして**2**、[テキストボックス]の☑をクリックし**3**、[横書きテキストボックスの描画] をクリックします**4**。

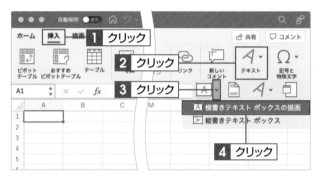

2　テキストボックスを作成する

テキストボックスの始点にマウスポインターを合わせて**1**、目的の大きさになるまで対角線上にドラッグします**2**。

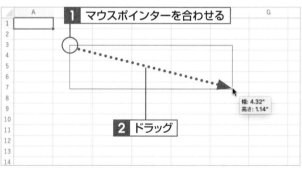

3　文字を入力する

テキストボックスが作成されるので、文字を入力します**1**。

> **! Hint　文字が入力できない！**
>
> テキストボックスの選択状態を解除すると、文字を入力できません。その場合は、テキストボックスをクリックして選択します。

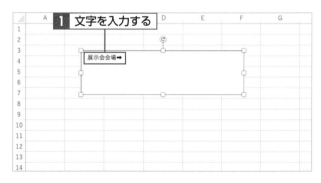

2 文字書式と配置を変更する

1 文字サイズとフォントを変更する

74 ページの方法で文字サイズを「36pt」に、75 ページの方法でフォントを「ヒラギノ角ゴ StdN」に変更します。

2 文字配置を変更する

テキストボックスの枠線上をクリックして選択するか、文字列を選択します**1**。[ホーム] タブの [上下中央揃え] をクリックし**2**、続いて [文字列中央揃え] をクリックすると**3**、文字がテキストボックスの中央に配置されます。

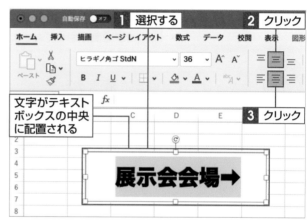

3 テキストボックスにスタイルを設定する

1 スタイルを指定する

テキストボックスをクリックして、[図形の書式設定] タブをクリックします**1**。[図形のスタイル] にマウスポインターを合わせると表示される ▼ をクリックして**2**、表示される一覧からスタイルをクリックします**3**。

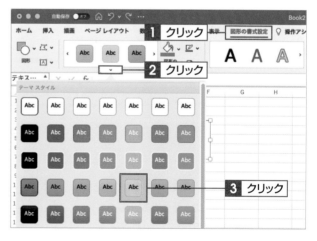

2 スタイルが設定される

テキストボックスにスタイルが設定されます。

マクロを作成する準備をする

覚えておきたいキーワード

- マクロ
- マクロセキュリティ
- ［開発］タブ

Excelのマクロとは、Excelで行う一連の操作を記録して、自動的に実行できるようにする機能のことです。マクロを作成・実行する前に、セキュリティの設定を確認しておきましょう。また、マクロの利用に必要な［開発］タブを表示させておきます。

1 セキュリティの設定を確認する

1 ［環境設定］をクリックする

［Excel］メニューをクリックして **1**、［環境設定］をクリックします **2**。

2 ［セキュリティ］をクリックする

［Excel環境設定］ダイアログボックスが表示されるので、［共有とプライバシー］の［セキュリティ］をクリックします **1**。

3 セキュリティの設定を行う

［マクロセキュリティ］の［警告を表示してすべてのマクロを無効にする］をクリックしてオンにし **1**、⊗をクリックします **2**。

> **! Hint　マクロウィルスに注意する**
>
> 手順 **1** をオンにすると、マクロが含まれている可能性のあるファイルを開くときに、マクロを有効にするかを確認するメッセージが表示されます（151ページCOLUMN参照）。

2 [開発] タブを表示する

1 [環境設定] をクリックする

[Excel] メニューをクリックして■、[環境設定] をクリックします■。

2 [表示] をクリックする

[Excel環境設定] ダイアログボックスが表示されるので、[作成] の [表示] をクリックします■。

3 [開発者] タブをオンにする

[表示] ダイアログボックスが表示されるので、[リボンに表示] の [開発者タブ] をクリックしてオンにし■、⊗をクリックします■。

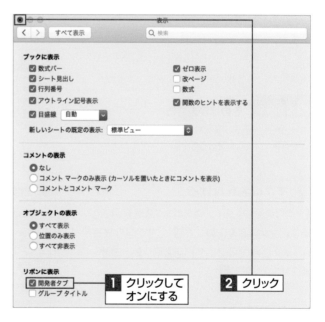

4 [開発] タブが表示される

[開発] タブが表示され、マクロ機能が利用できるようになります。

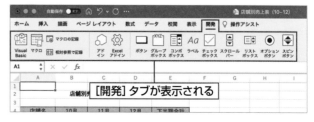

マクロを作成する

覚えておきたいキーワード

> マクロの記録
>
> マクロの保存
>
> Excelマクロ有効ブック

Excelでマクロを作成するには、[開発] タブの [マクロの記録] をクリックして、記録する操作を順番に実行し、マクロとして保存します。マクロを記録したブックを保存する際は、マクロに対応したファイル形式で保存する必要があります。

1 マクロを記録する

1 [マクロの記録] をクリックする

[開発] タブをクリックして 1、[マクロの記録] をクリックします 2。

📝 Memo　**そのほかの方法**

マクロの記録は、[表示] タブの [マクロの記録] をクリックしても開始できます。

2 マクロ名を付ける

[マクロの記録] ダイアログボックスが表示されます。マクロ名を入力して 1、[マクロの保存先] を [作業中のブック] に設定し 2、[OK] をクリックします 3。

📝 Memo　**マクロ名と保存先**

マクロ名は日本語でも入力できます。ただし、スペースは使用できません。マクロの保存先は、[作業中のブック] のほかに、[個人用マクロブック] [新しいブック] が設定できます。

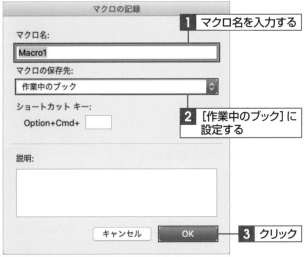

3 マクロを記録する

マクロの記録が開始されるので、マクロとして
記録する操作を順番に実行します。ここで
は、フォントと文字サイズ、配置、斜体を順に
記録します。

4 マクロの記録を終了する

記録する操作が終了したら、[開発] タブの [記
録終了] をクリックして1、マクロの記録を終
了します。

---

2 マクロを保存する

1 [名前を付けて保存] を
クリックする

[ファイル] メニューをクリックして1、[名前
を付けて保存] をクリックします2。

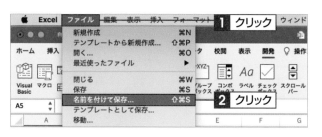

2 マクロを有効にして保存する

ダイアログボックスが表示されるので、ブック
名を入力して1、保存場所を指定します2。
[ファイル形式] で [Excel マクロ有効ブック
(.xlsm)] を選択して3、[保存] をクリックし
ます4。

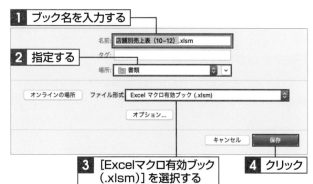

Section
19
マクロを実行・削除する

覚えておきたいキーワード

| マクロの実行 |
| マクロの削除 |
| マクロを有効にする |

記録したマクロは、必要なときにはいつでも呼び出して利用できます。ここでは、前のセクションで作成したマクロを別のシートで実行してみましょう。また、不要になったマクロを削除する方法も紹介します。

1 マクロを実行する

1 [マクロ]をクリックする

マクロを適用するワークシートを表示して、[開発]タブをクリックし■、[マクロ]をクリックします■。

Memo マクロを利用する場合

マクロを記録する際に、[マクロの保存先]を[作業中のブック]に設定した場合は、マクロを記録したブックで使用するのが基本です。別のブックで使いたい場合は、マクロを記録したブックを開いておきます（次ページCOLUMN参照）。

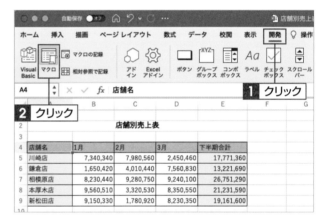

2 マクロを指定して実行する

[マクロ]ダイアログボックスが表示されるので、実行するマクロをクリックして■、[実行]をクリックします■。

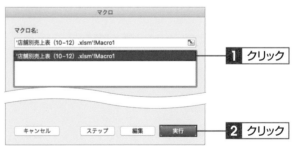

3 マクロが実行される

マクロが実行され、マクロに記録した順に操作が行われます。

2 マクロを削除する

1 削除するマクロを表示する

マクロを保存したブックを開きます。[開発]
タブをクリックして**1**、[マクロ]をクリックし
ます**2**。

2 マクロを削除する

[マクロ]ダイアログボックスが表示されるの
で、削除するマクロをクリックして**1**、□をク
リックします**2**。

3 [はい]をクリックする

メッセージが表示されるので、[はい]をクリッ
クします**1**。このダイアログボックスの形は
Excelのバージョンによって異なります。

🔍 COLUMN　マクロを含むブックを開くとき

マクロが含まれているブックを開くときには、
マクロを有効にするかを確認するメッセージ
が表示されます。安全と確認できる場合のみ、
[マクロを有効にする]をクリックしてファイ
ルを開きましょう。確信できない場合は、[マ
クロを無効にする]をクリックします。このダ
イアログボックスの形はExcelのバージョンに
よって異なります。

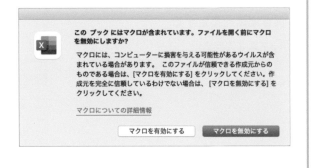

Section 20

ワークシートをPDFに変換する

Excelで作成した文書をPDFファイルとして保存することができます。PDFファイルとして保存すると、レイアウトや書式、画像などがそのまま維持されるので、MacやWindowsなどパソコンの環境に依存せずに、同じ見た目で文書を表示できます。

1 ワークシートをPDFとして保存する

第2章 Excelをもっと便利に活用しよう

1 [名前を付けて保存] をクリックする

[ファイル] メニューをクリックして **1**、[名前を付けて保存] をクリックします **2**。

> **Keyword** PDFファイル
>
> PDFファイルは、アドビ社によって開発された電子文書の規格の一種です。パソコンや携帯端末、OSなどの環境に依存せずに開くことができます。

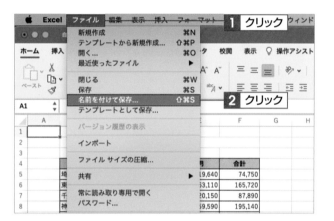

2 ファイル名を入力する

ダイアログボックスが表示されるので、ファイル名を入力します **1**。

3 保存場所を指定する

[場所] ボックス右側の ⌄ をクリックすると **1**、ダイアログボックスが広がるので、保存場所を指定します **2**。

4 [PDF] をクリックする

[ファイル形式] のボックスをクリックして、
[PDF] をクリックします **1**。

ファイルアクセスの許可

手順**1**のあとに [ファイルアクセスを許可] ダイアログボックスが表示された場合は、[選択] をクリックして、表示されるダイアログボックスで [アクセス権を付与] をクリックします。

5 [保存] をクリックする

[シート] をクリックしてオンにし **1**、[保存] をクリックします **2**。

📝 Memo **ブックをPDFに変換する**

手順**1**で [ブック] をクリックしてオンにすると、ブック内の複数のワークシートをPDFに変換できます。

🔍 COLUMN **[プリント] ダイアログボックスから保存する**

PDFファイルは、[プリント] ダイアログボックスから保存することもできます。[ファイル] メニューから [プリント] をクリックして、ダイアログボックス左下の [PDF] をクリックし **1**、[PDFとして保存] をクリックします **2**。ダイアログボックスが表示されるので、ファイル名を入力して保存場所を指定し、[保存] をクリックします。

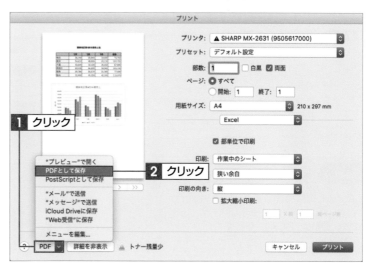

1 [Finder] をクリックする

Dockに表示されている [Finder] をクリックします **1**。

2 PDFファイルを
ダブルクリックする

PDFファイルの保存場所を指定して **1**、PDFファイルをダブルクリックします **2**。

1 指定する　　**2** ダブルクリック

関東地区第4四半期売上実績.pdf
PDF書類 - 75 KB

情報　　　　　　　　　　　表示項目を増やす

作成日　　　　　　　　　　今日 18:45
変更日　　　　　　　　　　今日 18:45

マークアップ　　その他...

3 PDFファイルがプレビューされる

PDFファイルがプレビューされます。●をクリックすると **1**、プレビューが閉じます。

1 クリック

PDFファイルが
プレビューされる

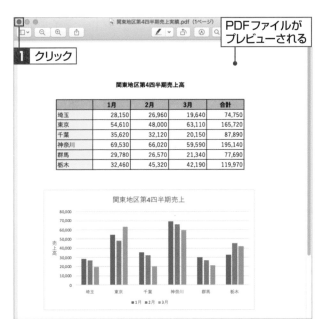

関東地区第4四半期売上高

	1月	2月	3月	合計
埼玉	28,150	26,960	19,640	74,750
東京	54,610	48,000	63,110	165,720
千葉	35,620	32,120	20,150	87,890
神奈川	69,530	66,020	59,590	195,140
群馬	29,780	26,570	21,340	77,690
栃木	32,460	45,320	42,190	119,970

📝 Memo　プレビューに使用されるアプリ

PDFファイルは、初期設定ではMacに付属する「プレビュー」アプリで表示されます。ほかのアプリで開きたい場合は、手順 **2** でPDFファイルをクリックして、[Finder]の ⚙ ▾ の ▾ をクリックし、[このアプリケーションで開く]をクリックして、使用したいアプリを指定します。

第 3 章

Wordの基本操作をマスターしよう

Section 01　Word 2021 for Macの概要

Section 02　Word 2021 の画面構成と表示モード

Section 03　文字入力の準備をする

Section 04　文書を作成するための準備をする

Section 05　文字列を修正する

Section 06　文字列を選択する

Section 07　文字列をコピー・移動する

Section 08　日付やあいさつ文を入力する

Section 09　箇条書きを入力する

Section 10　記号や特殊文字を入力する

Section 11　文字サイズやフォントを変更する

Section 12　文字に太字や下線、効果、色を設定する

Section 13　囲み線や網かけを設定する

Section 14　文字列や段落の配置を変更する

Section 15　箇条書きの項目を同じ位置に揃える

Section 16　段落や行の左端を調整する

Section 17　段落に段落番号や行頭文字を設定する

Section 18　行間隔や段落の間隔を調整する

Section 19　改ページ位置を変更する

Section 20　書式だけをほかの文字列にコピーする

Section 21　縦書きの文書を作成する

Section 22　段組みを設定する

Section 23　文字列を検索・置換する

Section 24　タイトルロゴを作成する

Section 25　横書き文書の中に縦書きの文章を配置する

Section 26　写真を挿入する

Section 27　アイコンを挿入する

Section

01

覚えておきたいキーワード

リボン・タブ

操作アシスト

ストック画像

Word 2021 for Mac の概要

Word 2021 for Mac（以下、Word 2021）では、リボンやタブが更新されました。また、操作アシスト機能が搭載され、画像やイラストなどのストック画像や、スケッチスタイルなども利用できるようになりました。イマーシブリーダーも強化されています。

1 リボンやタブが更新された

リボンやタブが更新されました。アイコンもすっきりと見やすくなりました。

2 操作アシスト機能の搭載

操作アシスト機能が搭載されました。タブの右側に表示されている［操作アシスト］をクリックして、実行したい操作に関するキーワードを入力すると、キーワードに関する項目が一覧で表示され、使用したい機能にすばやくアクセスすることができます。ヘルプを表示したり、スマート検索を利用したりすることもできます。

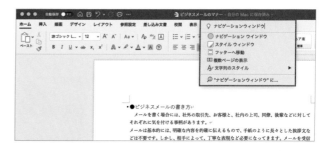

第 3 章　Word の基本操作をマスターしよう

3 ストック画像の利用

画像、イラスト、アイコン、ステッカー、人物の切り絵などのストック画像が利用できます。マイクロソフトが提供するフリー素材なので自由に利用でき、クレジット表示も不要です。[挿入] タブの [写真] から[ストック画像] をクリックして、挿入したい画像を指定します。新しいコンテンツも毎月追加されます。

4 スケッチスタイルの利用

[スケッチ] を利用して、図形の枠線を手書き風にすることができます。[図形の書式設定] タブの [図形の枠線] から [スケッチ] クリックして、利用したいスケッチの種類を指定します。直線など、[スケッチ] が利用できない図形の場合は、[スケッチ] が利用不可になります。

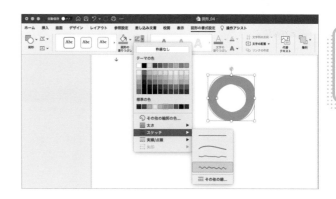

5 イマーシブリーダーの機能が強化

イマーシブリーダーは、列幅や文字間隔を調整したり、ページの色を変更したりして、文章を読みやすくするための機能です。音声読み上げ機能も搭載されており、文書を音声で聞くことができます。Office 2021では、[ページの色] で複数の色を選択することがきるようになりました。イマーシブリーダーは、[表示] タブの [イマーシブリーダー] をクリックすると表示されます。

Section
02

Word 2021の 画面構成と表示モード

覚えておきたいキーワード

文書ウィンドウ

タブ

表示モード

Word 2021の画面は、メニューバーとリボン、文書ウィンドウから構成されています。画面の各部分の名称と機能は、Wordを利用する際の基本的な知識なので、ここでしっかり確認しておきましょう。また、Word 2021には4つの画面表示モードが用意されています。

1 基本的な画面構成

Word 2021の基本的な作業は、下図の画面で行います。初期設定では9つのタブが表示されていますが、特定の作業のときだけ表示されるタブもあります。

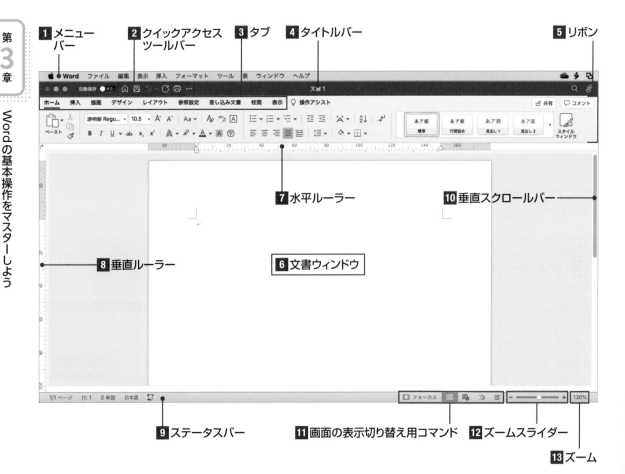

1 メニューバー
2 クイックアクセスツールバー
3 タブ
4 タイトルバー
5 リボン
7 水平ルーラー
10 垂直スクロールバー
8 垂直ルーラー
6 文書ウィンドウ
9 ステータスバー
11 画面の表示切り替え用コマンド
12 ズームスライダー
13 ズーム

1 メニューバー

Word で使用できるすべてのコマンドが、メニューごとにまとめられています。

2 クイックアクセスツールバー

よく使用されるコマンドが表示されています。

3 タブ

初期状態では9つのタブが用意されています。名前の部分をクリックしてタブを切り替えます。

4 タイトルバー

作業中の文書名（ファイル名）が表示されます。

5 リボン

コマンドをタブごとに分類して表示します。

6 文書ウィンドウ

ここに文字を入力し、画像や表などを挿入して、文書を作成していきます。表示形式はモードによって異なります。

7 水平ルーラー

インデントやタブの設定、ページ左右の余白の設定などを行います。初期設定では表示されませんが、[表示] タブの [ルーラー] をクリックしてオンにすると表示されます。

8 垂直ルーラー

ページ上下の余白や、表作成時の行の高さなどを設定します。初期設定では表示されませんが、[表示] タブの [ルーラー] をクリックしてオンにすると表示されます。

9 ステータスバー

ページ番号や文字カウント、現在の言語、スペルチェックと文章校正などを表示します。

10 垂直スクロールバー

文書を縦にスクロールするときに使用します。画面の横移動が可能な場合には、画面の下に水平スクロールバーが表示されます。

11 画面の表示切り替え用コマンド

画面の表示モードを切り替えます。

12 ズームスライダー

スライダーを左右にドラッグして、文書ウィンドウの表示倍率を切り替えます。

13 ズーム

現在の表示倍率が表示されます。クリックすると [拡大/縮小] ダイアログボックスが表示され、ページの拡大／縮小を設定できます。

2 画面の表示モード

Word 2021には、4つの画面表示モードが用意されています。目的に応じて切り替えて作業しましょう。表示モードは、画面右下にある表示切り替え用コマンドをクリックするか、[表示] タブから切り替えができます。また、[表示] メニューで切り替えることもできます。

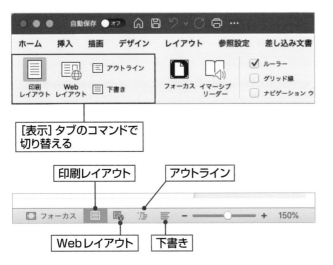

[表示] タブのコマンドで切り替える

印刷レイアウト　　アウトライン

Webレイアウト　　下書き

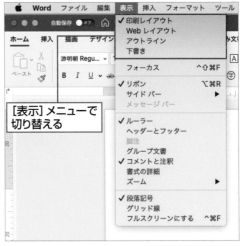

[表示] メニューで切り替える

3 4種類の画面表示モード

● 印刷レイアウト表示

通常の文書作成の作業にもっとも適した表示
モードで、印刷結果に近いイメージで表示され
ます。初期設定ではこの表示が選択されてい
ます。

● Webレイアウト表示

実際にWebブラウザーに表示される状態を確
認しながら作業できる表示モードです。Web
ページを作成する際に使用します。

● アウトライン表示

論文など、ページ数の多い文書を作成するの
に適した表示モードです。文章が階層で表示
されるので、章や見出しごとに順序を入れ替え
る、項目のレベルを変更する、などの操作が
かんたんにできます。

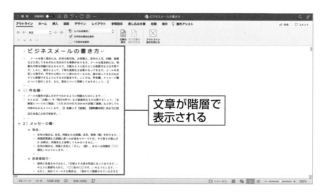

文章が階層で
表示される

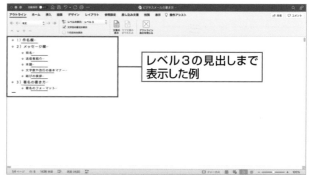

レベル3の見出しまで
表示した例

● 下書き表示

図形や写真などは表示されず、テキストだけ表示されるモードです。文章のみを入力・編集したい場合に適しています。

🔍 COLUMN　フォーカスモードとイマーシブリーダー

○ フォーカスモード

文書を読むのに適したモードです。［表示］タブの［フォーカス］をクリックすると、すべてのツールバーが非表示になり、文書が画面いっぱいに表示されます。

画面上部にマウスポインターを移動すると、リボンやツールバーが表示されます。［背景］をクリックすると、背景のテクスチャを変更できます。画面左上の［終了］をクリックするか Esc を押すと、通常の画面表示に戻ります。

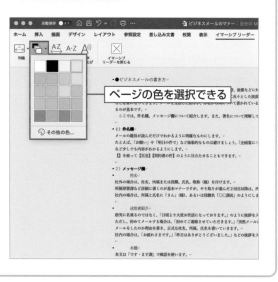

背景のテクスチャを変更できる

○ イマーシブリーダー

列幅や文字間隔を調整したり、ページの色を変更したりして、文書を読みやすくするための機能です。［表示］タブの［イマーシブリーダー］をクリックすると、表示されます。Office 2021 では、［ページの色］で複数の色を選択できるようになりました。

また、音声読み上げ機能も搭載されており、文書を音声で聞くことができます。読み上げの速度を調整することもできます。

ページの色を選択できる

文字入力の準備をする

覚えておきたいキーワード

日本語環境設定

入力方法

入力モード

文字を入力する前に、入力方法や入力モードの設定をしておきましょう。ここでは、Mac に標準装備されている日本語入力プログラムで説明します。それ以外の日本語入力システム（ATOK など）を利用している場合は、付属のマニュアル（あるいはヘルプ）を確認してください。

1 ローマ字入力とかな入力を切り替える

1 ["日本語"環境設定を開く]をクリックする

メニューバーの入力メニューをクリックして■、["日本語"環境設定を開く]をクリックします■。

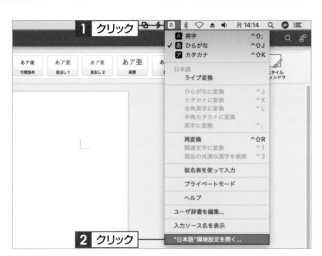

2 入力方法を指定する

[キーボード]の[入力ソース]画面が表示されます。[入力方法]で使用する入力方法を指定し■、◉をクリックします■。

> **! Hint** 入力文字の設定
>
> [入力ソース]では、句読点の種類、[caps]や[shift]を押したときの動作、[/][¥]で入力する文字なども設定できます。

2 入力モードをショートカットキーで切り替える

1 [ひらがな] 入力モードの状態

[ひらがな] 入力モードの状態で、⌘を押しな
がら [space] を押します**1**。

2 [英字] 入力モードに切り替わる

[英字] 入力モードに切り替わります。再度、
⌘を押しながら [space] を押します**1**。

3 [ひらがな] 入力モードに戻る

[ひらがな] 入力モードに戻ります。

3 入力モードを入力メニューで切り替える

1 入力モードを指定する

入力メニューをクリックして**1**、表示されるメ
ニューから使用する入力モードをクリックして
指定します**2**。

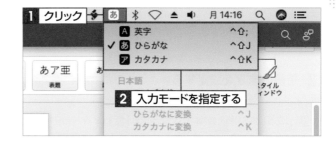

🔍 COLUMN　入力モードを追加する

初期設定では、[英字] [ひらがな] [カタ
カナ] の3つの入力モードがメニューに表
示されます。そのほかに使用頻度が多い
入力モードがあれば、メニューに追加で
きます。前ページの方法で [キーボード]
の [入力ソース] 画面を表示して、[入力
モード] で設定します。

04

文書を作成するための準備をする

覚えておきたいキーワード

用紙サイズ／向き
余白
文字数と行数

文書を作成するときは、最初に用紙のサイズ、用紙の向き、余白、1行の文字数と1ページの行数などのページ設定を行います。各設定項目は文書の作成後でも変更できますが、レイアウトがくずれてしまうこともあるので、文書の作成前に設定しておきましょう。

1 用紙のサイズと向き、余白を設定する

1 用紙のサイズを設定する

[レイアウト] タブをクリックします 1 。[サイズ] をクリックして 2 、使用する用紙のサイズ（ここでは [A4]）をクリックします 3 。

> **Memo** **用紙サイズの種類**
>
> メニューに表示される用紙サイズの種類は、使用しているプリンターによって異なります。

2 用紙の向きを設定する

[レイアウト] タブの [印刷の向き] をクリックし 1 、使用する用紙の向き（ここでは [縦]）をクリックします 2 。

3 [余白] を設定する

[レイアウト] タブの [余白] をクリックし 1 、設定する余白の大きさ（ここでは [標準]）をクリックします 2 。

> **Memo** **余白の設定**
>
> [文書] ダイアログボックス（次ページ参照）の [余白] をクリックし、[上] [下] [左] [右] で数値を指定して余白を設定することもできます。

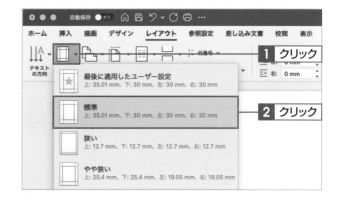

2 文字数や行数を設定する

1 [文書のレイアウト]を クリックする

[フォーマット] メニューをクリックして **1**、[文書のレイアウト] をクリックします **2**。

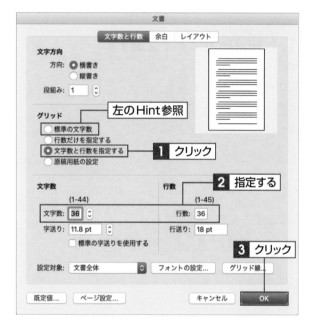

2 文字数と行数を設定する

[文書] ダイアログボックスの [文字数と行数] が表示されます。[文字数と行数を指定する] をクリックしてオンにし **1**、1ページあたりの文字数と行数を指定して **2**、[OK] をクリックします **3**。

左のHint参照

> **！ Hint** 文字数と行数
>
> 文字数や行数は、余白の大きさとフォントサイズによって自動的に最適値が設定されます。あえて変更する必要がない場合は、[標準の文字数] をオンにします。

🔍 COLUMN ページ設定

用紙サイズと向きは、[文書] ダイアログボックスの左下にある [ページ設定] をクリックすると表示される [ページ設定] ダイアログボックスでも設定できます。

Section
05
文字列を修正する

覚えておきたいキーワード

| 文字の修正 |
| 再変換 |
| 推測候補 |

文字を入力していると、キーの打ち間違いで誤った文字が入力されたり、誤った変換をしたまま確定してしまうことがあります。このようなときは最初から入力するのではなく、入力済みの文字の一部を修正したり、確定した文字を再変換したりすることで、効率よく修正できます。

1 確定後の文字を修正する

1 カーソルを移動する

←を押して、カーソルを修正する文字の後ろに移動します**1**。

2 修正する文字を削除する

delete を押して、修正する文字を削除します**1**。

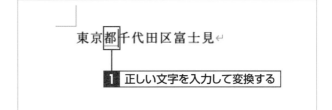

3 正しい文字を入力して変換する

正しい文字を入力して、変換します**1**。

4 確定する

return を押して、文字の変換を確定します**1**。

東京都 千代田区富士見↵

1 return を押して確定する

第3章　Wordの基本操作をマスターしよう

2 確定後の文字を再変換する

1 文字を選択する

再変換する文字をドラッグして選択します（168
ページ参照）**1**。

1 ドラッグして選択する

2 ［再変換］をクリックする

メニューバーの［入力］メニューをクリックして
1、［再変換］をクリックします**2**。

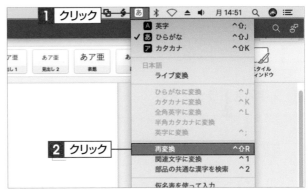

1 クリック

2 クリック

> **！ Hint ショートカットキーを使う**
>
> [control] + [shift] + R を押しても、再変換できます。

3 変換し直す

[space] を押して変換し直します。推測候補が表
示されているときは、↑↓ を押して選択します
1。

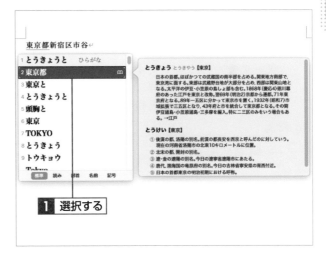

1 選択する

> **🔑 Keyword 推測候補**
>
> 入力中の文字を推測して、候補の文字を表示す
> る機能です。たとえば「こんにちは」と入力す
> る際に「こんに」と入力すれば、推測された文
> 字が表示され、選択して入力できます。また、誤っ
> て「こんいちは」と入力した場合でも、推測候
> 補に「こんにちは」と表示され、正しい文字を
> 入力できます。

4 変換を確定する

[return] を押して、変換を確定します**1**。

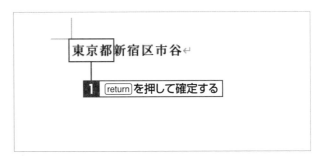

1 [return] を押して確定する

文字列を選択する

覚えておきたいキーワード

- 文字列の選択
- 段落の選択
- 行の選択

文字列や段落の選択は、文書の作成や編集を行ううえで、もっとも基本的な操作の1つです。文字列や段落を選択するには、選択したい対象をドラッグするのが基本です。選択対象によっては、ダブルクリックや、ほかのキーと組み合わせることで選択することもできます。

1 文字列を選択する

1 文字列をドラッグする

選択する文字列の先頭にマウスポインターを移動して **1**、目的の位置までドラッグします **2**。

1 ポインターを移動する

ビジネスマナー研修会のご案内

新入社員のみなさん、入社おめでとう
吹かせてくれることを心から期待して
さて、ビジネスの世界では、社内での
ど、さまざまな人々と接する機会があ

ビジネスマナー研修会のご案内

2 ドラッグ

新入社員のみなさん、入社おめでとう
吹かせてくれることを心から期待して
さて、ビジネスの世界では、社内での
ど、さまざまな人々と接する機会があ

2 段落を選択する

1 左余白をダブルクリックする

ページの左余白をダブルクリックすると **1**、その右にある段落が選択されます。

ビジネスマナー研修会のご案内

新入社員のみなさん、入社おめでとうございます。わが社に新しい風を
吹かせてくれることを心から期待しています。
さて、ビジネスの世界では、社内での人間関係に加え、取引先や顧客な
ど、さまざまな人々と接する機会があります。これらの人々とより良い
関係を築き、効率的に仕事を進めるためにはビジネスマナーや常識を身
につけておくことが必要です。また、ビジネス文書やビジネスメールの
書き方も社会人として必須のスキルです。
本研修会では、ビジネスマナーの基本、コミュニケーションスキル、訪
問・来客・電話応対のマナー、ビジネス文書やビジネスメールの書き方
を学びます。何かと忙しい時期かと思いますが、万障繰り合わせのうえ、
ご参加ください。

1 左余白をダブルクリック

開催日：　5 月 20 日（金）
時　　間：　10.00~17:00（休憩 12:30~13:30）

ビジネスマナー研修会のご案内

新入社員のみなさん、入社おめでとうございます。わが社に新しい風を
吹かせてくれることを心から期待しています。
さて、ビジネスの世界では、社内での人間関係に加え、取引先や顧客な
ど、さまざまな人々と接する機会があります。これらの人々とより良い
関係を築き、効率的に仕事を進めるためにはビジネスマナーや常識を身
につけておくことが必要です。また、ビジネス文書やビジネスメールの
書き方も社会人として必須のスキルです。
本研修会では、ビジネスマナーの基本、コミュニケーションスキル、訪
問・来客・電話応対のマナー、ビジネス文書やビジネスメールの書き方
を学びます。何かと忙しい時期かと思いますが、万障繰り合わせのうえ、
ご参加ください。

段落が選択される

開催日：　5 月 20 日（金）
時　　間：　10:00~17:00（休憩 12:30~13:30）

③ 行を選択する

1 行を1行選択する

ページの左余白をクリックすると 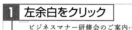、その右にある行が選択されます。

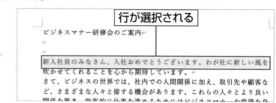

2 複数の行を選択する

ページの左余白を縦にドラッグすると 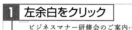、ドラッグした範囲にある複数の行が選択されます。

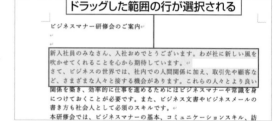

🔍 COLUMN そのほかの選択方法

◦ 1つの文章を選択する（句点「。」まで）

選択する文章（句点「。」で区切られた範囲）のいずれかの箇所を ⌘ を押しながらクリックすると、1つの文章が選択されます。

◦ ブロック選択する

選択する範囲を option を押しながらドラッグすると、ドラッグした軌跡を対角線とする四角形の範囲が選択されます。

◦ 離れた場所にある複数の文字列を選択する

最初の文字列を選択したあと、別の文字列を ⌘ を押しながらドラッグして選択すると、複数の文字列が同時に選択されます。

◦ 単語を選択する

選択する単語の上をダブルクリックすると、その単語が選択されます。

Section

07

文字列をコピー・移動する

覚えておきたいキーワード

コピー

カット

ペースト

文書を作成・編集するときは、同じ文字を繰り返し入力する、文字を移動するなどの操作をよく利用します。これらの作業は、コピー、カット、ペースト機能を利用することでかんたんに実行できます。また、ショートカットキーを使ってコピーや移動を実行することもできます。

1 文字列をコピーする

1 [コピー] をクリックする

コピーする文字列を選択して**1**、[ホーム] タブの [コピー] をクリックします**2**。

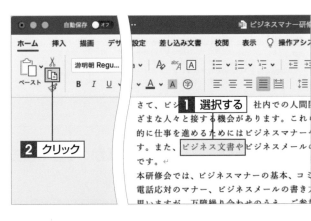

2 [ペースト] をクリックする

文字列を貼り付ける位置をクリックしてカーソルを移動し**1**、[ホーム] タブの [ペースト] をクリックします**2**。

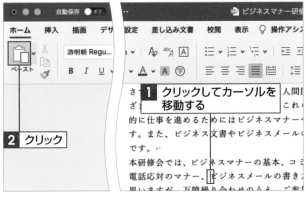

3 文字列が貼り付けられる

クリックした位置に、コピーした文字列が貼り付けられます。

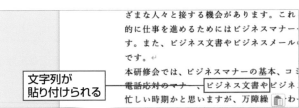

2 文字列を移動する

1 [カット]をクリックする

移動する文字列を選択して**1**、[ホーム]タブの[カット]をクリックします**2**。

第

3

章

Word の基本操作をマスターしよう

> **Hint コピーとカットの違い**
>
> 文字列をコピーすると、もとの文字列はそのまま残ります。文字列をカットすると、もとの文字列は削除されます。

2 [ペースト]をクリックする

文字列を移動する位置をクリックして、カーソルを移動します**1**。[ホーム]タブの[ペースト]をクリックします**2**。

3 文字列が貼り付けられる

カットした文字列が貼り付けられます。

> **Hint ペーストのオプション**
>
> [ペースト]を実行したあとに表示される[ペーストのオプション]🖹をクリックすると、貼り付けた文字列の書式を貼り付け先の書式に合わせたり、テキストのみの貼り付けに変更したりできます。

🔍 **COLUMN ショートカットキーを利用する**

文字列のコピー、カット、ペーストは、ショートカットキーでも実行できます。文書の編集中にキーボードとマウスを持ち替えるのが面倒な場合などは、ショートカットキーを使うと便利です。

操作	ショートカットキー
コピー	⌘+C
カット	⌘+X
ペースト	⌘+V

Word 基本

171

覚えておきたいキーワード

| 日付と時刻 |
| 入力オートフォーマット |
| 定型句 |

日付やあいさつ文を入力する

Wordには日付や時刻、あいさつ文などの定型句を入力する機能が用意されています。日付や時刻は、パソコンの内蔵時計によって自動的に現在の日時が取得できます。定型句では、登録されているあいさつ文などを入力できるほか、よく使う文を定型句として登録できます。

1 日付を入力する

1 [日付と時刻] をクリックする

日付を挿入する位置をクリックし１、［挿入］タブをクリックして２、［日付と時刻］をクリックします３。

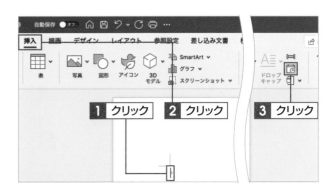

2 日付の表示形式を指定する

[日付と時刻] ダイアログボックスが表示されます。［言語の選択］で［日本語］を選択して１、［カレンダーの種類］で［グレゴリオ暦］を選択し２、使用する表示形式をクリックして３、[OK] をクリックします４。

Stepup 日付と時刻の自動更新

右のダイアログボックスで［自動的に更新する］をクリックしてオンにすると、文書を開いたり印刷したりする際に、挿入した日時が自動的に更新されるようになります。

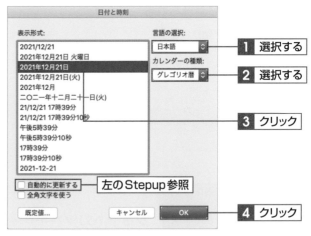

3 日付が入力される

現在の日付が入力されます。

② あいさつ文を入力する

1 「拝啓」と入力して改行する

「拝啓」と入力します**1**。returnを押して改行すると**2**、「敬具」が自動的に右揃えで入力されます。

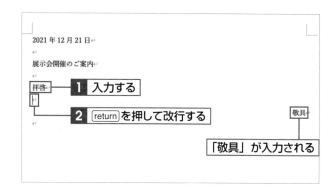

2 [定型句]をクリックする

[挿入]メニューをクリックして**1**、[定型句]にマウスポインターを合わせ**2**、[定型句]をクリックします**3**。

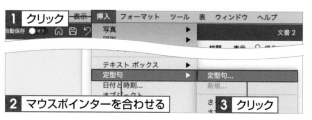

3 定型句を選択する

[オートコレクト]の[定型句]画面が表示されます。挿入する定型句をクリックし**1**、[挿入モード]をクリックします**2**。

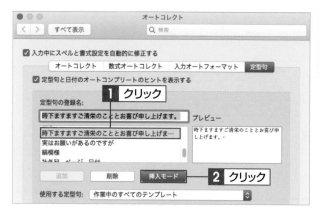

4 あいさつ文が入力される

選択したあいさつ文が入力されます。

🔍 **COLUMN** 定型句を登録する

頻繁に使う文章がある場合は、定型句として登録しておくと便利です。登録する文章を選択して、[挿入]メニューの[定型句]から[新規]をクリックします。表示されたダイアログボックスで[OK]をクリックすると、定型句を登録できます。

第3章 Wordの基本操作をマスターしよう

Word 基本

Section

09

箇条書きを入力する

| 箇条書き |
| インデント |
| 段落番号 |

行頭に「・」などの記号と空白文字に続いて文字列を入力して改行すると、箇条書きが自動的に作成されます。また、「1.」「2.」などの番号を先頭に入力した場合は、改行すると自動的に連番が振られます。この機能は、自動入力をサポートする入力オートフォーマット機能の1つです。

---

1 箇条書きを入力する

1 「・」と tab に続けて文字を入力する

「・」（中黒）を入力して tab を押し**1**、文字を入力して**2**、return を押します**3**。

日ごろの忙しさを忘れて思いっきり楽しむとともに、社員
1 「・」を入力して tab を押す ことを願っております
2 文字を入力する　　　　　記
・　日時　6月18日（土）　午前11時集合
3 return を押す

2 行頭文字が自動的に入力される

次の行に「・」が自動的に入力され、インデント（188ページ参照）が設定されます。

日ごろの忙しさを忘れて思いっきり楽しむとともに、社員
ニケーションを深める機会にもなることを願っております
ぜひ、ご参加ください。
記
・　日時　6月18日（土）　午前11時集合
・
次の行に「・」が自動的に入力される

3 2行目の文字を入力する

2行目の「・」に続けて文字を入力し**1**、return を押します**2**。

日ごろの忙しさを忘れて思いっきり楽しむとともに、社員
ニケーションを深める機会にもなることを願っております
ぜひ、ご参加ください。
1 文字を入力する　　　　記
・　日時　6月18日（土）　午前11時集合
・　会場　緑川キャンプ場
2 return を押す

4 3行目を入力する

同様の手順で、以降の箇条書きを入力します**1**。

日ごろの忙しさを忘れて思いっきり楽しむとともに、社員
ニケーションを深める機会にもなることを願っております
ぜひ、ご参加ください。
記
・　日時　6月18日（土）　午前11時集合
・　会場　緑川キャンプ場
・　参加費　無料（集合、解散場所までの交通費は実費）
1 3行目を入力する

② 箇条書きを解除する

① 最後の行で return を押す

箇条書きの最後の行で改行し **1**、追加された行で何も入力せずに return を押します **2**。

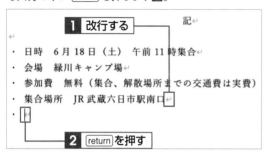

② 箇条書きが解除される

箇条書きが解除されます。以降、改行しても行頭に「・」は付きません。

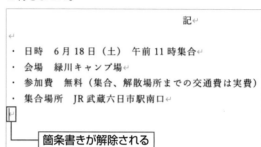

③ インデントを残して箇条書きを解除する

① 最後の行で delete を押す

箇条書きの最後の行で改行し **1**、追加された行で何も入力せずに delete を押します **2**。

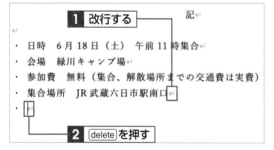

② 箇条書きが解除される

インデントを残して箇条書きが解除されます。

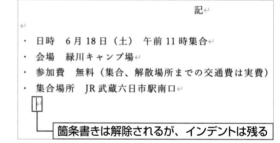

④ 箇条書きの中に段落番号のない行を設定する

① 段落番号を削除する

段落番号を削除したい行の先頭にカーソルを移動し **1**、delete を押します **2**。

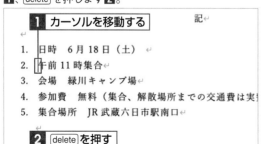

② 段落番号のない行が設定される

段落番号が削除され、番号が自動的に振り直されます。

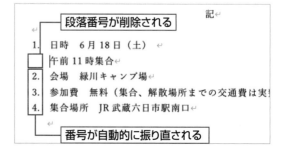

Section

10

記号や特殊文字を入力する

覚えておきたいキーワード

| 記号 |
| 特殊文字 |
| 囲い文字 |

記号や特殊文字を入力するには、記号の読みを入力して変換する方法と、[記号と特殊文字] ダイアログボックスから選択して入力する方法があります。読みがわからない記号は、[記号と特殊文字] ダイアログボックスから入力しましょう。

1　読みから変換して記号を入力する

1　記号の読みを入力する

記号の読みを入力して **1**、space を2回押します **2**。ここでは「あめ」と入力しています。日本語入力環境によっては、すぐに漢字に変換される場合もありますが、操作方法は同じです。

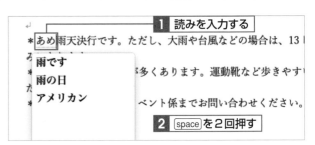

2　記号を指定する

変換候補が表示されるので、目的の記号をダブルクリックします **1**。

📝 Memo　記号の入力

記号によっては、変換候補に表示されていても文書上に入力できない場合があります。また、文書上に記号を入力できても、プリンターで正しく印刷できなかったり、文書ファイルを第三者に渡した場合に正しく表示できなかったりする可能性があります。

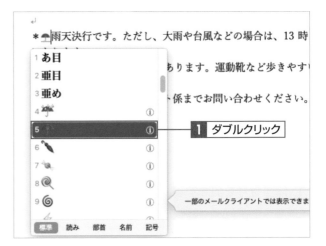

3　記号が入力される

記号が挿入されるので、return を押すと **1**、記号が確定されます。

② [記号と特殊文字] ダイアログボックスを利用する

① [記号と特殊文字] をクリックする

記号を挿入する位置をクリックして **1**、カーソ
ルを移動します。[挿入] タブをクリックして **2**、
[記号と特殊文字] をクリックします **3**。

② 記号を指定する

[記号と特殊文字] ダイアログボックスが表示
されます。[フォント] を選択して **1**、記号の種
類を選択します **2**。目的の記号を探してクリッ
クすると **3**、クリックした記号が拡大表示され
るので、確認して [挿入] をクリックします **4**。

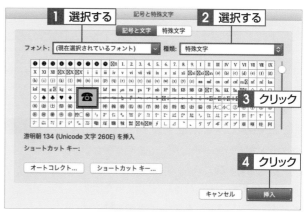

③ 記号が入力される

選択した記号が挿入されます。[閉じる] をク
リックして **1**、[記号と特殊文字] ダイアログ
ボックスを閉じます。

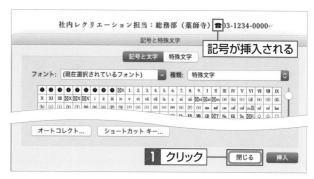

🔍 COLUMN　　囲い文字を作成する

囲い文字とは、「秘」などの文字を○印などで囲んだものです。
一般的に利用される囲い文字は、[記号と特殊文字] ダイアログ
ボックスで入力できますが、[ホーム] タブの [囲い文字] をクリッ
クすると表示される [囲い文字] ダイアログボックスを利用する
と、オリジナルの囲い文字を作成できます。なお、オリジナルの
囲い文字はプリンターで正しく印刷できなかったり、文書ファイ
ルを第三者に渡した場合に正しく表示できなかったりする可能性
があります。

文字サイズやフォントを変更する

覚えておきたいキーワード

- 文字サイズ
- フォントサイズ
- フォント

文字サイズ（フォントサイズ）やフォントは、目的に応じて変更できます。タイトルやキャッチコピーなどの重要な部分は、文字サイズやフォントを変えることで目立たせることができます。文字サイズやフォントを変更するには、[ホーム] タブの各コマンドを利用します。

1 文字サイズを変更する

1 文字サイズを指定する

文字サイズ（フォントサイズ）を変更する文字列を選択します❶。[ホーム] タブの [フォントサイズ] の ▽ をクリックし❷、使用する文字サイズ（ここでは [14]）をクリックします❸。

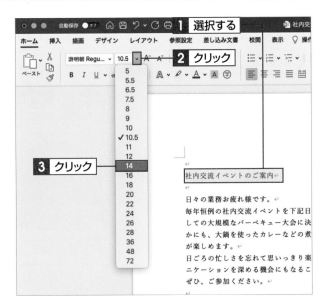

2 文字サイズが変更される

文字サイズが指定した大きさに変更されます。

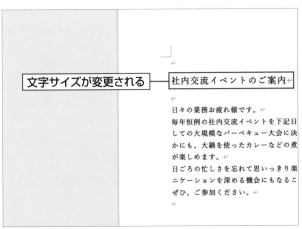

Memo　文字サイズ

文字サイズはポイント（pt）という単位で指定します。「1pt」は約 0.35mm です。[フォントサイズ] ボックスに直接数値を入力して指定することでも、文字サイズを変更できます。この場合は、0.5 ポイント単位での指定も可能です。

2 フォントを変更する

1 フォントの一覧を表示する

フォントを変更する文字列を選択し **1**、［ホーム］タブの［フォント］の ∨ をクリックします **2**。

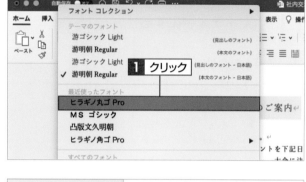

2 フォントを指定する

フォントの一覧が表示されるので、使用するフォント（ここでは［ヒラギノ丸ゴ Pro］）をクリックします **1**。

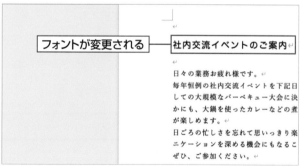

3 フォントが変更される

文字列が指定したフォントに変更されます。

📝 Memo フォントの一覧

一覧に表示されているフォント名は、そのフォントの書体見本を兼ねています。フォントを選ぶときの参考にすると便利です。なお、ここに表示されるフォントの種類は、お使いのMacの環境によって異なる場合があります。

🔍 COLUMN フォントサイズの拡大／縮小を利用する

［ホーム］タブの［フォントサイズの拡大］や［フォントサイズの縮小］をクリックすると、文字のサイズを1単位（あらかじめ［フォントサイズ］に用意されている単位）ずつ拡大／縮小できます。

Section
12
文字に太字や下線、効果、色を設定する

覚えておきたいキーワード

太字／下線

文字の効果

フォントの色

文字に太字や斜体などのスタイルを設定したり、いろいろな種類の下線を引いたりして文字を強調させることができます。また、文字の効果を設定したり、文字色を付けるなどして、文字を装飾することもできます。これらの設定には、[ホーム] タブの各コマンドを利用します。

1 文字を太字にする

1 [太字] をクリックする

太字にする文字列を選択して１、[ホーム] タブの [太字] をクリックします２。

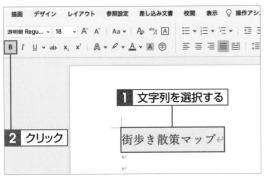
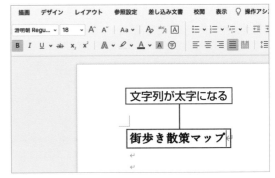

2 文字に下線を引く

1 下線の種類を指定する

下線を引く文字列を選択して１、[ホーム] タブの [下線] の☑ をクリックし２、使用する下線をクリックします３。ここでは [点線の下線] をクリックします。

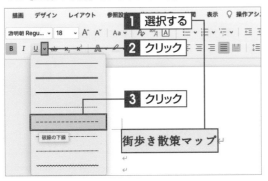
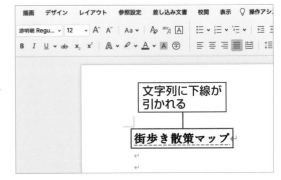

3 文字に効果を付ける

1 文字の効果を指定する

効果を付ける文字列を選択して、[ホーム] タブの [文字の効果] をクリックし**1**、使用する効果をクリックします**2**。
ここでは [塗りつぶし (グラデーション)、灰色] をクリックします。

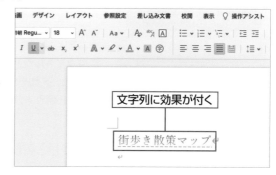

4 文字に色を付ける

1 設定する色を指定する

色を付ける文字列を選択して、[ホーム] タブの [フォントの色] の ⌄ をクリックし**1**、使用する色をクリックします**2**。
ここでは [緑] をクリックします。

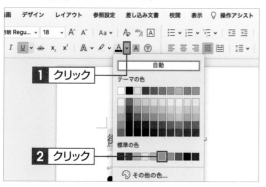

🔍 COLUMN　そのほかの文字装飾

文字の装飾には、ここで紹介した太字や下線、文字の効果
やフォントの色以外にも、斜体、取り消し線、下付き、上
付きなどを設定できます。

斜体	*斜体*
取り消し線	~~取り消し線~~
下付き	CO_2
上付き	mm^2

囲み線や網かけを設定する

覚えておきたいキーワード

囲み線

文字の網かけ

線種とページ罫線と網かけの設定

文字列や段落には、囲み線や網かけを付けて装飾できます。強調したい文章やタイトルなどに使うと、目に留まりやすくなります。囲み線や網かけの設定は、それぞれのコマンドを使う方法と、[線種とページ罫線と網かけの設定]を使う方法があります。

1 [囲み線]と[文字の網かけ]を使う

1 [囲み線]をクリックする

囲み線と網かけを設定する文字列を選択して1、[ホーム]タブの[囲み線]をクリックします2。

2 [文字の網かけ]をクリックする

文字列を選択したまま、[文字の網かけ]をクリックします1。

3 囲み線と網かけが設定される

選択した文字列に、囲み線と網かけが設定されます。

> ❗ **Hint** 線の種類や色の指定
>
> [囲み線]と[網かけ]を利用すると、0.5ptの囲み線と薄いグレーの網かけが設定されます。その際、囲み線の種類や色、網かけの色は指定できません。これらを任意に指定する場合は、次ページの方法で設定します。

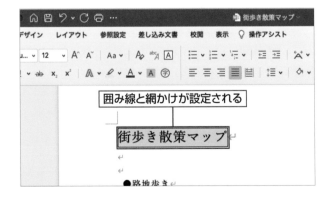

2 [線種とページ罫線と網かけの設定] ダイアログボックスを使う

1 [線種とページ罫線と網かけの設定]をクリックする

囲み線と網かけを設定する文字列を選択します❶。[罫線]の☑ をクリックし❷、[線種とページ罫線と網かけの設定] をクリックします❸。

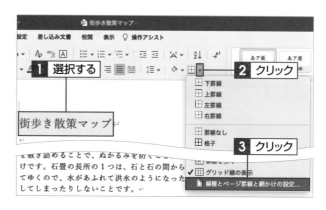

2 囲み線を設定する

[線種とページ罫線と網かけの設定] ダイアログボックスの [罫線] が表示されます。[設定]で囲み方を指定し❶、パターン(線の種類)、色、線の太さを指定して❷、設定対象を選択します❸。ここでは、[設定] は[3-D]、罫線は[二点鎖線] [緑] [0.5pt]、設定対象は [文字] を選択します。

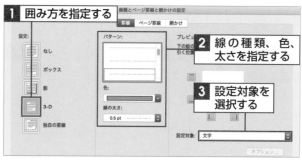

3 網かけを設定する

[網かけ] をクリックします❶。塗りつぶしの色、網掛けのスタイルと色を指定して❷、設定対象を選択し❸、[OK] をクリックします❹。ここでは、塗りつぶしの色を「なし」に、網かけのスタイル名を「薄い右上がり斜線」、色を「薄い緑」、設定対象は [文字]を選択します。

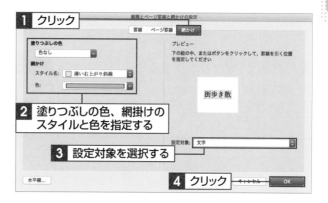

4 囲み線と網かけが設定される

文字列に囲み線と網かけが設定されます。

🔍 COLUMN

設定対象を段落にする

ここでは、囲み線や網かけの設定対象を[文字]にしましたが、[段落]にすると、右図のように段落に設定されます。

街歩き散策マップ

14

文字列や段落の配置を変更する

覚えておきたいキーワード

| 右揃え |
| 文字列中央揃え |
| 両端揃え |

Wordで入力した文章は、初期設定では左揃えで配置されますが、ビジネス文書などでは、タイトルは中央に、日付は右揃えに配置することが一般的です。また、英数字混じりの文章の行末がきれいに揃わない場合は、両端揃えにすると均一に揃って見やすくなります。

1 文字列を右に揃える

1 段落にカーソルを移動する

配置を変更する段落をクリックして**1**、カーソルを移動します。

2 [右揃え]をクリックする

[ホーム] タブの [右揃え] をクリックします**1**。

3 段落が右揃えになる

カーソルを置いた段落が、右揃えに設定されます。

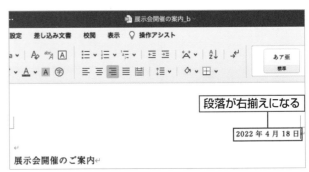

📝 Memo　**段落の配置**

右揃えや中央揃えは段落単位で設定します。文字列単位や行単位では設定できません。

第 **3** 章　Wordの基本操作をマスターしよう

2 文字列を中央に揃える

1 段落にカーソルを移動する

配置を変更する段落をクリックして**1**、カーソルを移動します。

1 クリック

2022 年 4 月 18 日

展示会開催のご案内

2 [文字列中央揃え] をクリックする

[ホーム] タブの [文字列中央揃え] をクリックします**1**。

1 クリック

2022 年 4 月 18 日

展示会開催のご案内

3 段落が中央揃えになる

カーソルを置いた段落が、文書の中央に揃えられます。

段落が中央揃えになる

2022 年 4 月 18 日

展示会開催のご案内

🔍 COLUMN 行末が揃っていない場合

入力した文章の行末がきれいに揃わないことがあります。これは、文章内に英数字が入力されていたり、文字幅が文字ごとで異なるプロポーショナルフォント（MS P明朝やMS Pゴシックなど）を使って、「左揃え」に設定している場合などに見られる不都合です。この場合は、段落を「両端揃え」に変更すると、行末が揃うようになります。

「左揃え」の行末が揃っていない

●路地歩き
路地裏に残る石畳は歴史を感じさせ、街のシンボルともなっています。石を畳のように一面に敷き詰めるので石畳といいます。石畳に用いている石はサイコロ状になっているのが一般的で、上からみて正方形に見えるように敷き詰められているそう。なぜ石畳を用いたかというと、土などがむき出しの状態では雨が降るとぬかるんでしまい、歩行者も車も泥で足が取られたり、車輪が泥の中に沈み込んでしまったりしますが、石を敷き詰めることで、ぬかるみを防ぐことができるようになるというわけです。石畳の長所の1つは、石と石の間から雨水が地面に吸い込まれてゆくので、水があふれて洪水のようになったり、下水管に雨水が集中してしまったりしないことです。

「両端揃え」に変更すると行末が揃う

●路地歩き
路地裏に残る石畳は歴史を感じさせ、街のシンボルともなっています。石を畳のように一面に敷き詰めるので石畳といいます。石畳に用いている石はサイコロ状になっているのが一般的で、上からみて正方形に見えるように敷き詰められているそう。なぜ石畳を用いたかというと、土などがむき出しの状態では雨が降るとぬかるんでしまい、歩行者も車も泥で足が取られたり、車輪が泥の中に沈み込んでしまったりしますが、石を敷き詰めることで、ぬかるみを防ぐことができるようになるというわけです。石畳の長所の1つは、石と石の間から雨水が地面に吸い込まれてゆくので、水があふれて洪水のようになったり、下水管に雨水が集中してしまったりしないことです。

Section

15

箇条書きの項目を同じ位置に揃える

覚えておきたいキーワード

| 編集記号 |
| ルーラー |
| タブ |

箇条書きなどで、各項目を同じ縦位置に揃えたいときは、タブを利用します。タブを設定する場合は、編集記号を表示しておくと、タブの位置がわかりやすくなります。タブの挿入や位置の移動は、ルーラー上で行います。タブやルーラーが表示されていないときは、最初に表示させます。

---

1 編集記号やルーラーを表示する

1 編集記号を表示する

[ホーム] タブの [編集記号の表示／非表示] をクリックすると**1**、タブやスペース、改行などの編集記号が表示されます。

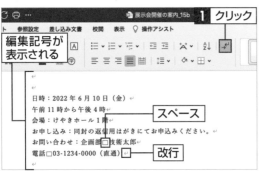

2 ルーラーを表示する

[表示] タブをクリックして**1**、[ルーラー] をクリックしてオンにすると**2**、ルーラーが表示されます。

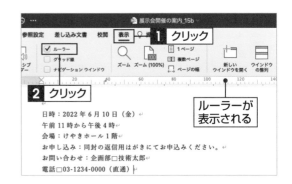

---

2 タブ位置を設定する

1 タブ位置を指定する

タブを設定する段落を選択して**1**、ルーラー上でタブを入れたい位置をクリックします**2**。

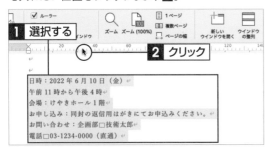

2 文字の前にカーソルを移動する

クリックした位置にタブマーカーが表示されます。揃えたい文字の前にカーソルを移動します**1**。

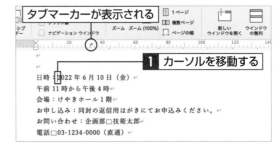

3 タブを挿入する

[tab] を押すと**1**、タブが挿入され、文字列がタブマーカーの位置に揃います。

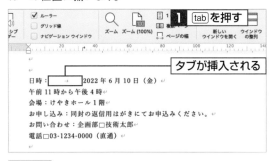

4 文字列がタブ位置に揃う

ほかの行も同様の方法でタブを挿入して、文字列を揃えます。

3 タブ位置を変更する

1 タブマーカーをドラッグする

タブ位置を変更する段落を選択して**1**、タブマーカーを目的の位置までドラッグします**2**。

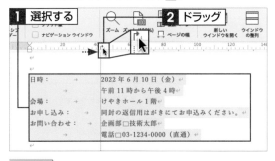

2 タブ位置が変更される

タブの位置が変更されて、文字列が新しいタブ位置に揃います。

4 文字列の両端を揃える

1 割り付け幅を指定する

文字列を選択して**1**（168ページ参照）、［ホーム］タブの［均等割り付け］をクリックします**2**。割り付ける幅を文字数で指定して**3**、［OK］をクリックします**4**。

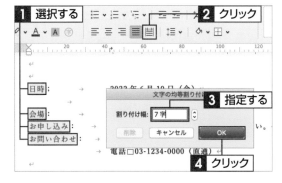

2 文字列の両端が揃う

文字列の幅が指定した文字数に割り付けられ、文字列の両端が揃います。

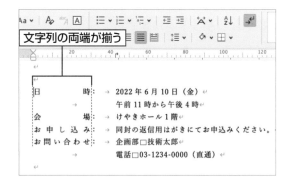

段落や行の左端を調整する

覚えておきたいキーワード

- インデント
- 字下げ
- ぶら下げ

段落や行の左端を字下げしたり、左右の幅を狭くしたりするときは、インデント機能を利用します。インデントを利用すると、1行目だけを字下げする、段落の2行目以降を字下げする、すべての行の左端を字下げするなどして、文章にメリハリを付けることができます。

1　段落の左右の幅を調整する

1 段落を選択する

インデントを設定する段落を選択します **1**。

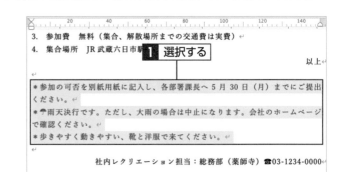

🔑 **Keyword　インデント（字下げ）**

インデント（字下げ）とは、段落や行の左端・右端を周りの文章よりも下げる機能のことです。

2 左インデントを設定する

左インデントマーカー（次ページCOLUMN 参照）を、目的の位置までドラッグします **1**。

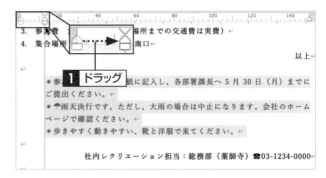

3 右インデントを設定する

右インデントマーカー（次ページCOLUMN 参照）を、目的の位置までドラッグします **1**。段落の左端と右端が下がり、段落の左右の幅が狭くなります。

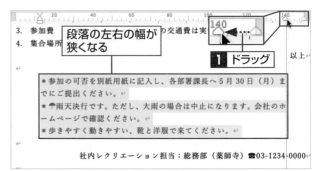

2 段落の2行目以降の左端を下げる

1 ぶら下げインデントを設定する

インデントを設定する段落を選択して、ぶら下げインデントマーカー（下のCOLUMN参照）を、目的の位置までドラッグします **1**。

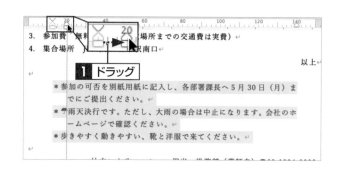

2 1行目にカーソルを移動する

段落の2行目の左端が下がります。1行目の文章の始まりの部分に、カーソルを移動します **1**。

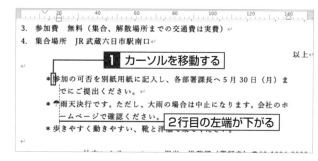

3 1行目と2行目の左端を揃える

[tab] を押すと **1**、1行目と2行目の左端が揃います。

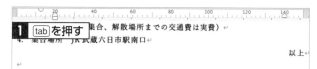

🔍 COLUMN　インデントの種類

インデントとは、段落や行の左端・右端を下げる機能のことです。インデントには、次の4種類があります。

・1行目のインデント
段落の1行目だけを字下げします（字下げ処理）。
・ぶら下げインデント
段落の2行目以降を字下げします（ぶら下げ処理）。
・左インデント
段落の行すべてを字下げします。
・右インデント
段落の行すべての行末を左に移動します。

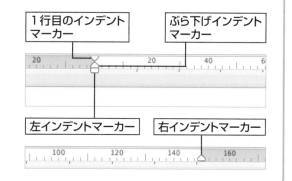

Section 17
段落に段落番号や行頭文字を設定する

覚えておきたいキーワード

覚えておきたいキーワード

| 箇条書き |
| 段落番号 |
| 行頭文字 |

入力オートフォーマットを利用することで、自動的に箇条書きを作成できますが（174ページ参照）、すでに入力済みの段落に段落番号や行頭文字（記号）を設定することもできます。段落番号は書式を変更したり、行頭文字を任意に選んだりできます。

1 段落に連続した番号を振る

1 段落を選択する

番号を振る段落を選択します**1**。

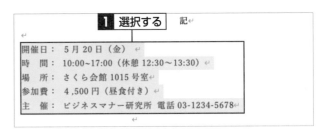

2 段落番号を指定する

[ホーム] タブの [段落番号] の☑をクリックして**1**、[番号ライブラリ] で使用する段落番号をクリックします**2**。

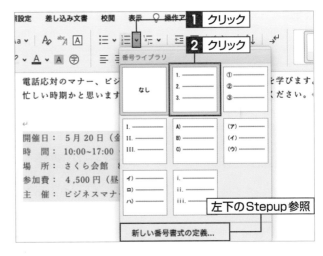

3 連続した番号が振られる

段落に連続した番号が振られます。

> **Stepup** 番号の書式
>
> [番号ライブラリ]一覧の下にある [新しい番号書式の定義] をクリックすると、番号のスタイルやフォントなどを変更できます。

2 段落に行頭文字を付ける

1 段落を選択する

行頭文字を設定する段落を選択します**1**。

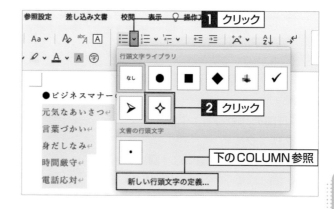

●ビジネスマナーの基本

元気なあいさつ
言葉づかい
身だしなみ
時間厳守
電話応対

1 選択する

2 行頭文字を指定する

[ホーム] タブの [箇条書き] の▼をクリックして**1**、[行頭文字ライブラリ] で使用する行頭文字をクリックします**2**。

1 クリック

行頭文字ライブラリ

2 クリック

文書の行頭文字

下のCOLUMN参照

新しい行頭文字の定義...

3 行頭文字が設定される

段落に行頭文字が設定されます。

行頭文字が設定される

●ビジネスマナーの基本
✧ 元気なあいさつ
✧ 言葉づかい
✧ 身だしなみ
✧ 時間厳守
✧ 電話応対

> **! Hint** 設定を解除する
>
> 段落番号や行頭文字の設定を解除するには、それぞれ設定している [段落番号] や [箇条書き] をクリックして delete を押します。

🔍 COLUMN 一覧にない行頭文字を選ぶ

[行頭文字ライブラリ]の一覧に表示されていない記号を行頭文字で利用することもできます。一覧の下にある [新しい行頭文字の定義] をクリックすると、[箇条書きの書式設定] ダイアログボックスが表示されます。[記号と文字] をクリックし**1**、表示される [記号と特殊文字] ダイアログボックスで使用する記号をクリックして**2**、[OK] をクリックすると**3**、一覧に表示されます。

1 クリック

2 使用する記号をクリック

3 クリック

Section 18

行間隔や段落の間隔を調整する

覚えておきたいキーワード

覚えておきたいキーワード

線と段落の間隔

行間

間隔

文書全体の行間はページ設定で調整できますが、一部の段落だけ行間を変更したい場合や、段落の前や後ろに空きを入れたい場合は、[線と段落の間隔]を利用します。行間の調整は1行の高さの倍数やポイント数で指定できます。段落の間隔は、段落の前後で別々に指定できます。

1　行間を「1行」の高さの倍数で設定する

1 [行間のオプション]をクリックする

行間を変更する段落を選択します**1**。[ホーム]タブの[線と段落の間隔]をクリックし**2**、[行間のオプション]をクリックします**3**。

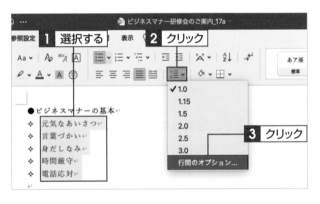

2 行間隔を指定する

[段落]ダイアログボックスの[インデントと行間隔]が表示されます。[行間]で[倍数]を指定して**1**、[設定値]に「1.2」と入力し**2**、[OK]をクリックします**3**。

📝 **Memo**　行間の設定項目

手順**1**の[行間]では、[倍数]のほかに、1行、1.5行、2行、最小値、固定値を指定できます。

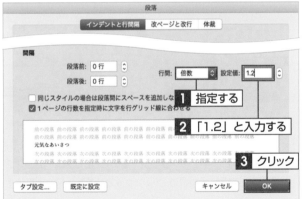

3 行の間隔が広がる

行の間隔が「1行」の1.2倍に設定されます。

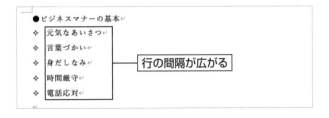

2 段落の前後の間隔を広げる

1 [行間のオプション]をクリックする

前後の間隔を広げる段落を選択します■。
[ホーム] タブの [線と段落の間隔] をクリック
し■、[行間のオプション] をクリックします■。

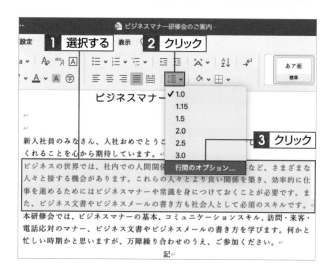

2 段落前後の間隔を指定する

[段落] ダイアログボックスの [インデントと行
間隔] が表示されます。[段落前] と [段落後]
をそれぞれ「0.5行」に設定し■、[OK] をク
リックします■。

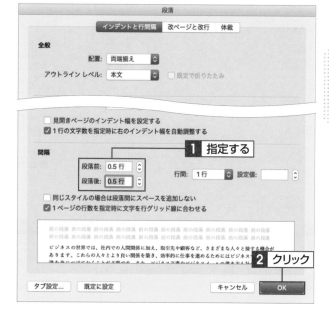

3 段落の前後の間隔が広がる

選択した段落の前後に0.5行分の空きが設定
されます。

Section

19

改ページ位置を変更する

覚えておきたいキーワード

改ページ

ページ区切り

改ページ位置の自動修正

Wordでは、1ページに指定している行数を超えると自動的に改ページされます。ページの区切り位置を変えたい場合は、手動で改ページを挿入できます。また、改ページ位置の自動修正機能を利用すると、段落の途中などでページが分割されないように設定することもできます。

1 改ページ位置を手動で設定する

1 改ページ位置を指定する

次のページに送りたい段落の先頭に、カーソルを移動します**1**。

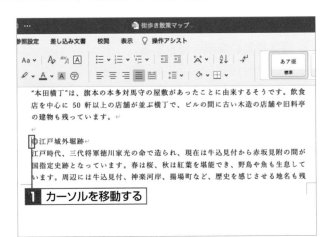

2 [改ページ] をクリックする

[レイアウト] タブをクリックして**1**、[改ページ] をクリックし**2**、[改ページ] をクリックします**3**。

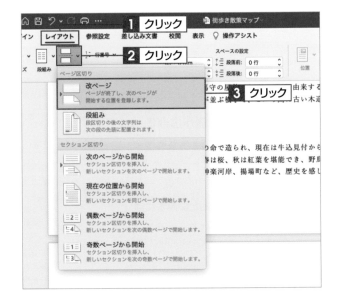

第3章　Wordの基本操作をマスターしよう

3 改ページが挿入される

指定した位置で改ページされ、カーソルを置いた段落以降が、次のページに送られます。

の建物も残っています。

改ページ　　　改ページが挿入された

改ページ以降は次のページに送られる

◎江戸城外堀跡
江戸時代、三代将軍徳川家光の命で造られ、現在は牛込見付から赤坂見附の間が国指定史跡となっています。春は桜、秋は紅葉を堪能でき、野鳥や魚も生息して

> **! Hint　ショートカットキーを使う**
>
> 次のページに送りたい段落の先頭にカーソルを移動し、⌘を押しながらreturnを押しても、カーソルを置いた位置に改ページが挿入されます。

2 改ページ位置の設定を解除する

1 改ページ位置を削除する

表示されている改ページ位置を選択**1**、あるいはクリックして、delete を押します**2**。

"本田横丁"は、旗本の本多対馬守の屋敷があったことに由来するそうです。飲食店を中心に 50 軒以上の店舗が並ぶ横丁で、ビルの間に古い木造の店舗や旧料亭の建物も残っています。

改ページ　　　**1** 選択する

2 deleteを押す

2 改ページが解除される

改ページ位置の設定が解除されます。

"本田横丁"は、旗本の本多対馬守の屋敷があったことに由来するそうです。飲食店を中心に 50 軒以上の店舗が並ぶ横丁で、ビルの間に古い木造の店舗や旧料亭の建物も残っています。

◎江戸城外堀跡
江戸時代、三代将軍徳川家光の命で造られ、現在は牛込見付から赤坂見附の間が国指定史跡となっています。春は桜、秋は紅葉を堪能でき、野鳥や魚も生息しています。周辺には牛込見付、神楽河岸、揚場町など、歴史を感じさせる地名も残

改ページ位置の設定が解除される

> **📝 Memo　改ページ位置が表示されない**
>
> 改ページ位置の記号が表示されない場合は、[ホーム]タブの [編集記号の表示/非表示]☷ をクリックします（186ページ参照）。

🔍 COLUMN　改ページ位置の自動修正機能を利用する

ページの区切りは、段落の途中などで分割されないように、条件をあらかじめ設定しておくこともできます。[ホーム]タブの [線と段落の間隔]をクリックして、[行間のオプション]をクリックします。[段落] ダイアログボックスが表示されるので、[改ページと改行]をクリックして、[改ページ位置の自動修正]で改ページの条件を指定します。

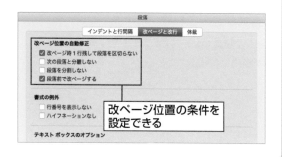

改ページ位置の条件を設定できる

20

書式だけをほかの文字列にコピーする

覚えておきたいキーワード

> 書式のコピー

> 書式の貼り付け

> 書式の連続貼り付け

同じ書式を別の文字列や段落に繰り返し設定するのは手間がかかります。この場合は、書式のコピー／貼り付け機能を利用すると、設定している書式だけをコピーして、別の文字列や段落に貼り付けることができます。連続して貼り付けることもできるので、作業が効率化できます。

1 設定済みの書式をほかの文字列に適用する

1 書式をコピーする

コピーしたい書式が設定されている文字列を選択して**1**、［ホーム］タブの［書式を別の場所にコピーして適用］をクリックします**2**。

📝 Memo ▶ **コピーする文字列の書式**

この例では、書式をコピーする文字列に、文字色と太字の設定をしています。

2 文字列をドラッグする

マウスポインターの形が 🖌 に変わった状態で、書式を貼り付けたい文字列をドラッグします**1**。

3 書式が適用される

コピーした書式が貼り付けられて、文字列の見た目が変化します。

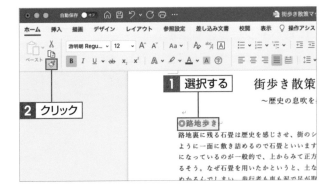

第 3 章　Wordの基本操作をマスターしよう

② 書式を連続してほかの文字列に適用する

1 書式をコピーする

コピーしたい書式が設定されている文字列を
選択して**1**、[書式を別の場所にコピーして適
用] をダブルクリックします**2**。

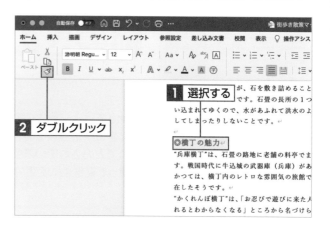

2 文字列をドラッグする

マウスポインターの形が 変わった状態
で、書式を貼り付けたい文字列をドラッグしま
す**1**。

◎江戸城外堀跡
江戸時代、三代将軍徳川家光の命で造られ、現在は牛込見付から赤坂見附の間が
国指定史跡となっています。春は桜、秋は紅葉を堪能でき、野鳥や魚も生息して
ます。 ドラッグ 牛込見付、神楽河岸、揚場町など、歴史を感じさせる地名も残
ています。江戸城外堀は、江戸城を取り巻いていた外側のお堀です。内堀を囲
んで、渦巻き状に「の」の字を描いて江戸の町をめぐっていました。現在、北は
中央・総武線のラインに沿って、南は地下鉄銀座線の虎ノ門駅付近まで。東西は
東京駅の少し東から四ツ谷駅までが円を描いている部分で、さらに、隅田川に流
れ込む総武線の浅草橋駅付近まで、全長 15 キロに及んでいます。

◎東京のお伊勢さま
「東京のお伊勢さま」と称されている東京大神宮は、明治 13 年に伊勢神宮の東
京遙拝殿として創建された神社です。最初は日比谷にあったことから、日比谷大
神宮と呼ばれていましたが、関東大震災後の昭和 3 年に現在の飯田橋に映ってか
らは、飯田橋大神宮と呼ばれ、戦後、東京大神宮に改められました。女性の縁結
びの神社として東京一有名な神社で、良縁を求めて全国から若い女性が訪れてい
ます。また、境内にある飯富稲荷神社は、衣食住の神、商売繁盛・家業繁栄の神
として広く崇敬されています。歌舞伎役者の 9 代目市川團十郎さんが篤い信仰を

3 書式が適用される

コピーした書式が貼り付けられて、文字列の見
た目が変化します。続けて、書式を貼り付けた
い別の文字列をドラッグします**1**。

◎江戸城外堀跡 ┃ 書式が貼り付けられる
江戸時代、三代将軍徳川家光の命で造られ、現在は牛込見付から赤坂見附の間が
国指定史跡となっています。春は桜、秋は紅葉を堪能でき、野鳥や魚も生息して
います。周辺には牛込見付、神楽河岸、揚場町など、歴史を感じさせる地名も残
っています。江戸城外堀は、江戸城を取り巻いていた外側のお堀です。内堀を囲
んで、渦巻き状に「の」の字を描いて江戸の町をめぐっていました。現在、北は
中央・総武線のラインに沿って、南は地下鉄銀座線の虎ノ門駅付近まで。東西は
東京駅の少し東から四ツ谷駅までが円を描いている部分で、さらに、隅田川に流
れ込む総武線の浅草橋駅付近まで、全長 15 キロに及んでいます。

◎東京のお伊勢さ
「東京のお伊勢さま」と称されている東京大神宮は、明治 13 年に伊勢神宮の東
京遙拝殿として創建された神社です。最初は日比谷にあったことから、日比谷大
ドラッグ したが、関東大震災後の昭和 3 年に現在の飯田橋に映ってか

4 書式の貼り付けを終了する

必要な回数だけ書式の貼り付けを繰り返しま
す。貼り付けが終了したら [esc] を押すか、[書
式を別の場所にコピーして適用] をクリックし
1、書式の貼り付けを終了します。

Section
21
縦書きの文書を作成する

覚えておきたいキーワード

| 縦書き |
| テキストの方向 |
| 縦中横 |

Wordでは、縦書きの文書を新規に作成できます。また、作成済みの文書や文書の一部を縦書きに変更することもできます。文書を縦書きにすると、半角で入力されている文字は横倒しの状態で表示されますが、[縦中横]を使って縦書きに変更できます。

1 横書きの文書を縦書きに変更する

1 [縦書き]をクリックする

[レイアウト]タブをクリックして**1**、[テキストの方向]をクリックし**2**、[縦書き]をクリックします**3**。

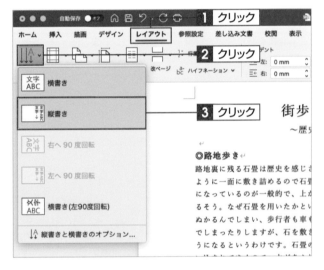

2 文書が縦書きに変わる

文書が縦書きに変更されます。用紙の向きは自動的に横置き（横長）になります。

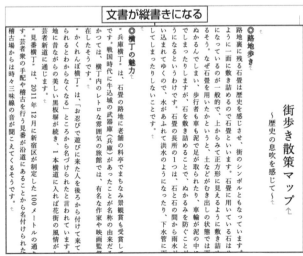

文書が縦書きになる

📝 Memo　縦書き文書を新規に作る

縦書きの文書を新規に作成する場合も、手順 **1** と同様の方法で作成できます。また、次ページの方法で縦書きを指定しても、縦書きの文書を新規に作成できます。

2　文書の途中から縦書きにする

1 [文書のレイアウト]を
クリックする

縦書きに変更したい箇所にカーソルを移動します①。[フォーマット] メニューをクリックし②、[文書のレイアウト] をクリックします③。

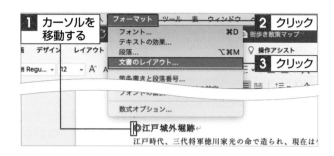

2 [縦書き]と設定対象を指定する

[文書] ダイアログボックスの [文字数と行数] が表示されます。[文字方向] で [縦書き] をクリックしてオンにし①、[設定対象] で [これ以降] を選択して②、[OK] をクリックします③。

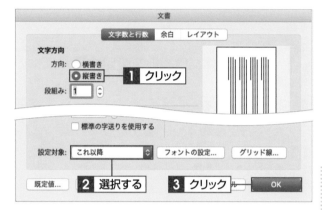

3 指定した文書が縦書きになる

カーソルを置いた箇所以降の文書が縦書きになり、用紙の向きが自動的に横置き（横長）になります。

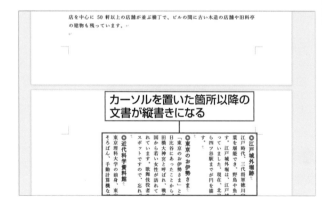

> **! Hint　一部を縦書きにする**
>
> 一部を縦書きに変更したいときは、縦書きに変更したい箇所を選択して、**2** の手順②の [設定対象] で [選択している文字列] を選択します。

🔍 COLUMN　欧文や数字を縦書きにする

半角で入力されている欧文や数字を縦書きにすると、横倒しの状態で表示されます。この場合は、[縦中横] を使って、文字を縦書きに変更します。縦書きにしたい文字を選択して、[ホーム] タブの [拡張書式] A をクリックし、[縦中横] をクリックします。[縦中横] ダイアログボックスが表示されるので、プレビューで確認して [OK] をクリックします。

段組みを設定する

覚えておきたいキーワード

段組み
境界線
改ページ

1行の文字数が長くて文章が読みにくい場合は、段組みを利用すると読みやすくなります。段組みは、[レイアウト] タブの [段組み] を使ってかんたんに設定できます。また、[段組み] ダイアログボックスを使うと、段の幅や間隔を変更したり、境界線を引いたりできます。

1　文書全体に段組みを設定する

1　段数を指定する

[レイアウト] タブをクリックして **1**、[段組み] をクリックし **2**、設定する段数（ここでは [2段]）をクリックします **3**。

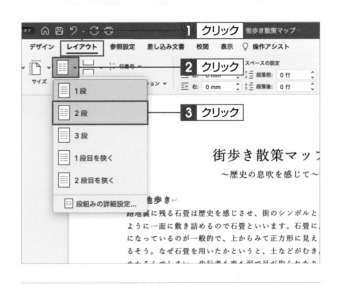

Stepup　左右の段幅を変える

[段組み] のメニューには、3段組みまでの設定が用意されています。1段目を狭くしたり、2段目を狭くしたりすることもできます。

2　文書に段組みが設定される

文書全体が2段組みに設定されます。

Hint　段組みを設定する範囲

文章を選択せずに段組みを設定すると、文書全体に段組みが設定されます。文章の一部だけ段組みを変更する場合は、次ページの方法で設定します。

2 文書の一部に段組みを設定する

1 段組みにする範囲を選択する

段組みにする範囲を選択します❶。[レイアウト]タブをクリックして❷、[段組み]をクリックし❸、[段組みの詳細設定]をクリックします❹。

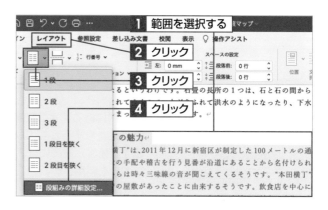

2 段数と設定対象を指定する

[段組み]ダイアログボックスが表示されるので、設定する段数を指定し❶、[境界線を引く]をクリックしてオンにします❷。[設定対象]で[選択している文字列]を選択して❸、[OK]をクリックします❹。

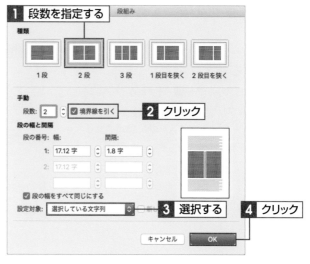

3 選択した範囲に段組みが設定される

選択した範囲に、段間に境界線を引いた段組みが設定されます。

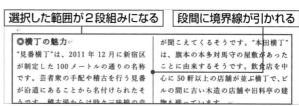

🔍 COLUMN　段組みの文章を区切りのよい位置で改行する

段組みにした文章を任意の位置で改行するには、[改ページ]の「段組み」を設定します。段を変えたい位置にカーソルを移動し、[レイアウト]タブの[改ページ]をクリックして❶、[段組み]をクリックすると❷、以降の段落が次の段に移動します。

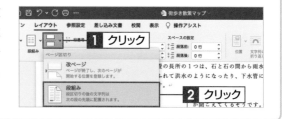

Section

23

文字列を検索・置換する

覚えておきたいキーワード

| 検索 |
| 置換 |
| ナビゲーションウィンドウ |

文書内にある特定の文字列を探したり、特定の文字列をほかの文字列と置き換えたりするときは、検索や置換機能を使うことで、効率的に作業できます。検索と置換には、画面右上にある検索ボックスやナビゲーションウィンドウを利用します。

1 文字列を検索する

1 ナビゲーションウインドウを表示する

［表示］タブをクリックし**1**、［ナビゲーションウインドウ］をクリックしてオンにします**2**。画面左にナビゲーションウインドウが表示されるので、［検索と置換］をクリックします**3**。

2 文字列を検索する

検索したい文字列を入力して確定すると**1**、文字列が検索されます。検索された文字列は、黄色のマーカー付きで表示されます。

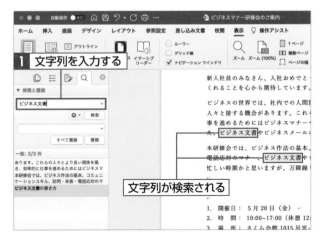

Memo　そのほかの方法

タイトルバーの右端にある［文書内を検索］🔍をクリックすると表示される検索ボックスを利用して、検索することもできます。

2 文字列を置換する

1 検索文字列を入力する

前ページの方法でナビゲーションウィンドウの
[検索と置換]を表示して、上のボックスに検
索文字列を入力します**1**。

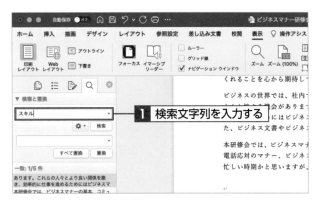

2 置換文字列を入力する

下のボックスに置き換える文字列を入力して
1、[すべて置換]をクリックします**2**。

3 文字列が置換される

検索した文字列が指定した文字列にすべて置
き換えられ、確認のダイアログボックスが表示
されるので、[OK]をクリックします**1**。[サイ
ドバーを閉じる]をクリックして**2**、ナビゲー
ションウィンドウを閉じます。

🔍 **COLUMN**

1つずつ確認しながら置換する

文字列をまとめて置換せず、1つずつ確認しな
がら置換したい場合は、**2**の手順**2**で[置換]
をクリックします。検索した文字列が強調表示
されるので、[置換]をクリックすると置換され
ます。[検索]をクリックすると置換はされず、
次の文字列が検索されます。

Section

24

タイトルロゴを作成する

覚えておきたいキーワード

| ワードアート |
| 文字の効果 |
| 図形のスタイル |

文書のタイトルなどにワードアートを利用すると、あらかじめ登録されたデザインの中から選択するだけで、見栄えのよい文字をかんたんに作成できます。挿入したワードアートに文字の効果や図形のスタイルなどを設定して、スタイルや形状を変更することもできます。

1　ワードアートを挿入する

1　スタイルを指定する

［挿入］タブをクリックして**1**、［ワードアート］をクリックし**2**、使用するワードアートのスタイルをクリックします**3**。

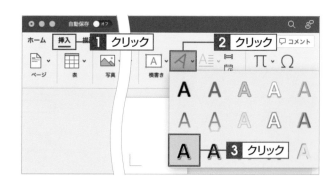

2　ワードアートが挿入される

選択したスタイルのワードアートが挿入されます。

路地裏に残る石畳は歴史を感じさせ、街のシンボルともなっています。石を畳のように一面に敷き詰めるので石畳といいます。石畳に用いている石はサイコロ状になっているのが一般的で、上からみて正方形に見えるように敷き詰められているそう。なぜ石畳を用いたかというと、土などがむき出しの状態では雨が降るとぬかるんでしまい、歩行者も車も泥で足が取られたり、車輪が泥の中に沈み込んでしまったりしますが、石を敷き詰めることで、ぬかるみを防ぐことができるようになるというわけです。石畳の長所の１つは、石と石の間から雨水が地面に吸

3　文字を入力する

タイトルの文字を入力します**1**。入力が完了したら、ワードアート以外の場所をクリックします。

路地裏に残る石畳は歴史を感じさせ、街のシンボルともなっています。石を畳のように一面に敷き詰めるので石畳といいます。石畳に用いている石はサイコロ状になっているのが一般的で、上からみて正方形に見えるように敷き詰められているそう。なぜ石畳を用いたかというと、土などがむき出しの状態では雨が降るとぬかるんでしまい、歩行者も車も泥で足が取られたり、車輪が泥の中に沈み込んでしまったりしますが、石を敷き詰めることで、ぬかるみを防ぐことができるようになるというわけです。石畳の長所の１つは、石と石の間から雨水が地面に吸

2 ワードアートを移動する

1 マウスポインターを合わせる

ワードアートの上にマウスポインターを合わせると**1**、ポインターの形が☆に変わります。

2 ワードアートをドラッグする

マウスポインターの形が変わった状態で、目的の位置までドラッグします**1**。

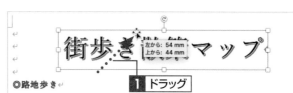

3 ワードアートが移動される

目的の位置でマウスのボタンを離すと、ワードアートが移動します。

🔍 COLUMN　ワードアートの選択

ワードアートを移動したり、サイズを変更したりなどの編集を行うときは、ワードアートを選択します。ワードアートの中にカーソルが表示されているときは、ワードアートの枠線上をクリックすると、ワードアートを選択できます。ワードアートが選択状態でないときは、ワードアート上をクリックすると選択できます。

• ワードアートの中にカーソルがある場合

• ワードアートが選択状態でない場合

3 ワードアートのサイズを変更する

1 ワードアートを選択する

ワードアートをクリックして選択します**1**。

2 フォントサイズを指定する

[ホーム] タブをクリックします**1**。[フォントサイズ] ✓のをクリックし**2**、サイズをクリックします**3**。ここではサイズを小さくするために [28] をクリックします。

3 サイズが変更される

ワードアートが指定したサイズに変更されます。

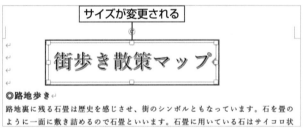

> 📝 **Memo** **フォントや文字装飾を変更する**
>
> ワードアートはフォントサイズのほか、フォントの種類や太字などの変更ができます。

🔍 **COLUMN** **文字色や輪郭の色、スタイルなどを変更する**

ワードアートを選択すると表示される [図形の書式設定] タブのコマンドを使うと、ワードアートの文字色や輪郭の色、線の幅やスタイルなどを変更できます。また、[ワードアートスタイル] にマウスポインターを合わせると表示される ▼ をクリックすると、ワードアートを別のスタイルに変更できます。

第3章 Wordの基本操作をマスターしよう

4 ワードアートに文字の効果を付ける

1 文字の効果を指定する

ワードアートをクリックして**1**、[図形の書式設定] タブをクリックします**2**。[文字の効果] をクリックして**3**、目的の効果（ここでは [変形]）にマウスポインターを合わせ**4**、変形の種類（ここでは [三角形]）をクリックします**5**。

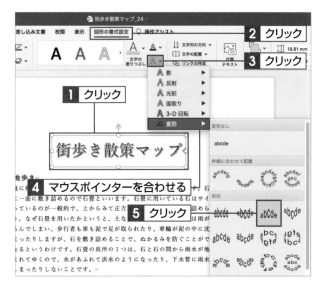

2 効果が設定される

ワードアートに変形の効果が設定されます。

変形の効果が設定される

5 ワードアートのボックスにスタイルを設定する

1 スタイルを指定する

ワードアートをクリックして**1**、[図形の書式設定] タブをクリックします**2**。[図形のスタイル] にマウスポインターを合わせると表示される ▼ をクリックして**3**、使用するスタイルをクリックします**4**。

2 スタイルが設定される

ワードアートのボックスに、図形のスタイルが設定されます。

図形のスタイルが設定される

横書き文書の中に縦書きの文章を配置する

覚えておきたいキーワード

| テキストボックス |
| 図形のスタイル |
| 文字列の折り返し |

本文とは別に、自由な位置に文章を挿入したいときは、テキストボックスを挿入します。テキストボックスを利用すると、横書きの文書の中に縦書きの文章を配置したり、本文から独立したコラムとして配置したりできます。テキストボックスには、スタイルや効果を設定することもできます。

1　テキストボックスを挿入する

1 [縦書きテキストボックスの描画] をクリックする

[挿入] タブをクリックして■、[テキストボックスの作成] をクリックし■、[縦書きテキストボックスの描画] をクリックします■。

2 テキストボックスを挿入する

マウスポインターの形が＋に変わるので、テキストボックスを挿入する位置にマウスポインターを移動して■、目的の大きさになるまで対角線上にドラッグします■。

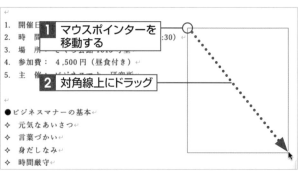

3 文字を入力する

テキストボックスが挿入されます。そのまま文章を入力して、文字の書式を設定します■。

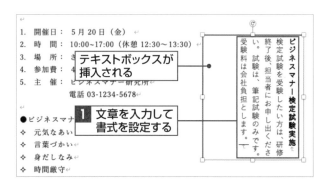

📄 Memo　文字列の書式

テキストボックス内に入力した文字列は、通常の文章と同様に書式を設定できます（178〜181ページ参照）。

② テキストボックスのサイズと位置を調整する

❶ テキストボックスを選択する

テキストボックス内をクリックして**1**、テキスト
ボックスを選択します。

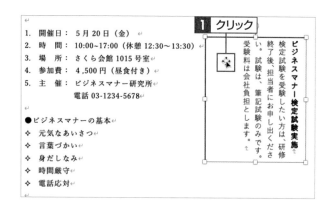

❷ サイズを変更する

テキストボックスの周囲に四角形のハンドルが
表示されます。ハンドルの上にマウスポインター
を移動して、ポインターの形が ↔ に変わった
状態でドラッグします**1**。

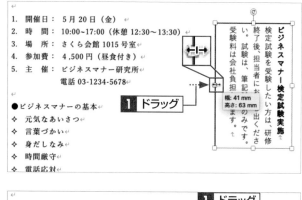

❸ テキストボックスをドラッグする

テキストボックスのサイズが変更されます。続
いて、テキストボックスの上にマウスポインター
を移動し、ポインターの形が ✣ に変わった状
態でドラッグします**1**。

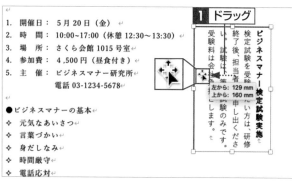

❹ テキストボックスが移動される

テキストボックスが移動します。必要に応じて
サイズと位置を調整します。

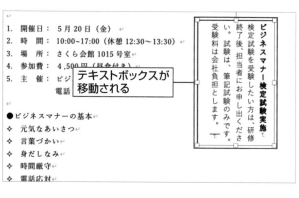

③ テキストボックスの枠線と文章との空きを調整する

① [書式ウインドウ]をクリックする

テキストボックスをクリックして選択します❶。[図形の書式設定] タブをクリックして❷、[書式ウインドウ] をクリックします❸。

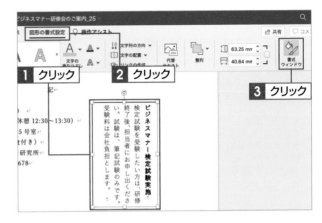

② [テキストボックス]をクリックする

[図形の書式設定] ウィンドウが表示されるので、[文字のオプション] をクリックして❶、[テキストボックス] をクリックします❷。

③ 上下左右の空きを設定する

[垂直方向の配置] で [中央] を選択します❶。[左余白] [右余白] [上余白] [下余白] で上下左右の余白を設定し（ここでは左右「3mm」上下「4mm」）❷、⊗ をクリックします❸。

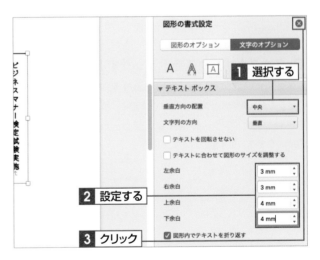

④ 枠線と文章との空きが調整される

テキストボックス内の文章が左右中央に配置され、枠線と文章との空きが調整されます。

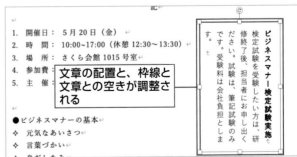

Stepup　テキストの配置

[図形の書式設定] タブの [文字の配置] をクリックすると、文章の配置を [右] [中央] [左] から選択できます。

4 テキストボックスにスタイルを設定する

1 図形のスタイルを指定する

テキストボックスをクリックして**1**、［図形の書式設定］タブをクリックします**2**。［図形のスタイル］にマウスポインターを合わせると表示される ▼ をクリックして**3**、使用するスタイル（ここでは［パステル - 緑、アクセント6］）をクリックします**4**。

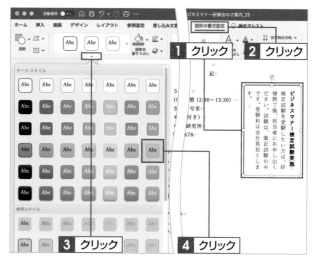

2 スタイルが設定される

テキストボックスにスタイルが設定されます。

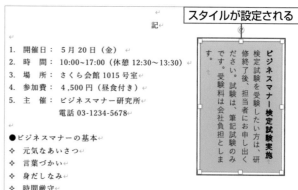

Step up **テキストボックスに効果を付ける**

ほかの図形と同様に、テキストボックスにも効果を設定できます。テキストボックスをクリックして、［図形の書式設定］タブの［図形の効果］をクリックして、効果のスタイルと種類を指定します。

🔍 COLUMN　外側の文章との間隔の調整

テキストボックスと外側の文章との空きを調整するときは、［レイアウトの詳細設定］ダイアログボックスの［文字列の折り返し］にある［文字列との間隔］で設定します。［レイアウトの詳細設定］ダイアログボックスを表示するには、［図形の書式設定］タブの［整列］をクリックして、［文字列の折り返し］をクリックし、表示されるメニューの［その他のレイアウトオプション］をクリックします。なお、画面のサイズが大きい場合は［整列］のクリックは不要です。

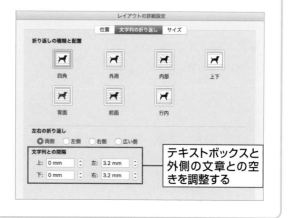

テキストボックスと外側の文章との空きを調整する

Section

26

写真を挿入する

覚えておきたいキーワード

| 図をファイルから挿入 |
| トリミング |
| 背景の削除 |

文書には、写真などの画像データを挿入できます。挿入した画像は、不要な部分をトリミングしたり、写真の背景を自動で削除したりできます。削除する背景が正しく認識されない場合は調整できます。また、画像を文書の背景に配置することもできます。

1 写真を挿入する

1 [図をファイルから挿入]を クリックする

写真を挿入する位置をクリックして、カーソルを移動します1。[挿入]タブをクリックして2、[写真]をクリックし3、[図をファイルから挿入]をクリックします4。

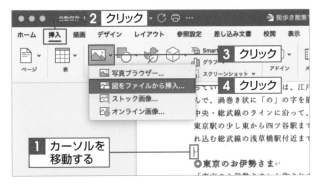

2 写真を指定する

ダイアログボックスが表示されるので、写真の保存場所を指定して1、挿入する写真をクリックして選択し2、[挿入]をクリックします3。

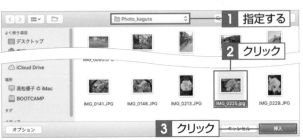

3 写真が挿入される

指定した位置に写真が挿入されます。

写真が挿入される

New　ストック画像

1の手順4で[ストック画像]をクリックすると、写真、イラスト、ステッカー、人物の切り絵など、マイクロソフトが提供する素材を利用できます。

2 写真をトリミングする

1 [トリミング]をクリックする

写真をクリックします**1**。[図の書式設定] タブをクリックし**2**、[トリミング] をクリックします**3**。

2 ハンドルをドラッグする

写真の周囲にトリミングハンドルが表示されるので、ハンドルを目的の位置までドラッグします**1**。

3 写真がトリミングされる

トリミングの範囲が表示されます。同様にトリミングしたい箇所をドラッグして指定し**1**、表示させたい部分だけ残るようにします。写真以外の箇所をクリックすると、写真がトリミングされます。

🔍 COLUMN 写真を図形の形に合わせてトリミングする

[図の書式設定] タブの [トリミング] の▽をクリックし、[図形に合わせてトリミング] から目的の形状を選択すると、写真をさまざまな図形に合わせてトリミングできます。

3 写真の背景を削除する

1 [背景の削除]をクリックする

写真をクリックします**1**。[図の書式設定]タ
ブをクリックし**2**、[背景の削除]をクリックし
ます**3**。

2 トリミングの範囲を調整する

背景（削除される部分）が自動的に認識され、
色が変わって表示されます。

背景が自動的
に認識される

3 削除する部分や残す部分を
指定する

認識された範囲に残したい部分がある場合は、
[保持する領域としてマーク]をクリックして**1**、
該当の部分をドラッグして指定します**2**。同様
に、削除する背景が正しく認識されていない
場合は、[削除する領域としてマーク]をクリッ
クして指定します。

4 背景が削除される

写真以外の場所をクリックすると、背景が削
除されます。

背景が削除される

④ 写真を文書の背景に配置する

1 [テキストの背面へ移動] をクリックする

写真をクリックして**1**、[図の書式設定] タブをクリックします**2**。[文字列の折り返し] をクリックし**3**、[テキストの背面へ移動] をクリックします**4**。

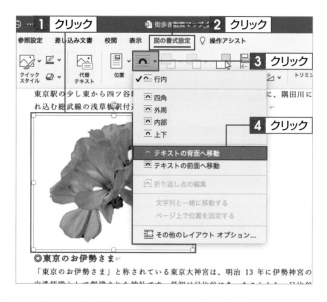

2 写真の色を指定する

写真が文書の背景に挿入されます。文字を読みやすくするために [色] をクリックして**1**、目的の色をクリックします**2**。

📝 **Memo**　**プレビューの表示**

[色のトーン] や [色の変更] のプレビューは、表示されるまでに時間がかかる場合があります。

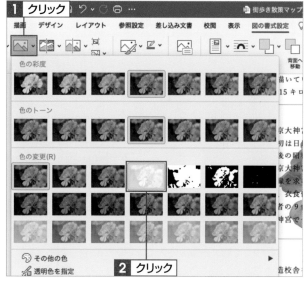

3 写真の色が薄くなる

背景に挿入した写真の色が薄くなり、文章が読みやすくなります。写真の位置を調整して完成させます。

📝 **Memo**　**写真の色の調整**

文書の背景に写真を配置する際、写真が濃いと文字が読みづらくなります。その場合は、写真の色を薄く調整しましょう。

◎東京のお伊勢さま
「東京のお伊勢さま」と称されている東京大神宮は、明治 13 年に伊勢神宮の東京遙拝殿として創建された神社です。最初は日比谷にあったことから、日比谷大神宮と呼ばれていましたが、関東大震災後の昭和 3 年に現在の飯田橋に映ってからは、飯田橋大神宮と呼ばれ、戦後、東京大神宮に改められました。女性の縁結びの神社として東京一有名な神社で、良縁を求めて全国から若い女性が訪れています。また、境内にある飯富稲荷神社は、衣食住の神、商売繁盛・家業繁栄の神として広く崇敬されています。歌舞伎役者の 9 代目市川團十郎さんが篤い信仰を寄せた「芸能の神」でもあります。東京大神宮で一番のパワースポットですので、

Section

27

アイコンを挿入する

覚えておきたいキーワード

アイコン

SVG形式

図形に変換

Wordでは、アイコンやイラストなどのSVG画像を文書に挿入することができます。カテゴリ別に分類されたSVGファイルのアイコンが大量に用意されているので、文書に合わせて利用できます。アイコンを図形に変換すると、より自由な編集が可能になります。

1 アイコンを挿入する

1 [アイコン]をクリックする

アイコンを挿入する位置をクリックしてカーソルを移動します **1**。[挿入]タブをクリックして **2**、[アイコン]をクリックします **3**。

2 カテゴリを指定する

[ストック画像]ウィンドウが表示されます。 ▷ をクリックして **1**、一覧からアイコンのカテゴリ(ここでは [コミュニケーション])をクリックします **2**。

📝 Memo　カテゴリの選択

[ストック画像]ウィンドウの右上にある ▽ をクリックすると、人物の切り絵、ステッカー、イラストのカテゴリが選択できます。

3 アイコンをクリックする

挿入するアイコンをクリックして**1**、[挿入] を
クリックします**2**。

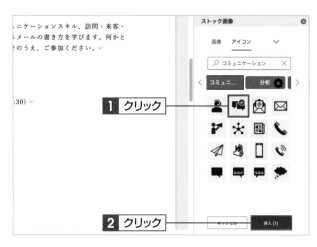

27
Section

アイコンを挿入する

🔑 Keyword ▸ SVG ファイル

SVG（Scalable Vector Graphics）ファイル
は、ベクターデータと呼ばれる点の座標とそれ
を結ぶ線で再現される画像です。拡大／縮小や
編集がしやすく、汎用性が高いのが特徴です。

4 アイコンが挿入される

指定した位置にアイコンが挿入されます。初期
設定では、アイコンは行内に挿入されます。

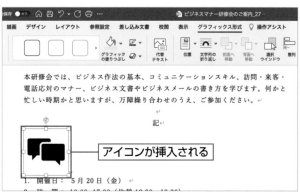

5 挿入する位置を指定する

[グラフィックス形式] タブをクリックして**1**、
[文字列の折り返し] をクリックし**2**、[テキス
トの前面へ移動] をクリックします**3**。

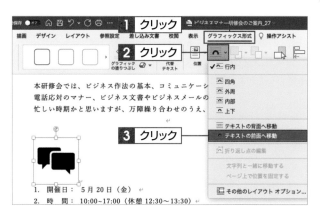

6 サイズと位置を調整する

ドラッグして、アイコンのサイズと位置を調整
します。

第
3
章

Wordの基本操作をマスターしよう

Word 基本

217

2 アイコンをカスタマイズする

1 [図形に変換] をクリックする

アイコンをクリックして**1**、[グラフィックス形式] タブをクリックし**2**、[図形に変換] をクリックします**3**。

2 アイコンが図形に変換される

アイコンが図形に変換されます。必要に応じて図形の位置を調整し、図形の一部をクリックします**1**。

3 色を指定する

[図形の書式設定] タブをクリックして**1**、[図形の塗りつぶし] の▾をクリックし**2**、使用する色（ここでは [緑]）をクリックします**3**。

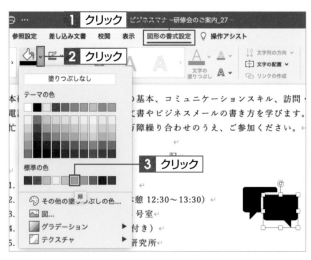

> **! Hint　図形に変換する**
>
> アイコンを図形に変換すると、アイコンを構成していたパーツごとに位置やサイズ、色などを変更できるようになります。

4 図形の一部の色が変更される

図形の一部の色が変更されます。

第 4 章

Wordをもっと便利に活用しよう

Section 01	文書にスタイルを適用する
Section 02	ページ番号や作成日を挿入する
Section 03	直線や図形を描く
Section 04	図形を編集する
Section 05	図形の中に文字を配置する
Section 06	複数の図形を操作する
Section 07	表を作成する
Section 08	行や列を挿入・削除する
Section 09	セルや表を結合・分割する

Section 10	列幅や行の高さを調整する
Section 11	表に書式を設定する
Section 12	単語を登録・削除する
Section 13	文字列にふりがなを付ける
Section 14	デジタルペンを利用する
Section 15	変更履歴とコメントを活用する
Section 16	差し込み印刷を利用する
Section 17	ラベルを作成する

Section

01

文書にスタイルを適用する

覚えておきたいキーワード

- スタイル
- スタイルセット
- テーマ

Wordに用意されているスタイルを利用すると、段落や文字列などの書式をかんたんに設定できます。設定したスタイルは、スタイルセットでまとめて変更することも可能です。また、テーマを使うと、文書全体のフォントや配色、効果などをまとめて変更できます。

1 スタイルを個別に設定する

1 スタイルを指定する

[ホーム] タブの [スタイルウインドウ] をクリックします**1**。[スタイル] ウインドウが表示されるので、スタイルを設定したい段落にカーソルを移動し**2**、目的のスタイル（ここでは [表題]）をクリックします**3**。

🔑 Keyword　スタイル

段落や文字列に設定しているフォントや文字サイズ、色、インデントなどの書式を合わせたものが「スタイル」です。Wordには、見出しや表題、強調太字、強調斜体などがスタイルとしてあらかじめ登録されています。

2 スタイルが設定される

段落に [表題] のスタイルが設定されます。同様の方法で、ほかの段落にもスタイルを設定します。

❗ Hint　[ホーム] タブで設定する

スタイルは、[スタイルウインドウ] の左にある [スタイル] から設定することもできます。

2 スタイルをまとめて変更する

1 スタイルセットを指定する

[デザイン]タブをクリックして **1**、[スタイルセット]にマウスポインターを合わせると表示される ▭▾ をクリックし **2**、使用するスタイルセット(ここでは[フォーマル])をクリックします **3**。

🔑 **Keyword** スタイルセット

スタイルセットとは、文書内に登録されているスタイルの書式をまとめた「パッケージ」のようなものです。スタイルセットを使うと、文書内のスタイルの書式をまとめて変更できます。

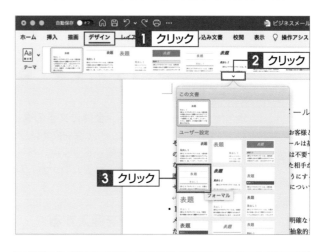

2 スタイルがまとめて変更される

スタイルの書式が一括で変更されます。設定したスタイルは、[スタイル]ウィンドウで確認できます。

3 文書の全体的なデザインを変更する

1 テーマを指定する

[デザイン]タブをクリックして **1**、[テーマ]をクリックし **2**、使用するテーマ(ここでは[スライス])をクリックします **3**。

🔑 **Keyword** テーマ

テーマとは、文書全体の配色やフォント、効果のパターンなどをセットにしたものです。文書にテーマを適用すると、文書のイメージに合ったデザインをかんたんに設定できます。

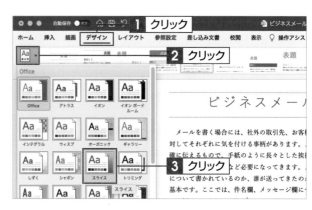

2 テーマが設定される

文書全体が、指定したテーマに変更されます。[スタイル]ウィンドウの下にある[スタイルガイドの表示]をクリックしてオンにすると **1**、文章の左端にスタイルガイドが表示され、文書に適用されているスタイルをひと目で確認できます。

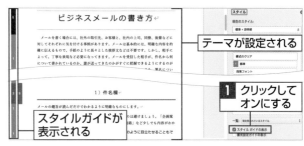

Section 02 ページ番号や作成日を挿入する

覚えておきたいキーワード

ヘッダー

フッター

ページ番号

ページ全体に文書のタイトルや作成日時、ページ番号などを印刷したいときは、ヘッダーまたはフッターに挿入します。ページの上部余白に印刷される情報をヘッダー、ページの下部余白に印刷される情報をフッターといいます。ヘッダーやフッターは任意の位置に配置できます。

1 フッターにページ番号を挿入する

1 [ページ番号] をクリックする

[挿入] タブをクリックして **1**、[ページ番号] をクリックし **2**、[ページ番号] をクリックします **3**。

2 ページ番号の配置を変更する

[ページ番号] ダイアログボックスが表示されます。配置を右以外にする場合は、[配置] をクリックして位置を指定し **1**、[OK] をクリックします **2**。ここでは [中央] に設定します。

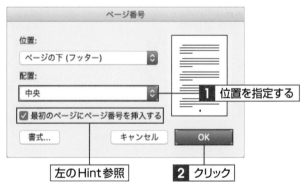

> **! Hint　先頭ページのみ別指定**
>
> [最初のページにページ番号を挿入する] をクリックしてオフにすると、1ページ目のヘッダーやフッターを、2ページ目以降と別の設定にできます。

3 ページ番号が中央に表示される

フッターの中央にページ番号が挿入されます。

2 ヘッダーに作成日を挿入する

1 [ヘッダーの編集]をクリックする

[挿入] タブをクリックして**1**、[ヘッダー] をクリックし**2**、[ヘッダーの編集] をクリックします**3**。

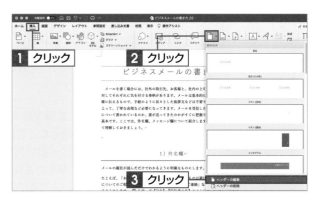

📝 Memo　組み込みのヘッダー

[ヘッダー] をクリックして表示される一覧から組み込みのヘッダーを選択することもできます。

2 [日付と時刻]をクリックする

ヘッダー領域が表示され、[ヘッダーとフッター] タブが表示されます。[日付と時刻] をクリックします**1**。

ヘッダーの編集領域が表示される

3 日付の表示形式を指定する

[日付と時刻] ダイアログボックスが表示されます。[言語の選択] で [日本語] を選択して**1**、[カレンダーの種類] で [グレゴリオ暦] を選択し**2**、使用する日付の表示形式をクリックして**3**、[OK] をクリックします**4**。

1 選択する
2 選択する
3 クリック
4 クリック

4 日付が表示される

ヘッダーに日付が表示されます。[ヘッダーとフッター] タブの [ヘッダーとフッターを閉じる] をクリックします**1**。

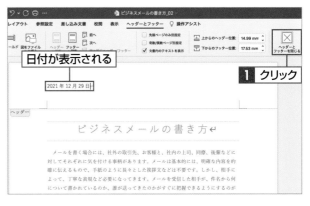

日付が表示される
1 クリック

❗ Hint　ヘッダーやフッターを編集する

ヘッダーやフッターをダブルクリックすると、編集できる状態になります。文字の修正や、[ホーム] タブのコマンドでスタイルや配置の変更ができます。

Section 03

直線や図形を描く

覚えておきたいキーワード

線

図形

フリーフォーム

Wordでは、直線や四角形、円などの単純なものから、ブロック矢印、星、リボン、吹き出しなどの複雑なものまで、さまざまな図形を描くことができます。曲線など一部の例外を除いて、描きたい図形を選び、ページ上でドラッグするだけでかんたんに描くことができます。

1 直線を描く

1 [線] をクリックする

[挿入] タブをクリックして**1**、[図形] をクリックし**2**、[線] をクリックします**3**。

2 始点にポインターを移動する

マウスポインターの形が＋に変わるので、直線の始点にポインターを移動します**1**。

3 右方向にドラッグする

目的の長さになるまでドラッグすると**1**、ドラッグした長さの直線が描かれます。shift を押しながらドラッグすると、水平、垂直、斜め45度の正確な線を描くことができます。

2 図形を描く

1 図形を指定する

[挿入] タブをクリックして **1**、[図形] をクリックし **2**、描画する図形をクリックします **3**。

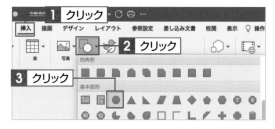

2 始点にポインターを移動する

マウスポインターの形が＋に変わるので、図形の始点にポインターを移動します **1**。

3 対角線上にドラッグする

対角線上にドラッグすると **1**、ドラッグした大きさの図形が描かれます。[shift] を押しながらドラッグすると、縦横比を固定して図形を描くことができます。

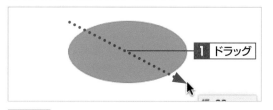

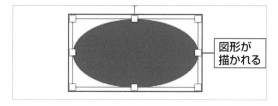

3 自由な形の図形を描く

1 [フリーフォーム] をクリックする

[挿入] タブをクリックして **1**、[図形] をクリックし **2**、[フリーフォーム] をクリックします **3**。

2 図形を描き始める

図形を描き始める位置をクリックします **1**。続けて、角になる位置をクリックします **2**。

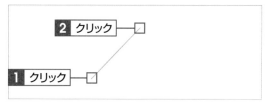

3 角になる位置でクリックする

角になる位置で順にクリックしていき **1**、最後に、描き始めた始点をもう一度クリックします **2**。

4 自由な形の図形が描かれる

自由な形の図形を描くことができます。

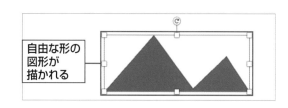

図形を編集する

覚えておきたいキーワード

図形の枠線

図形の塗りつぶし

図形のスタイル

描いた図形は、線の太さや色を変えたり、あらかじめ色や枠線などが設定されている図形のスタイルを適用したり、反射や光彩などの図形の効果を設定したりできます。また、必要に応じて図形を回転させたり、上下や左右に反転させることもできます。

1　線の太さを変更する

1　図形をクリックする

図形をクリックします **1**。

2　線の太さを指定する

[図形の書式設定] タブをクリックします **1**。
[図形の枠線] の ▾ をクリックして **2**、[太さ] にマウスポインターを合わせ **3**、使用する線の太さ(ここでは[4.5pt]) をクリックします **4**。
6ptより太くしたいときは、メニューの下にある [その他の線] をクリックして指定します。

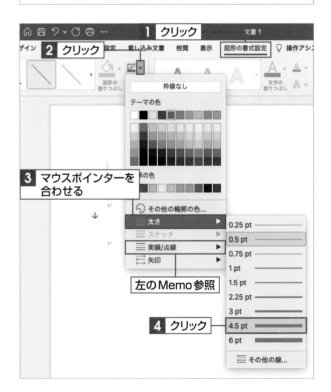

📝 Memo　線の種類を変更する

線の種類を変更する場合は、[実線／点線]にマウスポインターを合わせて、表示される一覧で破線や点線などの種類を指定します。

3　線の太さが変更される

図形の線の太さが変更されます。

線の太さが変更される

2 図形の色を変更する

1 色を指定する

図形をクリックします**1**。[図形の書式設定] タブをクリックして**2**、[図形の塗りつぶし] の▾をクリックし**3**、使用する色（ここでは [薄い緑]）をクリックします**4**。

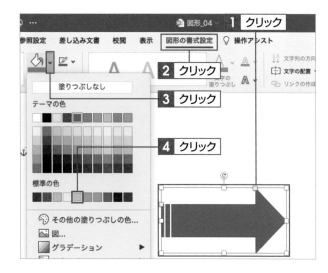

> 📝 **Memo** **星とリボンの図形**
>
> ここで使用している図形は、[挿入] タブの [図形] をクリックして、[ブロック矢印] にある [ストライプ矢印] をクリックすると、描くことができます。

2 図形の色が変更される

図形の色が変更されます。

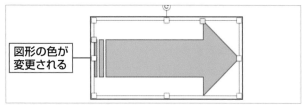

図形の色が
変更される

3 図形にスタイルを適用する

1 スタイルを指定する

図形をクリックします**1**。[図形の書式設定] タブをクリックして**2**、[図形のスタイル] にマウスポインターを合わせると表示される▾をクリックし**3**、使用するスタイル（ここでは [グラデーション-オレンジ、アクセント2]）をクリックします**4**。

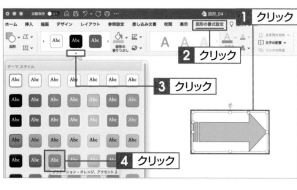

2 スタイルが適用される

図形にスタイルが適用されます。

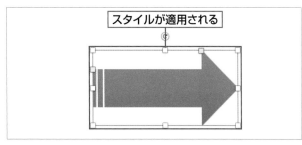

スタイルが適用される

> 📝 **Memo** **図形のスタイル**
>
> [図形のスタイル] を利用すると、色や枠線などがあらかじめ設定されているスタイルを適用できます。

4 図形に効果を付ける

1 効果を指定する

図形をクリックします。[図形の書式設定] タ
ブをクリックして**1**、[図形の効果] をクリック
します**2**。使用する効果（ここでは [影]）に
マウスポインターを合わせて**3**、種類（ここで
は [オフセット：右下]）をクリックします**4**。

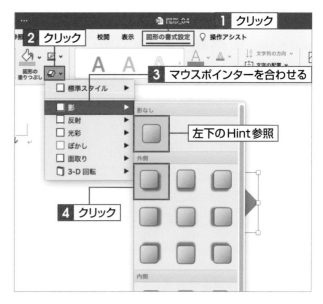

2 効果が設定される

図形に指定した効果が設定されます。

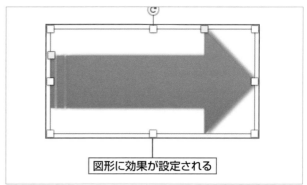

図形に効果が設定される

(!) Hint   効果を解除する

設定した効果を解除するときは、各効果の一覧
にある [○○なし] (たとえば [影] の場合は [影
なし]) をクリックします。

🔍 COLUMN   スケッチを利用する

Word 2021では、[スケッチ] を利用して、図形の
枠線を手書き風にすることができます。[図形の書式
設定] タブの [図形の枠線] から [スケッチ] をクリッ
クして、利用したいスケッチの種類を指定します。
直線など、[スケッチ] が利用できない図形の場合は、
[スケッチ] が利用不可になります。

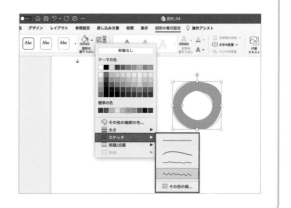

5 図形を回転する

1 図形をクリックする

図形をクリックすると、回転ハンドル ⟳ が表示されます。回転ハンドルにマウスポインターを合わせると **1**、ポインターの形が ⟳ に変わります。

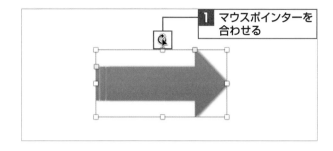

2 回転ハンドルをドラッグする

マウスポインターの形が変わった状態で、目的の傾きになるまで回転ハンドルをドラッグします **1**。

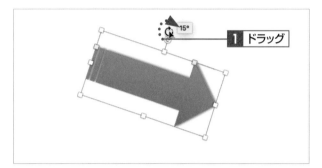

3 図形が回転される

図形が回転されます。

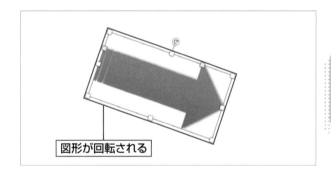

> ⚠ Hint **15度単位で回転させる**
>
> **2** で shift を押しながら回転ハンドルをドラッグすると、15度単位で回転させることができます。45度、90度、180度などの角度で正確に回転させたい場合に便利です。

🔍 COLUMN **図形を反転する**

図形は上下左右に反転させることもできます。[図形の書式設定] タブをクリックして **1**、[整列] をクリックし **2**、[回転] をクリックして **3**、[上下反転] または [左右反転] をクリックします **4**。画面のサイズが大きい場合は、**2** で [オブジェクトの回転] をクリックすると、**4** のメニューが表示されます。

図形の中に文字を配置する

覚えておきたいキーワード

図形の中に文字を入力

吹き出し

引き出し線

図形の中には、文字を入力できます。入力した文字には、本文と同様にフォントや文字サイズ、文字色などの書式を設定できます。また、引き出し線の付いた図形も用意されており、文書中に挿入した図に説明を入れたい場合などに利用できます。

1 図形の中に文字を入力する

1 文字を入力する

文字を入力する図形をクリックして **1**、文字を入力します **2**。

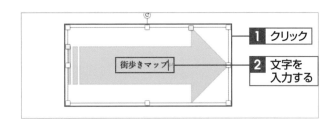

2 書式を設定する

図形と文字のバランスを考えながら、フォントや文字サイズ、文字色、文字配置などの書式を設定します **1**。書式を設定したら、必要に応じて図形のサイズを調整します。

📝 Memo フォントと文字サイズ

ここでは、フォントを「ヒラギノ丸ゴPro」に、文字サイズを24pt、文字色を「濃い青」に設定しています。

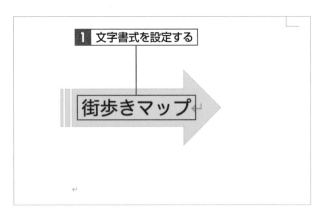

2 引き出し線の付いた図形を描く

1 吹き出しの形状を指定する

[挿入] タブをクリックして **1**、[図形] をクリックし **2**、描画する形 (ここでは [雲形吹き出し]) をクリックします **3**。

2 図形を描く

マウスポインターの形が十に変わった状態で、目的の大きさになるまで対角線上にドラッグします❶。

🔑 Keyword　引き出し線

引き出し線とは、吹き出しの図形から伸びている線状の部分のことで、説明の対象を指し示す際などに利用されます。引き出し線の形状は、図形の形によって異なります。

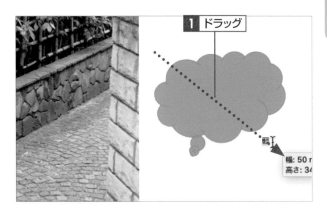

3 文字を入力する

図形を選択した状態で文字を入力し❶、文字の書式を変更します❷。

📝 Memo　フォントと文字サイズ

ここでは、フォントを「ヒラギノ丸ゴPro」に、文字サイズを14ptに設定しています。

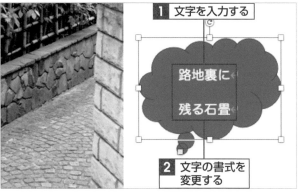

4 ハンドルにマウスポインターを合わせる

引き出し線の先端にあるハンドル□にマウスポインターを合わせます❶。

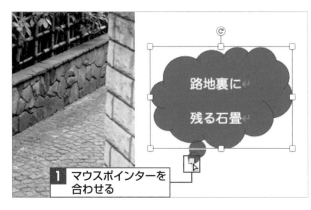

5 引き出し線の位置を調整する

ハンドルをドラッグすると❶、引き出し線の位置が調整されます。

📝 Memo　引き出し線の変更

引き出し線の付いた図形をクリックすると表示される□をドラッグすると、引き出し線の位置や長さを変更できます。

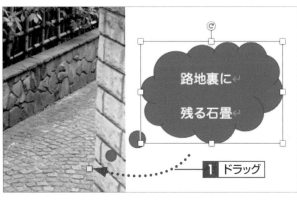

Section

06

複数の図形を操作する

| 移動／コピー |
| 図形の整列 |
| グループ化 |

作成した図形は、位置を移動したり、コピーして複製したりできます。複数の図形を描いたときは、整列したり、重ねて配置した図形の重なり順を変更したりもできます。また、複数の図形をグループ化すると、まとめて1つの図形のように扱うことができます。

1 図形を移動する

1 図形をドラッグする

移動する図形にマウスポインターを合わせてドラッグします**1**。

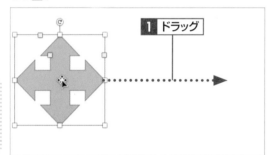

2 図形が移動される

図形が移動されます。shift を押しながらドラッグすると、水平・垂直方向に移動できます。

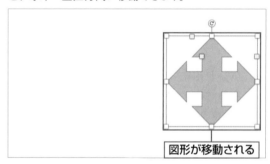

2 図形をコピーする

1 option を押しながら図形をドラッグする

コピーする図形にマウスポインターを合わせ、option を押しながらドラッグします**1**。

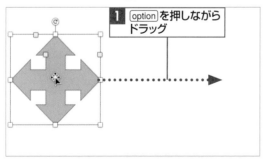

2 図形がコピーされる

図形がコピーされます。option と shift を押しながらドラッグすると、水平・垂直方向にコピーできます。

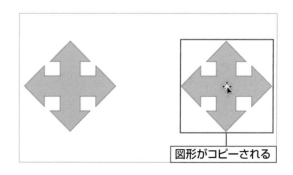

3 図形を整列する

1 [上下中央揃え]をクリックする

整列させたい図形を [shift]（または [⌘]）を押し
ながらクリックして選択し**1**、[図形の書式設
定]タブをクリックします**2**。[整列]をクリック
して**3**、[整列]をクリックし**4**、[上下中央
揃え]をクリックします**5**。

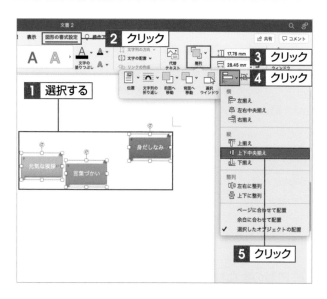

📝 Memo | **コマンドの表示**

画面のサイズが大きい場合は、コマンドの表示
が異なります。**3** で [整列]をクリックして、**4**
で [上下中央揃え]をクリックします。

2 [左右に整列]をクリックする

もう一度 [整列]をクリックして**1**、[整列]を
クリックし**2**、[左右に整列]をクリックします
3。

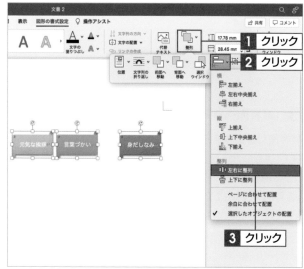

📝 Memo | **コマンドの表示**

画面のサイズが大きい場合は、コマンドの表示
が異なります。**1** で [整列]をクリックして、**2**
で [左右に整列]をクリックします。

3 図形が整列される

図形が上下中央に、左右等間隔で配置され
ます。

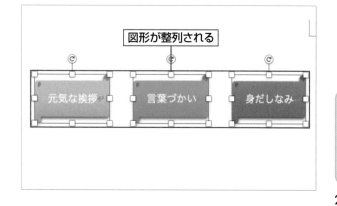

4 図形の重なり順を変える

1 [背面へ移動]をクリックする

重なり順を変えたい図形をクリックします**1**。
[図形の書式設定]タブをクリックして**2**、[整
列]をクリックし**3**、[背面へ移動]をクリック
します**4**。

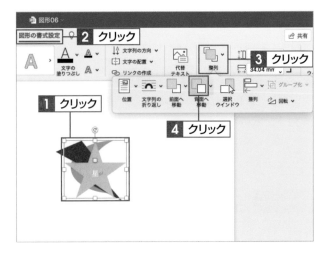

Memo コマンドの表示

画面のサイズが大きい場合は、コマンドの表示
が異なります。**3**で[背面へ移動]をクリックし
ます。

2 図形の重なり順が変わる

選択した図形が背面に移動し、図形の重なり
順が変わります。

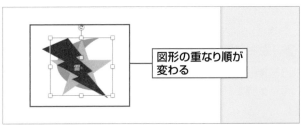

図形の重なり順が
変わる

3 [最背面へ移動]をクリックする

最背面に移動させたい図形をクリックします
1。[図形の書式設定]タブの[整列]をクリッ
クして**2**、[背面へ移動]の⌄をクリックし**3**、
[最背面へ移動]をクリックします**4**。

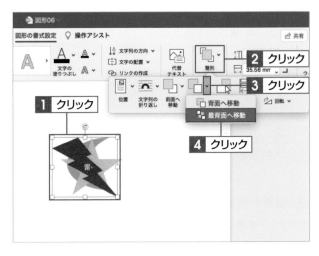

Memo コマンドの表示

画面のサイズが大きい場合は、コマンドの表示
が異なります。**2**で[背面へ移動]の⌄をクリッ
クして、**3**で[最背面へ移動]をクリックします。

4 図形が最背面に移動される

選択した図形が最背面(一番後ろ)に移動され
ます。

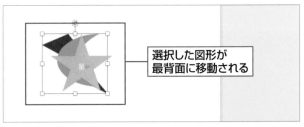

選択した図形が
最背面に移動される

5 図形をグループ化する

1 [グループ化] をクリックする

グループ化する図形を shift （または ⌘） を押しながらクリックして選択し**1**、[図形の書式設定] タブをクリックします**2**。[整列] をクリックして**3**、[グループ化] をクリックし**4**、[グループ化] をクリックします**5**。

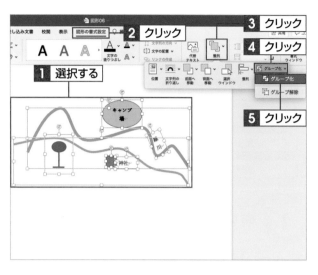

Memo コマンドの表示

画面のサイズが大きい場合は、コマンドの表示が異なります。**3**で [オブジェクトのグループ化] をクリックし、**4**で [グループ化] をクリックします。

2 図形がグループ化される

選択した図形がグループ化され、1つのオブジェクトとして扱えるようになります。

Memo 図形のグループ化

図形をグループ化すると、すべての図形を1つの図形として扱い、同時に移動、サイズ変更、回転、反転を行うことができます。また、図形の色や効果などをグループ化した図形に同時に設定することもできます。

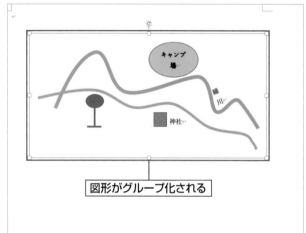

図形がグループ化される

3 図形をグループ単位で移動する

グループ化した図形は、移動やサイズの変更をまとめて行うことができます。

Hint グループ化を解除する

グループ化を解除するには、グループ化した図形をクリックして [整列] をクリックし、[グループ化] をクリックして、[グループ解除] をクリックします。なお、画面のサイズが大きい場合は、グループ化した図形をクリックして、[オブジェクトのグループ化] をクリックし、[グループ解除] をクリックします。

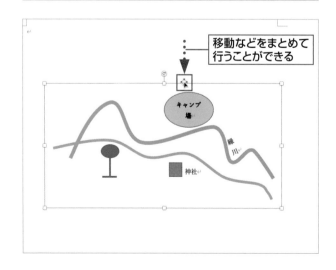

移動などをまとめて行うことができる

Section
07

表を作成する

覚えておきたいキーワード

| 表の挿入 |
| 罫線を引く |
| 罫線の削除 |

Word の文書で表を作成するには、行数と列数を指定して作成する方法と、罫線を1本ずつ引いて作成する方法があります。大きな表を作成する場合や、表のおおよその構成がわかっている場合は、前者の方法が便利です。[罫線を引く]を利用して、斜線を引くこともできます。

1 表を挿入する

1 表の列数と行数を指定する

表を挿入する位置にカーソルを移動します**1**。[挿入]タブをクリックして**2**、[表]をクリックし**3**、表の列数と行数をドラッグして指定します**4**。ここでは、4列4行の表を作成します。

2 表が挿入される

指定した列数と行数の表が挿入されます。

第4四半期店舗別売上高

指定した列数と行数の表が挿入される

第
4
章

Word をもっと便利に活用しよう

🔍 COLUMN　[表の挿入]ダイアログボックスを使う

[挿入]タブの[表]をクリックして、[表の挿入]をクリックすると、[表の挿入]ダイアログボックスが表示されます。このダイアログボックスで列数や行数を指定することでも、同様に表を作成できます。

2 セル内に罫線を引く

1 セル内を対角線上にドラッグする

罫線を引く表をクリックして、[レイアウト] タブをクリックし **1**、[罫線を引く] をクリックします **2**。マウスポインターの形が ✐ に変わるので、セル内を対角線上にドラッグします **3**。

> **Memo** [レイアウト] タブ
>
> 手順 **1** でクリックする [レイアウト]タブは、表をクリックすると表示される右側のタブです。

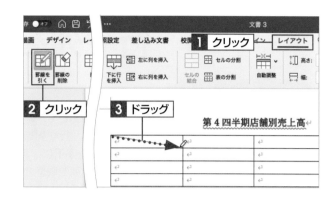

2 斜線が引かれる

セル内に斜線が引かれます。罫線を引いたら、再度 [罫線を引く] をクリックするか **1**、表以外の部分をクリックして、マウスポインターをもとの形に戻します。

3 文字を入力する

1 セル内に文字を入力する

文字を入力するセルをクリックして、目的の文字を入力します **1**。

第 4 四半期店舗別売上高			
	1 月		
	文字を入力する		

2 残りの文字を入力する

矢印キーや tab などを押して、カーソルを移動しながら、必要な文字を入力します **1**。

1 必要な文字を入力する

	1 月	2 月	3 月
御茶ノ水店	2340	1460	4780
飯田橋店	4920	3860	3540
御徒町店	1990	3640	6320

🔍 COLUMN 罫線を削除する

表を選択して [レイアウト]タブをクリックし、[罫線の削除] をクリックすると、マウスポインターの形が ⌫ に変わります。その状態で削除したい罫線をクリックあるいはドラッグすると、罫線を削除できます。

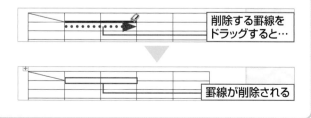

削除する罫線をドラッグすると…

罫線が削除される

Section 08 行や列を挿入・削除する

覚えておきたいキーワード

- 行／列の挿入
- 行／列の削除
- 表の削除

表を作成したあとで、新たに項目を追加する必要がある場合は、行や列を挿入できます。行や列を挿入するときは、選択しているセルを基準として、行の場合は上か下に、列の場合は左か右に挿入が可能です。また、不要になった行や列を削除することもできます。

1 行や列を挿入する

1 セルをクリックする

表内のセルをクリックして、カーソルを置きます **1**。

2 [上に行を挿入] をクリックする

[レイアウト] タブをクリックして **1**、[上に行を挿入] をクリックします **2**。

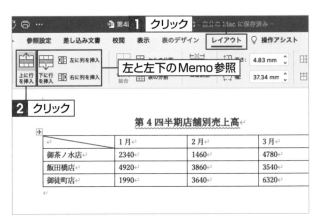

> 📝 **Memo**　下に行を挿入する
>
> カーソルを置いた行の下に行を挿入する場合は、手順 **2** で [下に行を挿入] をクリックします。

3 行が挿入される

カーソルを置いた行の上に空白の行が挿入されます。

> 📝 **Memo**　列を挿入する
>
> 列を挿入する場合は、表内のセルをクリックして [レイアウト] タブをクリックし、[左に列を挿入] あるいは [右に列を挿入] をクリックします。

	1 月	2 月	3 月
御茶ノ水店	2340	1460	4780
飯田橋店	4920	3860	3540
御徒町店	1990	3640	6320

第4四半期店舗別売上高

空白の行が挿入される

2 行や列を削除する

1 [行の削除]をクリックする

削除する行のセルをクリックしてカーソルを置きます❶。[レイアウト] タブをクリックして❷、[削除] をクリックし❸、[行の削除] をクリックします❹。

列を削除する

列を削除する場合は、手順❶で削除する列のセルをクリックして、手順❹で [列の削除] をクリックします。

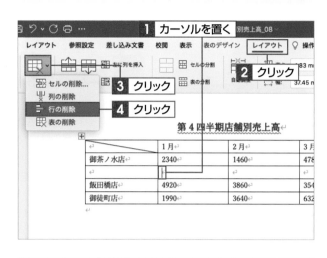

2 行が削除される

カーソルを置いた行が削除されます。

📝 Memo **複数の行／列を削除する**

複数の行または列をドラッグして選択し、行または列の削除を行うと、複数の行や列を同時に削除できます。

3 表全体を削除する

1 [表の削除]をクリックする

表内のいずれかのセルをクリックします❶。[レイアウト] タブをクリックして❷、[削除] をクリックし❸、[表の削除] をクリックします❹。

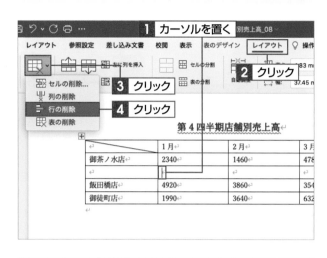

2 表が削除される

表全体が削除されます。

Section
09
セルや表を結合・分割する

覚えておきたいキーワード

| セルの結合 |
| セルの分割 |
| 表の分割 |

複数の行や列にわたる項目に見出しを付けたり、1つの項目見出しの内容を2つに分けたいときなどは、セルを結合したり、分割したりできます。セルの結合は、隣接したセルであれば、縦横どちらの方向でも実行できます。また、作成した表を分割することもできます。

1 セルを結合する

1 [セルの結合]をクリックする

結合したいセルをドラッグして選択します **1**。[レイアウト]タブをクリックして **2**、[セルの結合]をクリックします **3**。

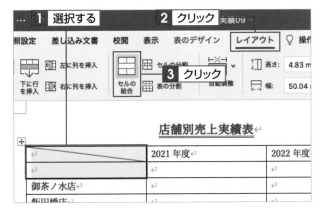

2 セルが結合される

選択したセルが1つに結合されます。セル内に引いた斜線は、結合されたセルにそのまま残ります。

🔍 COLUMN　セルにデータが入力されている場合

データが入力された状態でセルを結合すると、データは結合されたセル内に改行された形で残ります。

これらのセルを結合すると…　データはこのように改行される

第4章　Wordをもっと便利に活用しよう

2 セルを分割する

1 [セルの分割] をクリックする

分割するセルをドラッグして選択します**1**。[レイアウト] タブをクリックして**2**、[セルの分割] をクリックします**3**。

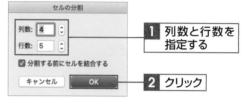

2 列数と行数を指定する

[セルの分割] ダイアログボックスが表示されます。列数と行数を指定して**1**、[OK] をクリックします**2**。ここでは、行数は変更せず、列数のみ「4」に指定します。

セルの分割	
列数: 4	**1** 列数と行数を指定する
行数: 5	
☑ 分割する前にセルを結合する	
キャンセル OK	**2** クリック

3 セルが分割される

指定した列数でセルが分割されます。

セルが分割される	2021 年度		2022 年度	
御茶ノ水店				
飯田橋店				
御徒町店				
両国店				

3 表を分割する

1 [表の分割] をクリックする

表を分割したい位置にあるセルをクリックします**1**。[レイアウト] タブをクリックして**2**、[表の分割] をクリックします**3**。

2 表が分割される

カーソルがある行を境にして、表が上下に分割されます。

	2021 年度		2022 年度	
御茶ノ水店				
飯田橋店				
御徒町店				
両国店				

表が分割される

Section

10

列幅や行の高さを調整する

覚えておきたいキーワード

列幅

行の高さ

均等揃え

見た目が美しく、バランスのよい表を作るには、列幅や行の高さも重要な要素です。列幅や行の高さは、罫線をドラッグすることで調整できます。また、表全体の行の高さや列幅を均等に揃えたり、文字列のサイズに合わせて、列幅を自動調整することもできます。

1 列の幅を調整する

1 縦罫線にポインターを合わせる

調整する縦罫線にマウスポインターを合わせると **1**、ポインターの形が ⊕ に変わります。

2 罫線をドラッグする

マウスポインターの形が変わった状態で罫線を左右にドラッグすると **1**、ドラッグした列の幅が調整されます。

2 行の高さを調整する

1 横罫線にポインターを合わせる

調整する横罫線にマウスポインターを合わせると **1**、ポインターの形が ⊕ に変わります。

2 罫線をドラッグする

マウスポインターの形が変わった状態で罫線を上下にドラッグすると **1**、ドラッグした行の高さが調整されます。

3 列の幅や行の高さを均等に揃える

1 [高さを揃える] をクリックする

表内のいずれかのセルをクリックします**1**。[レイアウト] タブをクリックして**2**、[高さを揃える] をクリックします**3**。

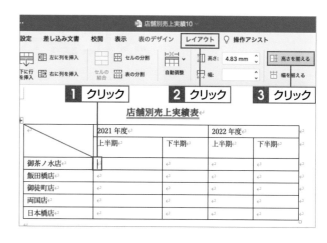

📝 **Memo** 列幅や行の高さの調整

列幅や行の高さを調整すると、表全体の大きさは変わらずに、ドラッグした列の幅や行の高さだけが変更されます。ほかの列幅や行の高さも必要に応じて調整しましょう。

2 行の高さが均等に揃う

すべての行が同じ高さに揃えられます。

3 [幅を揃える] をクリックする

幅を揃えるセルをドラッグして選択します**1**。[レイアウト] タブをクリックして**2**、[幅を揃える] をクリックします**3**。

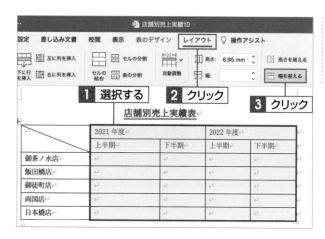

⚠ **Hint** 範囲を指定する

一部の列幅や行の高さを均等に揃えたいときは、目的のセルを選択することで範囲を指定して、[高さを揃える] や [幅を揃える] をクリックします。

4 列幅が均等に揃う

選択した列の幅が均等に揃えられます。

⚠ **Hint** 文字列の幅に合わせる

文字列の長さに合わせて、列幅を調整することもできます。表内のいずれかのセルをクリックして、[レイアウト] タブの [自動調整] をクリックし、[文字列の幅に合わせる] をクリックします。

表に書式を設定する

覚えておきたいキーワード

文字配置

背景色

罫線のスタイル

表のセル内の文字は、本文と同じように、フォントや文字サイズ、文字配置などを変更できます。また、セルに色を付けたり、罫線のスタイルを変更することもできます。これらの書式を適宜設定して体裁を整えると、見栄えのよい表が作成できます。

1 セル内の文字配置を変更する

1 [中央揃え]をクリックする

文字配置を変更するセルをドラッグして選択します**1**。[レイアウト]タブをクリックして**2**、設定したい配置(ここでは[中央揃え])をクリックします**3**。

📝 Memo　**文字配置の設定**

セル内の文字の配置は、[ホーム]タブで設定することもできます。

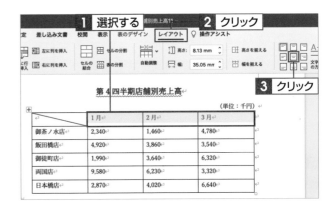

2 [中央揃え(右)]をクリックする

セル範囲をドラッグして選択し**1**、[レイアウトタブ]の[中央揃え(右)]をクリックします**2**。

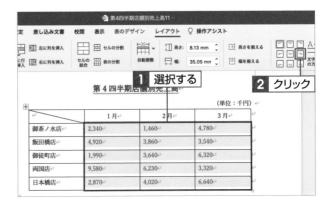

3 文字配置が変更される

選択したセル内の文字配置が変更されます。

2　セルに背景色を付ける

1　[表のデザイン] タブをクリックする

背景色を付けたいセルをドラッグして選択し**1**、[表のデザイン] タブをクリックします**2**。

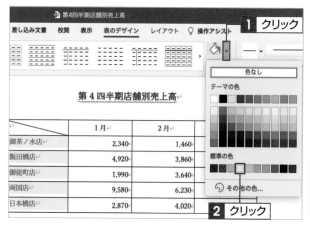

2　色を指定する

[塗りつぶし] の▾をクリックして**1**、使用する色 (ここでは [黄]) をクリックします**2**。

> 📝 **Memo**　一覧にない色を付ける
>
> 手順**2**で [その他の色] をクリックすると、一覧にない色を選択できます (59ページ参照)。

3　セルに背景色が設定される

選択したセルの背景に色が設定されます。

4　列見出しに背景色を付ける

同様に、列見出しのセルにも背景色 (ここでは [オレンジ]) を設定します。

3 フォントを変更する

1 セルを選択する

フォントを変更するセルをドラッグして選択し■、[ホーム] タブをクリックして②、[フォント]の▼をクリックします③。

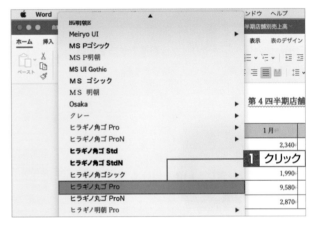

2 フォントを指定する

フォントの一覧が表示されるので、使用するフォント（ここでは [ヒラギノ丸ゴ Pro]）をクリックします■。

3 フォントが変更される

選択したセルのフォントが変更されます。

フォントが変更される

第 4 四半期店舗別売上高

（単位：千円）

	1月	2月	3月
御茶ノ水店	2,340	1,460	4,780
飯田橋店	4,920	3,860	3,540
御徒町店	1,990	3,640	6,320
両国店	9,580	6,230	3,320
日本橋店	2,870	4,020	6,640

4 列見出しのフォントを変更する

同様に、列見出しのフォントも変更します。

第 4 同様にフォントを変更する

（単位：千円）

	1月	2月	3月
御茶ノ水店	2,340	1,460	4,780
飯田橋店	4,920	3,860	3,540
御徒町店	1,990	3,640	6,320
両国店	9,580	6,230	3,320
日本橋店	2,870	4,020	6,640

第4章 Wordをもっと便利に活用しよう

4 罫線のスタイルを変更する

1 [ペンのスタイル] をクリックする

表内のいずれかのセルをクリックして**1**、[表のデザイン] タブをクリックし**2**、[ペンのスタイル] をクリックします**3**。

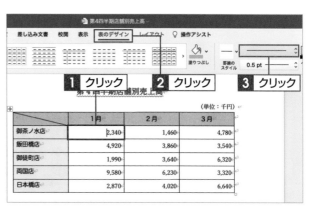

2 罫線のスタイルを指定する

表示された一覧から、使用する罫線のスタイル（ここでは [二重線]）をクリックします**1**。

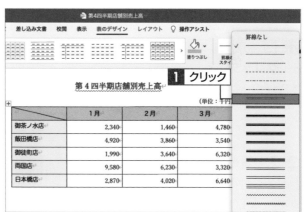

3 罫線をドラッグする

マウスポインターの形が ✐ に変わった状態で、スタイルを変更したい罫線上をドラッグします**1**。

4 罫線のスタイルが変更される

罫線のスタイルが変更されます。表以外の部分をクリックして、マウスポインターをもとの形に戻します。

Section

12

単語を登録・削除する

覚えておきたいキーワード

単語登録

ユーザ辞書を編集

単語の削除

会社名や人名などのよく使う文字列や、かんたんに変換されない専門用語などを単語登録しておくと、文書を効率的に作成できます。単語登録は、日本語入力システムのユーザ辞書を使った機能です。ここでは、「日本語環境設定」を使った単語登録の方法を紹介します。

1　単語を登録する

1　[ユーザ辞書を編集] をクリックする

メニューバーの入力メニューをクリックして１、[ユーザ辞書を編集] をクリックします２。

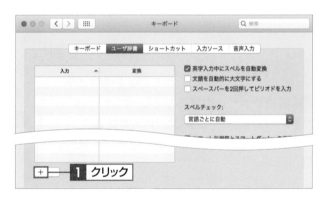

2　入力欄を追加する

[キーボード] の [ユーザ辞書] 画面が表示されるので、左下の + をクリックします１。

3　単語を登録する

[入力] ボックスをクリックして、変換する単語の読みを入力します１。[変換] のボックスをクリックして、登録する単語を入力し２、return を押します３。入力が完了したら、❌ をクリックして閉じます。

📝 **Memo** 　登録する単語

ユーザ辞書には、文字以外を登録することも可能です。たとえば、登録する単語を「①」、読み方を「まるいち」として登録することもできます。

2 登録した単語を入力する

1 登録した単語の読みを入力する

登録した単語の読みを入力すると**1**、単語候補一覧が表示されます。

1 読みを入力する

単語候補一覧が表示される

2 単語を入力する

tab を押して入力する単語を指定し**1**、return を押して入力します**2**。

> **Memo** 単語候補一覧
>
> 単語候補一覧には、ユーザ辞書に登録した単語のほかに、あらかじめ登録されている単語も表示されます。

1 単語を指定する   **2** return を押す

3 登録した単語を削除する

1 削除したい単語をクリックする

前ページの方法で、[キーボード] の [ユーザ辞書] 画面を表示します。単語一覧から削除したいものをクリックして**1**、 − をクリックします**2**。

> **Memo** 登録した単語の修正
>
> 登録した読みや単語をダブルクリックすると入力状態になり、修正ができるようになります。

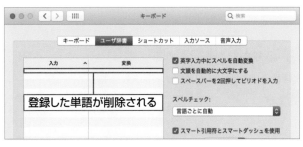

1 クリック

2 クリック

2 登録した単語が削除される

登録した単語がユーザ辞書から削除されます。

> **!** Hint 単語を削除する際の注意
>
> 登録した単語を削除する際、確認のメッセージは表示されず、いきなり削除されてしまうので注意しましょう。

登録した単語が削除される

Section 13 文字列にふりがなを付ける

覚えておきたいキーワード

| ルビ |
| 設定対象 |
| ふりがなの配置 |

人名や地名などに読みづらい漢字がある場合は、ふりがな（ルビ）を付けておくと読み間違えを防止できます。ふりがなは、[ルビ]ダイアログボックスを使ってかんたんに設定できます。文書内の同じ文字列にふりがなをまとめて付けることもできます。

1 文字列にふりがなを付ける

1 [ルビ]をクリックする

ふりがなを付ける文字列を選択して**1**、[ホーム]タブの[ルビ]をクリックします**2**。

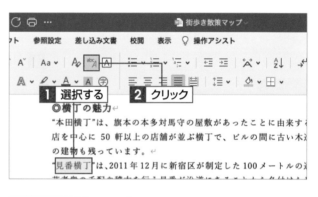

2 読みを確認する

[ルビ]ダイアログボックスが表示されます。自動的に読みが表示されるので、確認します**1**。読みが間違っている場合は修正します。必要であれば[フォント]と[サイズ]を指定して**2**、[OK]をクリックします**3**。

> **! Hint　ふりがなを削除する**
>
> ふりがなを削除するときは、ふりがなを設定した文字列を選択して、[ルビ]ダイアログボックスを表示し、左下の[削除]をクリックします。

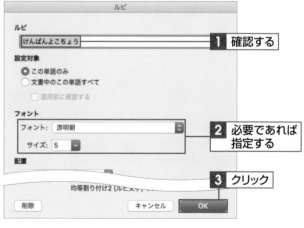

3 ふりがなが表示される

選択した文字列にふりがなが表示されます。

◎横丁の魅力
"本田横丁"は、旗本の本多対馬守の屋敷があったことに由来するそうで店を中心に 50 軒以上の店舗が並ぶ横丁で、ビルの間に古い木造の店舗の建物も残っています。

ふりがなが表示される

見番横丁は、2011 年 12 月に新宿区が制定した 100 メートルの通りの名

2 文書中の同じ文字列にまとめてふりがなを付ける

1 設定対象を指定する

ふりがなを付ける文字列を選択して、[ルビ] ダイアログボックスを表示します（前ページ参照）。自動的に読みが表示されるので、確認します**1**。読みが間違っている場合は修正します。[文書中のこの単語すべて] をクリックしてオンにし**2**、[OK] をクリックします**3**。

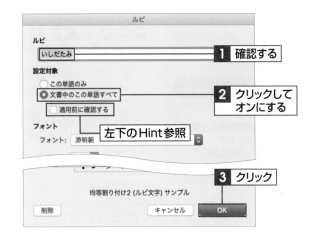

2 [OK] をクリックする

確認のメッセージが表示されるので、[OK] をクリックします**1**。

Microsoft Word
完了しました。7 個の項目を置換しました。

OK ── **1** クリック

3 ふりがながまとめて設定される

文書中の該当する文字列すべてにふりがなが設定されます。

Hint 付ける前に確認する

[ルビ] ダイアログボックスの [適用前に確認する] をクリックしてオンにすると、1 つずつふりがなを付けるかを確認するメッセージが表示されます。[はい] をクリックすると選択されている文字列にふりがなが付き、次の文字列が表示されます。

ふりがながまとめて設定される

◎路地歩き

路地裏に残る石畳は歴史を感じさせ、街のシンボルともなっています。石を畳のように一面に敷き詰めるので石畳といいます。石畳に用いている石はサイコロ状になっているのが一般的で、上からみて正方形に見えるように敷き詰められているそう。なぜ石畳を用いたかというと、土などがむき出しの状態では雨が降るとぬかるんでしまい、歩行者も車も泥で足が取られたり、車輪が泥の中に沈み込んでしまったりしますが、石を敷き詰めることで、ぬかるみを防ぐことができるようになるというわけです。石畳の長所の1つは、石と石の間から雨水が地面に吸い込まれてゆくので、水があふれて洪水のようになったり、下水管に雨水が集中してしまったりしないことです。

第4章 Wordをもっと便利に活用しよう

Word 活用

🔍 **COLUMN** ふりがなの配置と文字列からの距離

[ルビ] ダイアログボックスの [配置] 欄では、ふりがなの配置や文字列とふりがなの間隔を設定できます。ふりがなの配置は、中央揃え、均等割り付け、左揃え、右揃えなど6種類が用意されています。文字列とふりがなの間隔は、[文字列からの距離] に数値で指定します。数値を大きくすれば文字とふりがなの間隔は広がり、小さくすれば狭まります。

フォント
フォント: 游明朝
サイズ: 5

配置
左揃え
文字列からの距離: 1

印　　象　　派

Section
14
デジタルペンを利用する

［描画］タブのツールを利用して、トラックパッドやマウスを使って書き込みをしたり、マーカーを引いて強調したりすることができます。鉛筆、ペン、蛍光ペンが利用でき、太さや色を変更したり、新しいペンを追加したりすることもできます。

1　ペンの種類と太さを指定して書き込む

1　［描画］タブをクリックする

［描画］タブをクリックして ❶、使用したいペンをクリックします ❷。

📝 Memo　**トラックパッドで描画**

ノート型の Mac では、［描画］タブの右端に［トラックパッドで描画］というコマンドが表示されます（本書では解説していません）。

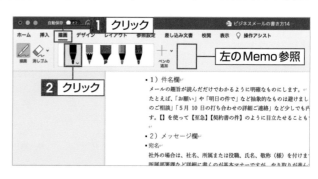

2　ペンの太さと色を指定する

再度ペンをクリックして ❶、ペンの太さをクリックし ❷、ペンの色をクリックします ❸。

⚠ Hint　**色と文字飾りの指定**

一覧に使用したい色がない場合は、手順 ❸ で［その他の色］をクリックして選択します。ペンでは、文字飾りを選択することもできます。

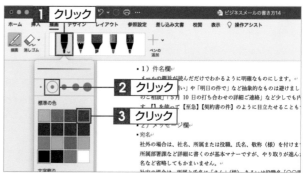

3　コメントを書き込む

トラックパッドやマウスでドラッグして、コメントを書き込みます ❶。［描画］をクリックしてオフにするか ❷、esc を押すと、書き込みが終了します。

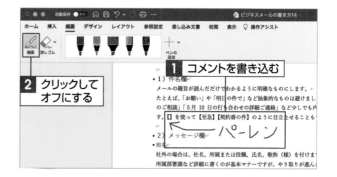

2 文字列を強調表示する

1 ペンの太さと色を指定する

[描画] タブの [蛍光ペン] をクリックします。
再度クリックして **1**、ペンの太さをクリックし
2、ペンの色をクリックします **3**。

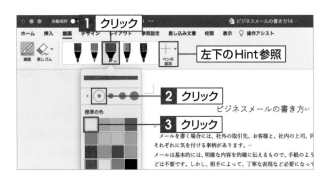

2 マーカーを引く

文字列の上をドラッグすると**1**、マーカーが表
示されます。

> **(!) Hint　ペンを追加する**
>
> [描画] タブの [ペンの追加] をクリックすると、
> ペンを追加することができます。ペンを削除し
> たい場合は、ペンを2度クリックして、[削除]
> をクリックします。

3 書き込みを消す

1 [消しゴム] をクリックする

[描画] タブの [消しゴム] の ▾ をクリックして
1、消しゴムの種類（ここでは [消しゴム（ス
トローク)]）をクリックします **2**。

2 書き込みを消す

消したい箇所をクリックまたはドラッグすると
1、書き込みが削除されます。[消しゴム] を
クリックしてオフにするか **2**、esc を押すと、
マウスポインターの形がもとに戻ります。

> **(!) Hint　書き込みはオブジェクト**
>
> ペンや鉛筆で書き込んだ文字は、クリックする
> と選択できます。選択した状態で移動やコピー、
> 削除など、図形や写真などのオブジェクトと同
> じように扱えます。

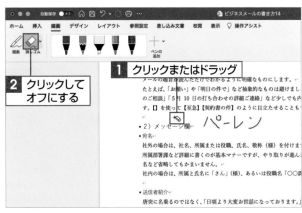

Section
15

変更履歴とコメントを活用する

覚えておきたいキーワード

変更履歴の記録
承諾
コメント

Wordには、文書の校閲に便利な変更履歴とコメント機能が用意されています。変更履歴を使うと、いつ誰が修正したのかをひと目で確認でき、その変更内容を文書に反映させるか、取り消すかを決めることができます。コメントは、文書に貼る付箋（メモ書き）のようなものです。

1 変更履歴の記録を開始する

1 変更履歴の記録を開始する

［校閲］タブをクリックして**1**、［変更履歴］をクリックし**2**、［変更履歴の記録］をクリックします**3**。

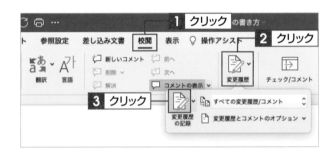

2 文章を校閲する

文字の書式を変更したり文字を削除したりすると、吹き出しに変更内容が表示されます。文字を修正すると文字が赤字で表示され、修正前の文字が吹き出しに表示されます。追加した文字は赤字で表示されます。修正箇所の文頭には、それぞれ罫線が付きます。

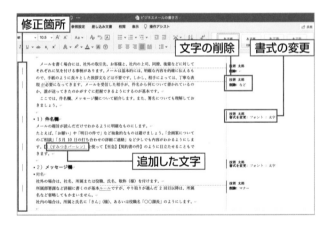

3 変更履歴の記録を終了する

［校閲］タブの［変更履歴］をクリックして**1**、［変更履歴の記録］を再度クリックすると**2**、変更履歴の記録が終了します。

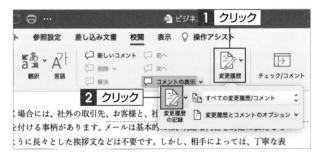

2 変更内容を文書に反映させる

1 最初の変更箇所に移動する

文書の先頭にカーソルを移動します **1**。[校閲]
タブをクリックして **2**、[承諾] をクリックします **3**。

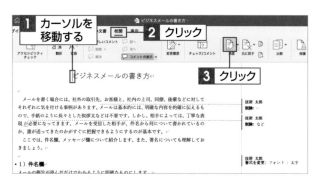

2 [承諾] をクリックする

文書内の最初の変更箇所が選択されます。内容を確認し、問題がなければ再度 [承諾] をクリックします **1**。

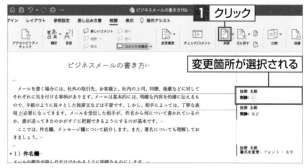

3 変更内容が文書に反映される

変更内容が文書に反映されて、変更履歴の吹き出しが消去されます。次の変更箇所にジャンプするので内容を確認し、[承諾] をクリックするか **1**、変更内容をもとに戻します（次ページ参照）。

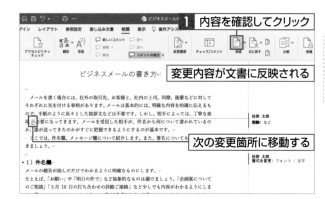

🔍 COLUMN 変更をまとめて承諾する

変更箇所を個別に確認せずに、まとめて文書に反映させることもできます。[承諾] の ▾ をクリックし **1**、
[すべての変更を反映] をクリックします **2**。

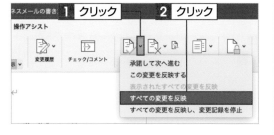

3 変更内容を取り消す

1 [元に戻す] をクリックする

もとに戻す修正箇所にカーソルを移動します
1。[校閲] タブをクリックして **2**、[元に戻す]
をクリックします **3**。

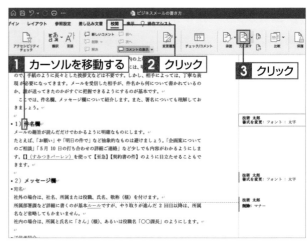

2 修正が取り消される

修正が取り消され、次の修正箇所にジャンプ
します。

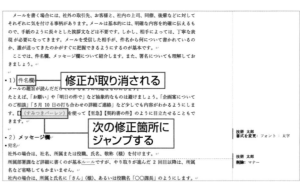

3 操作が終了する

変更内容の反映や取り消し操作がすべて完了
するとメッセージが表示されるので、[OK] を
クリックします **1**。

🔍 COLUMN　変更内容をまとめて取り消す

変更内容を個別に確認せずに、まとめて取り消す
こともできます。[元に戻す] の ⌄ をクリックして
1、[すべての変更を元に戻す] をクリックしま
す **2**。

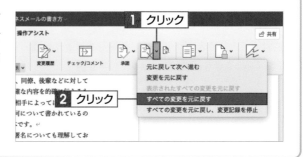

第4章　Wordをもっと便利に活用しよう

4 コメントを挿入する

1 [新しいコメント]を クリックする

コメントを付ける文字を選択します**1**。[校閲] タブをクリックして**2**、[新しいコメント]をクリックします**3**。

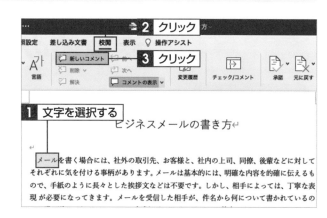

2 コメントを入力する

コメント用の吹き出しが表示されるので、コメントを入力して**1**、▷ をクリックします**2**。

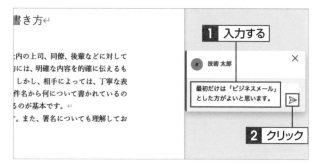

3 コメントが送信される

コメントが送信されます。

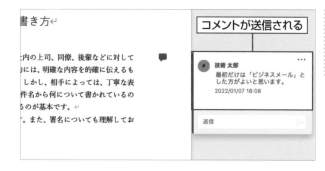

🔍 COLUMN コメントに返信する

Wordでは、コメントに対する返信を同じ吹き出しの中に書き込めます。対象の文字列のすぐ横でコメントに返信できるので、スムーズにやり取りができます。コメント内の [返信] 欄に文章を入力して、▷ をクリックするか、[校閲] タブの [新しいコメント] をクリックして返信を入力します。

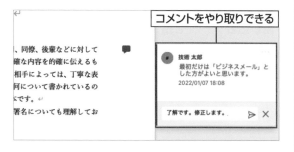

Section

16

差し込み印刷を利用する

覚えておきたいキーワード

差し込み印刷

宛先の選択

差し込みフィールドの挿入

案内状や招待状など、本文が共通で、宛名や住所部分のみを変更した文書を作成するときは、差し込み印刷機能を使うと便利です。文書に差し込む宛名や住所などのデータは、Excel のファイルや Outlook のアドレス帳などが利用できるほか、新規に作成することもできます。

1 作成する文書の種類を指定する

1 差し込み印刷を開始する

差し込み印刷に使用する文書を表示し、名前の後ろに付ける「様」を入力します**1**。［差し込み文書］タブをクリックし**2**、［差し込み印刷の開始］をクリックして**3**、［レター］をクリックします**4**。

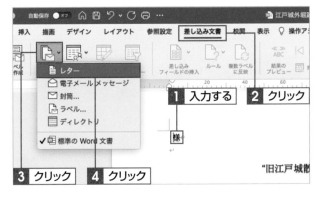

2 メッセージを確認する

操作のヒントのメッセージが表示された場合は、確認して ⊗ をクリックします**1**。メッセージは閉じずに、そのままにしておいてもかまいません。

2 差し込むデータを指定する

1 差し込むデータを指定する

［差し込み文書］タブの［宛先の選択］をクリックして**1**、差し込むデータを指定します。ここでは、［既存のリストを使用］をクリックします**2**。

第
4
章

Word をもっと便利に活用しよう

2 使用するファイルを開く

データファイルを選択するダイアログボックス
が表示されます。ファイルの保存場所を指定し
て**1**、使用するファイルをクリックし**2**、[開く]
をクリックします**3**。

宛先の選択

差し込むデータには、Outlookのアドレス帳や
Excelの住所録、Macに付属する連絡先やアド
レスブックなどを利用できます。ここでは、
Excelで作成した表を利用します。

3 [はい]をクリックする

確認のメッセージが表示された場合は、[はい]
をクリックします**1**。

パスワードの入力

キーチェーン"ログイン"のパスワードの入力を
求められた場合は、パスワードを入力して、[常
に許可]あるいは[許可]をクリックします。

4 使用するシートの範囲を指定する

データファイルにExcelを指定した場合は、
[ブックを開く]ダイアログボックスが表示され
ます。使用するシートを指定して(ここでは
「Sheet1」)**1**、住所が入力されているセル範
囲を指定し(ここでは「A2:C17」)**2**、[OK]
をクリックします**3**。

🔍 **COLUMN** 　　差し込むデータにExcelのファイルを利用する場合

Excelで作成した表をデータファイルとして使用する
場合は、右図のように、表の先頭行に「氏名」や「住
所」などの列見出しを付けて作成します。この列見出
しは、次ページで差し込むフィールドになります。表
内には空白行や空白の列を入れないようにします。

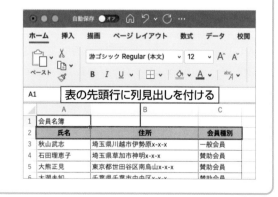

3 差し込みフィールドを挿入する

1 差し込むフィールドを指定する

名前を差し込む箇所（「様」の前）にカーソルを移動して**1**、[差し込み文書] タブの [差し込みフィールドの挿入] をクリックします**2**。前ページで設定したExcelの表の列見出しが表示されるので、文書に差し込むフィールドを指定します**3**。ここでは、「氏名」をクリックします。

2 氏名フィールドが差し込まれる

「様」の前に、《氏名》のフィールドが挿入されます。

3 [結果のプレビュー] をクリックする

[差し込み文書] タブの [結果のプレビュー] をクリックすると**1**、実際のデータを差し込んだ状態が確認できます。[次のレコード] や [前のレコード] をクリックして**2**、残りのデータを確認します。

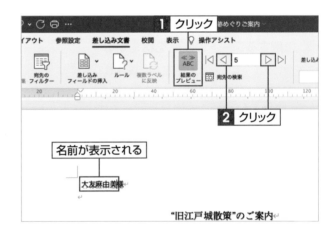

🔍 COLUMN 差し込み印刷を設定した文書を開くと…

差し込み印刷を設定した文書を保存して再度開くと、259ページの確認のメッセージが表示されます。また、差し込むデータにExcelファイルを使用している場合は、[ブックを開く] ダイアログボックスが表示されます。なお、[差し込み印刷の開始] をクリックして、[標準のWord文書] をクリックすると、差し込み印刷が解除され、通常のWord文書に戻ります。

④ 差し込んだデータを印刷する

① [文書の印刷] をクリックする

[差し込み文書] タブの [差し込み範囲] のボックスをクリックして、印刷するデータ範囲を指定します（ここでは [すべて]）①。[完了と差し込み] をクリックし②、[文書の印刷] をクリックします③。

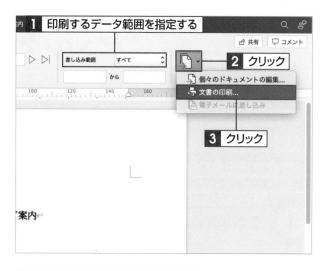

Hint 個々のドキュメントを編集する

[完了と差し込み] をクリックして [個々のドキュメントの編集] をクリックすると、差し込みデータにある件数分の文書が作成されます。文書を個別に編集する必要がある場合に利用しましょう。

② [プリント] をクリックする

[プリント] ダイアログボックスが表示されます。[すべて] がオンになっていることを確認して①、1ページあたりの印刷する部数を指定し②、[プリント] をクリックすると③、印刷が開始されます。

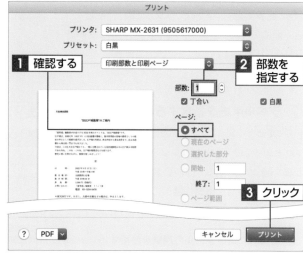

Hint 印刷する範囲を指定するには

[プリント] ダイアログボックスでは、印刷するページの範囲を指定できません。ページの範囲を指定して印刷する場合は、[差し込み範囲] のボックスから操作します（下のCOLUMN参照）。

🔍 COLUMN データの一部を指定して印刷する

差し込んだデータの一部を印刷したいときは、[差し込み文書] タブの [差し込み範囲] のボックスをクリックして、[ユーザー設定] をクリックし、印刷するページ範囲を指定します。なお、[現在のレコード] をクリックすると、現在表示されているページだけが印刷されます。

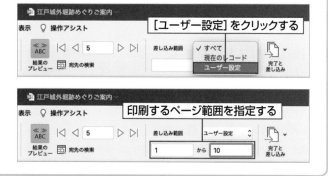

Section 17

ラベルを作成する

覚えておきたいキーワード

- ラベル
- フィールド名
- 差し込みフィールドの挿入

Wordのラベル作成機能を利用すると、はがきや封筒などに貼る宛名ラベルをかんたんに作成できます。市販の宛名ラベルには、いろいろなサイズの製品がありますが、Wordのラベル作成機能を利用すると、目的のラベルに合ったレイアウトでラベルを作成できます。

1 ラベルを指定する

1 差し込み印刷を開始する

[差し込み文書] タブをクリックして1、[差し込み印刷の開始] をクリックし2、[ラベル] をクリックします3。

2 ラベル用紙を指定する

[ラベルオプション] ダイアログボックスが表示されるので、使用するプリンターの種類を指定します1。使用するラベルの製品名を指定して2、製品番号を指定し3、[OK] をクリックします4。

📝 **Memo** オリジナルの用紙を使用する

一覧にない用紙を使用する場合は、[新しいラベル] をクリックして登録します。

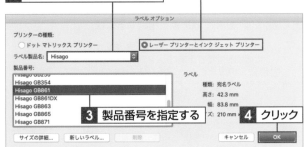

2 新しいデータリストを作成する

1 [新しいリストの入力] をクリックする

選択したラベル用紙のレイアウトで、ラベルのひな型が作成されます。[差し込み文書] タブの [宛先の選択] をクリックし1、[新しいリストの入力] をクリックします2。

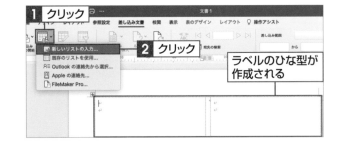

2 フィールドを設定する

［一覧のフィールドの編集］ダイアログボックス
が表示され、あらかじめ用意されているフィー
ルド名が表示されます。必要のないフィールド
名をクリックして■、－をクリックすると■、
フィール名が削除されます。

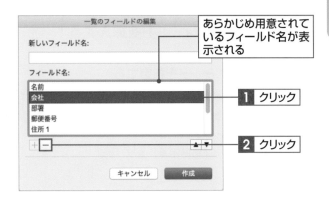

あらかじめ用意されて
いるフィールド名が表
示される

1 クリック

2 クリック

3 フィールド名の順番を入れ替える

順番を入れ替えるフィールド名をクリックし、
▲ や ▼ をクリックして順番を入れ換えます
■。設定が完了したら、［作成］をクリックし
ます■。

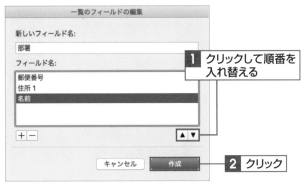

1 クリックして順番を
入れ替える

2 クリック

> **Stepup フィールド名を追加する**
>
> 一覧にないフィールド名を追加したい場合は、
> ［新しいフィールド名］にフィールド名を入力し、
> ＋をクリックします。

4 宛名住所を保存する

［保存］ダイアログボックスが表示されます。保
存場所を指定して■、ファイル名を入力し■、
［保存］をクリックします■。

1 指定する

2 入力する

3 クリック

5 必要な情報を入力する

［一覧のエントリの編集］ダイアログボックスが
表示されるので、必要な情報を入力します■。
複数のデータがある場合は、＋ をクリックし
て、次の宛先を入力します■。すべてのデータ
の入力が完了したら、［OK］をクリックします
■。

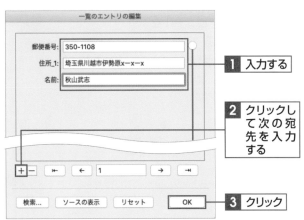

1 入力する

2 クリックし
て次の宛
先を入力
する

3 クリック

1 差し込むフィールドを指定する

フィールドを差し込む位置にカーソルを移動して1、[差し込み文書]タブの[差し込みフィールドの挿入]をクリックし2、フィールド名を指定します。ここでは「郵便番号」をクリックします3。

2 必要なフィールドを挿入する

カーソルの位置に郵便番号のフィールドが挿入されます。return を押して1、次の行にカーソルを移動し、残りの「住所1」と「名前」のフィールドを挿入します2。ここでは《名前》の後ろに「様」を入力します3。

> **! Hint　フォントと文字サイズの指定**
>
> フィールドにフォントと文字サイズを指定して、宛名レベルに反映させることもできます。

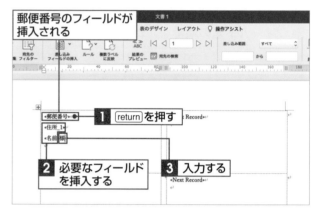

3 ラベルに差し込みフィールドが挿入される

[差し込み文書]タブの[複数ラベルに反映]をクリックすると1、すべてのラベルに差し込みフィールドが挿入されます。

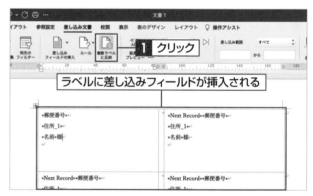

4 [結果のプレビュー]をクリックする

[差し込み文書]タブの[結果のプレビュー]をクリックすると1、フィールドに宛先のデータが表示されます。

> **📖 Memo　宛名ラベルを印刷する**
>
> 宛名ラベルを印刷するには、[差し込み文書]タブの[完了と差し込み]をクリックして、[文書の印刷]をクリックします（261ページ参照）。

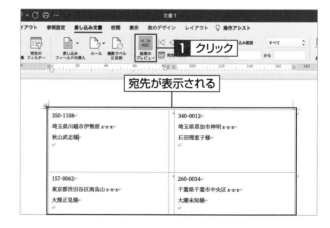

第 **5** 章

PowerPointの操作を
マスターしよう

Section 01	PowerPoint 2021 for Macの概要
Section 02	PowerPoint 2021の画面構成と表示モード
Section 03	スライドを作成する
Section 04	新しいスライドを追加する
Section 05	スライドにテキストを入力する
Section 06	テキストの書式を設定する
Section 07	箇条書きの記号を変更する
Section 08	インデントやタブを設定する
Section 09	スライドを複製・移動・削除する
Section 10	ヘッダーやフッターを挿入する
Section 11	スライドにロゴを入れる
Section 12	スライドのデザイン・配色を変更する
Section 13	図形を描く・編集する
Section 14	3Dモデルを挿入する
Section 15	SmartArtを利用して図を作成する

Section 16	表を作成する
Section 17	グラフを作成する
Section 18	グラフを編集する
Section 19	画像を挿入する
Section 20	画像やテキストの重なり順を変更する
Section 21	ムービーを挿入する
Section 22	オーディオを挿入する
Section 23	画面切り替えの効果を設定する
Section 24	文字にアニメーション効果を設定する
Section 25	オブジェクトにアニメーション効果を設定する
Section 26	発表者用にノートを入力する
Section 27	スライドを切り替えるタイミングを設定する
Section 28	スライドショーを実行する
Section 29	発表者ツールを使用する
Section 30	スライドを印刷する

Section
01
PowerPoint 2021 for Macの概要

覚えておきたいキーワード

リボン・タブ

閲覧表示モード

アニメーションGIF

PowerPoint 2021 for Mac（以下、PowerPoint 2021）では、リボンやタブが更新されました。また、閲覧表示モードが搭載され、スケッチスタイルや、画像、3Dモデル、ビデオなどのストック画像も利用できるようになりました。

1 リボンやタブが更新された

リボンやタブが更新されました。アイコンもすっきりと見やすくなりました。

2 閲覧表示モードの搭載

スライドショーをPowerPointのウィンドウ内で再生できる「閲覧表示」モードが搭載されました。[表示]タブの[閲覧表示]をクリックすると、ウィンドウ内でスライドショーが実行されます。[ESC]を押すと「標準表示」に戻ります。

3 スケッチスタイルの利用

［スケッチ］を利用して、図形の枠線を手書き
風にすることができます。［図形の書式設定］
タブの［図形の枠線］から［スケッチ］クリック
して、利用したいスケッチの種類を指定します。
直線など、［スケッチ］が利用できない図形の
場合は、［スケッチ］が利用不可になります。

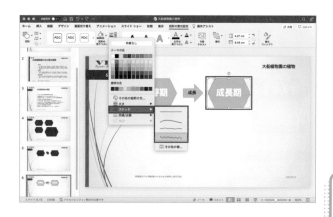

4 画像、3D モデル、ビデオなどのストック画像の利用

画像、3D モデル、ビデオなどのストック画像
が利用できます。マイクロソフトが提供するフ
リー素材なので自由に利用でき、クレジット表
示も不要です。それぞれ、［挿入］タブの［写
真］、［3D モデル］、［ビデオ］をクリックして、
挿入したい画像を指定します。

5 スライドショーからアニメーション GIF を作成する

プレゼンテーションをアニメーション GIF とし
て保存することができます。［ファイル］メニュー
から［エクスポート］をクリックし、［ファイル形
式］で［アニメーション GIF］を指定して保存し
ます。スライドショーをアニメーション GIF とし
て保存すると、PowerPoint がインストールされ
ていないパソコンのほか、スマートフォンやタ
ブレットなどでも再生が可能になります。ファ
イルサイズも小さいので、メールなどで送付し
て共有することもできます。

Section

02

PowerPoint 2021の
画面構成と表示モード

覚えておきたいキーワード

画面構成

表示モード

プレゼンテーションウィンドウ

PowerPoint 2021の画面は、Officeソフトに共通のメニューバーとリボンのほかに、プレゼンテーション、ナビゲーション、スライド、ノートウィンドウなどで構成されています。また、PowerPoint 2021には5つの表示モードが用意されています。

1 基本的な画面構成

PowerPoint 2021の基本的な作業は、下図の画面で行います。画面左側の「ナビゲーションウィンドウ」は、スライド表示とアウトライン表示に切り替えができます。下図はスライド表示した状態です。

1 メニューバー　　**2** クイックアクセスツールバー　　**3** タブ　　**4** タイトルバー　　**6** プレゼンテーションウィンドウ　　**5** リボン

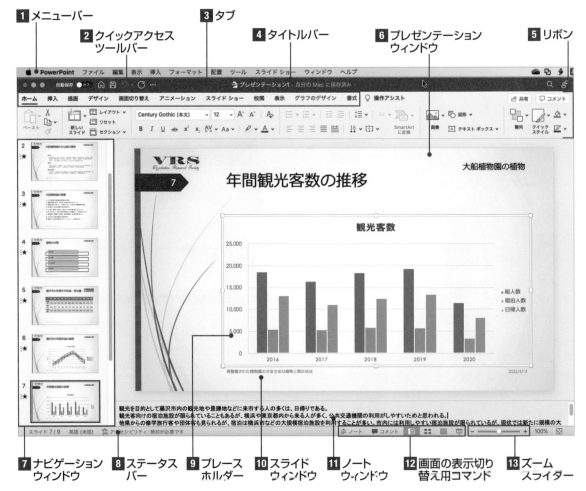

7 ナビゲーションウィンドウ　　**8** ステータスバー　　**9** プレースホルダー　　**10** スライドウィンドウ　　**11** ノートウィンドウ　　**12** 画面の表示切り替え用コマンド　　**13** ズームスライダー

1 メニューバー

PowerPointで使用できるすべてのコマンドが、メニューごとにまとめられています。

2 クイックアクセスツールバー

よく使用されるコマンドが表示されています。

3 タブ

初期状態では9つのタブが用意されています。名前の部分をクリックしてタブを切り替えます。

4 タイトルバー

作業中のプレゼンテーション名（ファイル名）が表示されます。

5 リボン

コマンドをタブごとに分類して表示します。

6 プレゼンテーションウィンドウ

作業中のプレゼンテーションが表示されます。この画面でスライドを編集します。

7 ナビゲーションウィンドウ

「スライド」と「アウトライン」の2つの表示モードが用意されています。スライド表示は、各スライドのサムネイルが一覧で表示されます。アウトライン表示は、スライドのタイトルとテキストがアウトライン表示されます。[表示]タブで表示モードを切り替えます。

8 ステータスバー

スライドの総数と現在のスライドの番号が表示されます。

9 プレースホルダー

テキストや画像などを配置するためのエリアです。プレースホルダーには、あらかじめ書式が設定されています。設定されている書式は、スライドのテーマやレイアウトによって異なります。

10 スライドウィンドウ

スライドが表示されます。スライドの設定を変更したり、テキストやオブジェクトの挿入や編集を行ったりします。

11 ノートウィンドウ

プレゼンテーションを実施するときに参照するメモを入力する領域です。ここに入力した情報は、プレゼンテーションの閲覧者には表示されません。

12 画面の表示切り替え用コマンド

画面の表示モードを切り替えます。

13 ズームスライダー

プレゼンテーションウィンドウの表示倍率を変更します。標準ではプレゼンテーションウィンドウのサイズに合わせた倍率に設定されています。

---

2 画面の表示モード

PowerPoint 2021には、スライドの作成時に表示する「標準表示」、スライドに入力した文字のみを表示する「アウトライン表示」、スライドを縮小表示する「スライド一覧表示」、ノートウィンドウに入力した情報を表示する「ノート表示」、ウィンドウ内でスライドショーが実行できる「閲覧表示」の計5つの表示モードが用意されています。表示モードは、画面右下の表示切り替え用コマンドか、[表示]タブもしくは[表示]メニューから切り替えができます。

● **アウトライン表示**

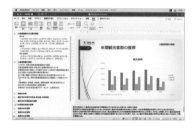

● **スライド一覧表示**

● **ノート表示**

● **閲覧表示**

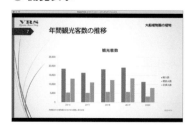

Section 03 スライドを作成する

覚えておきたいキーワード

- 新規作成
- テンプレート
- スライドのサイズ

PowerPointには、作成するスライドの内容に合わせて選択できるテーマが豊富に用意されています。テーマを利用すれば、見栄えのよいスライドをかんたんに作成できます。テーマはあとから設定するとレイアウトが崩れることがあるため、最初に設定するようにします。

1 白紙のスライドを新規に作成する

1 [新規作成]をクリックする

[ファイル]メニューをクリックして**1**、[新規作成]をクリックします**2**。

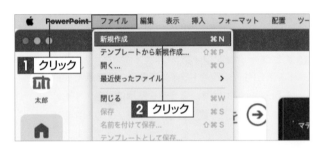

2 新しいスライドが作成される

白紙のスライドが新規に作成されます。

> **Memo** 新規スライドの作成
>
> PowerPointを起動した直後は、[新しいプレゼンテーション]をクリックすると、白紙のスライドが新規に作成されます。また、テーマを指定して作成することもできます。

2 テーマを指定して新規スライドを作成する

1 [テンプレートから新規作成]を
クリックする

[ファイル]メニューをクリックして**1**、[テンプレートから新規作成]をクリックします**2**。

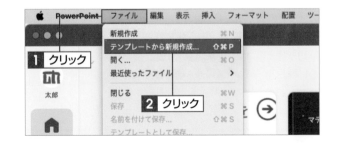

② テーマを指定する

テンプレートの一覧が表示されます。スライド
のテーマ（ここでは［ウィスプ］）をクリックし
て**1**、［作成］をクリックします**2**。

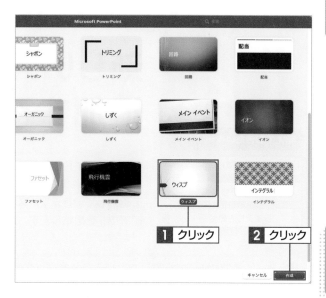

⚠ Hint　Onlineテンプレート

画面右上の検索ボックスに目的のテンプレート
に関連するキーワードを入力すると、インター
ネット上に用意されたOnlineテンプレートを利
用できます。

③ テーマを利用したスライドが
作成される

選択したテーマが設定されたスライドが作成さ
れます。

テーマが設定されたスライドが作成される

📝 Memo　スライドのテーマの変更

スライドを作成したあとでも、スライド全体の
テーマや特定のスライドのテーマを変更できま
す（288ページ参照）。

🔍 COLUMN　スライドのサイズを変更する

PowerPoint 2021の初期状態では、スラ
イドのサイズが「ワイド画面（16：9）」に
設定されます。スライドのサイズを変更した
い場合は、［デザイン］タブの［スライドのサ
イズ］をクリックして**1**、［標準（4：3）］をク
リックするか、メニューの下にある［ページ
設定］をクリックして、表示される［ページ
設定］ダイアログボックスで指定します**2**。
スライドのサイズは、プレゼンテーションに
使用するプロジェクターなどの表示サイズ
に合わせるとよいでしょう。

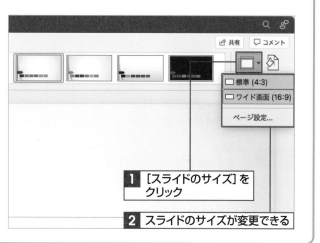

1 ［スライドのサイズ］を
クリック

2 スライドのサイズが変更できる

Section 04 新しいスライドを追加する

覚えておきたいキーワード

スライドの追加

レイアウト

レイアウトの変更

新しいスライドを作成した直後は、スライドの表紙に相当する1ページ目だけが作成されます。スライドの本体になる2ページ目以降は、必要に応じて追加していきます。スライドを追加する際は、スライドの目的に応じてレイアウトを指定します。レイアウトはあとから変更することもできます。

1 レイアウトを指定してスライドを追加する

1 追加する位置を指定する

スライドを追加したい位置の前にあるスライドをクリックします■。

Memo　スライドの追加位置

スライドは、現在選択されているスライドの次に追加されます。新規に作成した直後は表紙だけが作成されるので、表紙の次に追加されます。

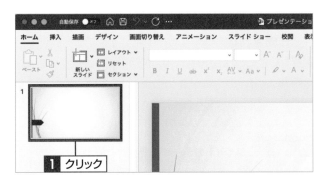

2 レイアウトを指定する

［ホーム］（もしくは［挿入］）タブをクリックして■、［新しいスライド］の🔽をクリックし■、追加するスライドのレイアウト（ここでは［タイトルとコンテンツ］）をクリックします■。

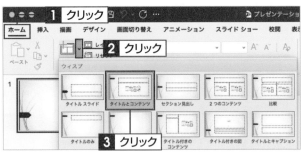

3 スライドが追加される

指定したレイアウトのスライドが、■でクリックしたスライドの次に追加されます。

Hint　スライドの追加とレイアウト

レイアウトを指定してスライドを追加すると、その情報が保持されます。この状態で［新しいスライド］をクリックすると、同じレイアウトのスライドが追加されます。

指定したレイアウトのスライドが追加される

2 スライドのレイアウトを変更する

1 スライドをクリックする

レイアウトを変更したいスライドをクリックします**1**。

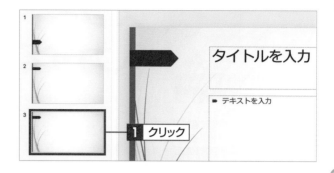

1 クリック

2 レイアウトを指定する

[ホーム] タブの [レイアウト] をクリックして**1**、変更したいレイアウト（ここでは [2つのコンテンツ]）をクリックします**2**。

1 クリック

2 クリック

3 レイアウトが変更される

スライドのレイアウトが変更されます。

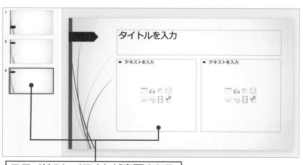

スライドのレイアウトが変更される

🔍 COLUMN スライドのレイアウトの種類

使用できるスライドのレイアウトには、右のような種類があります。「コンテンツ」とあるものは、そのエリアに文字だけではなく表やグラフ、画像などを挿入できるものです。「タイトルのみ」「白紙」のレイアウトを選択すると、文字や画像などを自由に配置できます。作りたいスライドの内容に合わせて選択しましょう。

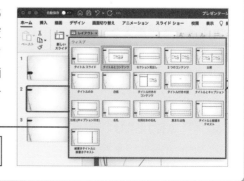

用途に応じたさまざまなレイアウトが用意されている

Section 05 スライドにテキストを入力する

覚えておきたいキーワード

| プレースホルダー |
| コンテンツプレースホルダー |
| 箇条書き |

スライドによっては、テキストなどを入力するためのプレースホルダーと呼ばれる枠があらかじめ用意されています。ここでは、プレースホルダー内に通常のテキストを入力する方法と、プレゼンテーションによく利用される箇条書きを入力する方法を紹介します。

1 プレースホルダーにテキストを入力する

1 プレースホルダーをクリックする

プレースホルダーの内側をクリックして、カーソルを置きます**1**。

> 🔑 **Keyword** **プレースホルダー**
>
> スライド上にある枠で囲まれた領域のことを「プレースホルダー」といいます。内部に画像やグラフなどのアイコンが表示されたプレースホルダーを「コンテンツプレースホルダー」といいます。

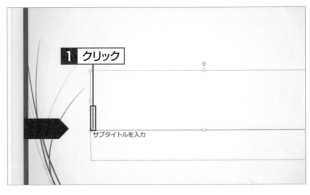

2 テキストを入力する

プレースホルダーを選択した状態で、テキストを入力します**1**。

3 テキストを確定する

プレースホルダーの外側をクリックすると、テキストが確定されます**1**。同様に、もう1つのプレースホルダーにもテキストを入力します**2**。

> ⊘ **Hint** **改行するには**
>
> プレースホルダー内にテキストを入力して、return を押すと改行されます。

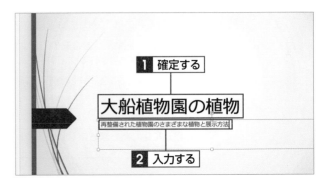

2 箇条書きを入力する

1 箇条書きの記号を指定する

箇条書きを入力するプレースホルダー内をクリックします**1**。[ホーム]タブをクリックして**2**、[箇条書き]の▼をクリックし**3**、箇条書きに使用したい記号をクリックします**4**。

📝 **Memo** 箇条書きの記号

あらかじめ箇条書きの書式が設定されているプレースホルダーもありますが、手順 **1** の方法で変更できます。

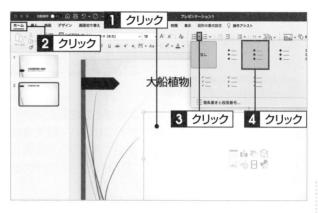

2 箇条書きの記号が表示される

指定した箇条書きの記号が表示されます。

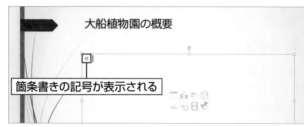

3 箇条書き項目を入力する

箇条書きの記号の後ろにテキストを入力して**1**、[return]を押します**2**。次の行の先頭に箇条書きの記号が表示されるので、同様の方法で必要な箇条書きの項目を入力します**3**。入力が完了したら、プレースホルダーの外側をクリックして、箇条書きの入力を終了します。

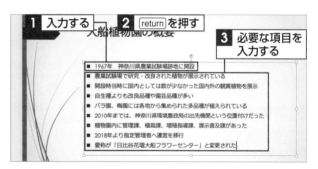

🔍 **COLUMN** 箇条書きを解除する

箇条書きにした段落の一部を解除したいときは、箇条書きを解除する行を選択して**1**、[箇条書き]の▼をクリックし**2**、[なし]をクリックします**3**。
また、[shift]を押しながら[return]を押すと、次の行の箇条書きが解除されます。

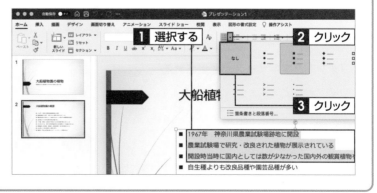

Section

06

テキストの書式を設定する

覚えておきたいキーワード

| フォント |
| フォントサイズ |
| フォントの色 |

テーマを設定したスライドの場合、プレースホルダーに入力したテキストは、テーマによって設定された書式で表示されます。この書式は必要に応じて変更できます。テキストのサイズやフォント、色を変更して、見栄えのよいプレゼンテーションにしましょう。

1 フォントと文字サイズを変更する

1 フォントを指定する

フォントを変更したいテキストを選択します **1**。[ホーム] タブの [フォント] の ☑ をクリックし、使用したいフォント（ここでは [ヒラギノ角ゴStd]）をクリックします **2**。

📝 **Memo** **フォントの種類**

表示されるフォントの種類は、お使いのMacの環境によって異なる場合があります。

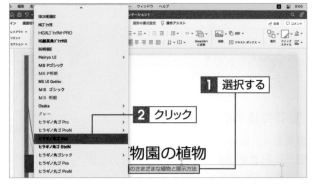

2 文字サイズを指定する

文字サイズを変更したいテキストを選択します **1**。[ホーム] タブの [フォントサイズ] の ☑ をクリックし **2**、使用したい文字サイズ（ここでは [24]）をクリックします **3**。

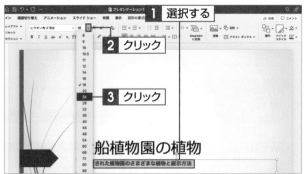

3 フォントと文字サイズが変更される

テキストのフォントと文字サイズが変更されます。

⚠️ **Hint** **文字サイズを直接指定する**

[フォントサイズ] ボックスに直接数値を入力すると、一覧にはない文字サイズを指定できます。

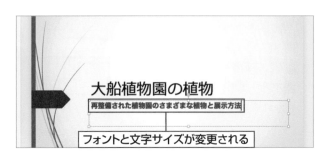

② 文字色を変更する

❶ 色を指定する

文字色を変更したいテキストを選択して❶、[ホーム] タブの [フォントの色] の⌄をクリックし❷、使用したい色（ここでは [濃い赤]）をクリックします❸。

> **! Hint** 一覧にない色を使うには
>
> フォントの色の一覧に使用したい色が見つからない場合は、手順❸で [その他の色] をクリックし、[カラー] ダイアログボックスで色を指定します（59ページ参照）。

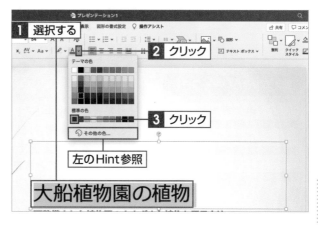

❷ テキストの色が変更される

選択したテキストの色が、指定した色に変更されます。

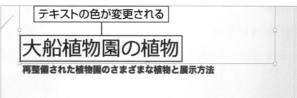

③ 文字に効果を付ける

❶ 文字の効果を指定する

効果を付けたい文字を選択して❶、[図形の書式設定] タブをクリックします❷。[文字の効果] をクリックし❸、使用したい文字効果（ここでは [光彩]）にマウスポインターを合わせて❹、効果の種類（ここでは [光彩、18ptオリーブ、アクセントカラー 5]）をクリックします❺。

> **! Hint** 文字スタイルの設定
>
> テキストに影を付けたり傾けたりする場合は、[文字の効果] をクリックして、[影] や [変形] などを指定します。

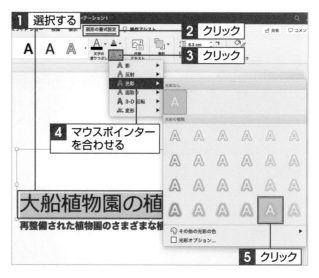

❷ 文字の効果が設定される

選択したテキストに、文字の効果が設定されます。

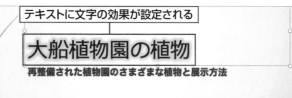

箇条書きの記号を
変更する

覚えておきたいキーワード

箇条書き

行頭文字

段落番号

箇条書きを作成すると、行の先頭には記号が付きます。この記号を行頭文字といい、箇条書きにしたテキストを見やすくする効果があります。行頭文字は別の記号に変更できます。また、①、②、③やa、b、cなどの段落番号に変更することもできます。

1 行頭文字を変更する

1 段落を選択する

行頭文字を変更する段落を選択します**1**。

2 行頭文字を指定する

[ホーム] タブをクリックして**1**、[箇条書き]の ▼ をクリックし**2**、使用したい行頭文字をクリックします**3**。

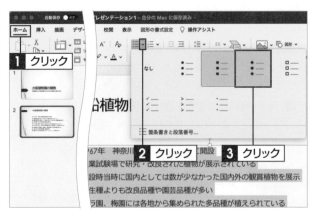

3 行頭文字が変更される

選択した段落の行頭文字が変更されます。

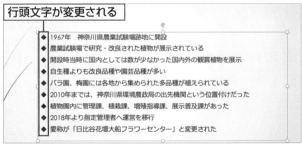

行頭文字が変更される

② 行頭に段落番号を設定する

❶ 段落を選択する

段落番号を設定する段落を選択します❶。

1 選択する

- ◆ 1967年　神奈川県農業試験場跡地に開設
- ◆ 農業試験場で研究・改良された植物が展示されている
- ◆ 開設時当時に国内としては数が少なかった国内外の観賞植物を展示
- ◆ 自生種よりも改良品種や園芸品種が多い
- ◆ バラ園、梅園には各地から集められた多品種が植えられている
- ◆ 2010年までは、神奈川県環境農政局の出先機関という位置付けだった
- ◆ 植物園内に管理課、植栽課、増殖指導課、展示普及課があった
- ◆ 2018年より指定管理者へ運営を移行
- ◆ 愛称が「日比谷花壇大船フラワーセンター」と変更された

❷ 段落番号を指定する

［ホーム］タブの［段落番号］の▾をクリックし
❶、使用したい段落番号をクリックします❷。

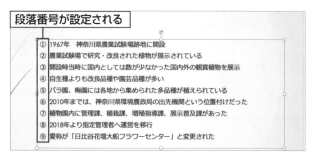

❸ 段落番号が設定される

選択した段落に段落番号が設定されます。

段落番号が設定される

- ① 1967年　神奈川県農業試験場跡地に開設
- ② 農業試験場で研究・改良された植物が展示されている
- ③ 開設時当時に国内としては数が少なかった国内外の観賞植物を展示
- ④ 自生種よりも改良品種や園芸品種が多い
- ⑤ バラ園、梅園には各地から集められた多品種が植えられている
- ⑥ 2010年までは、神奈川県環境農政局の出先機関という位置付けだった
- ⑦ 植物園内に管理課、植栽課、増殖指導課、展示普及課があった
- ⑧ 2018年より指定管理者へ運営を移行
- ⑨ 愛称が「日比谷花壇大船フラワーセンター」と変更された

🔍 COLUMN　行頭文字や段落番号の色やサイズを変更する

箇条書きや段落番号のメニューの下にある［箇条書きと段落番号］をクリックすると、［箇条書きと段落番号］ダイアログボックスが表示されます。このダイアログボックスの各タブで、色やサイズを変更できます。サイズは比率（パーセント）で設定します。

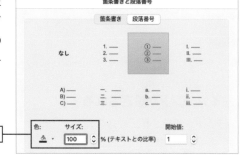

色やサイズを変更できる

Section 08 インデントやタブを設定する

覚えておきたいキーワード

- ルーラー
- インデント
- タブ

プレースホルダーに入力したテキストの文字位置は、通常は左端に揃いますが、インデントを設定することで、文字位置を移動させることができます。また、tab を押したときに入力されるスペースの大きさ（幅）を任意に指定することもできます。

1 ルーラーを表示する

1 [ルーラー]をオンにする

[表示]タブをクリックして **1**、[ルーラー]をクリックしてオンにします **2**。

> 🔑 **Keyword** ルーラー
>
> ウィンドウ上部や左側に表示される定規のような目盛です。段落ごとのインデントや字下げ、タブの位置を調整する場合に使用します。

2 インデントを設定する

1 左インデントマーカーをドラッグする

インデントを設定する段落を選択して **1**、ルーラーにある左インデントマーカー □ を目的の位置までドラッグします **2**。

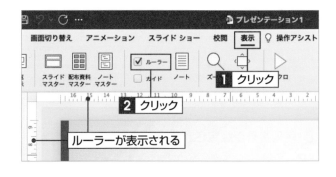

2 左インデントが設定される

左インデントが設定され、段落の左端が下がります。

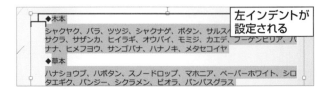

③ ぶら下げインデントマーカーを ドラッグする

段落が選択された状態で、ルーラーにあるぶら下げインデントマーカー △ を目的の位置までドラッグします **1**。

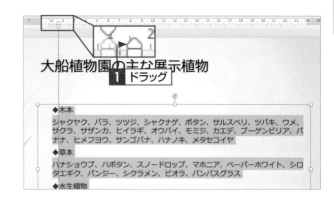

Memo インデントの設定

インデントの設定は、使用しているスタイルや段落の種類によって異なることがあります。

④ ぶら下げインデントが設定される

ぶら下げインデントが設定されます。

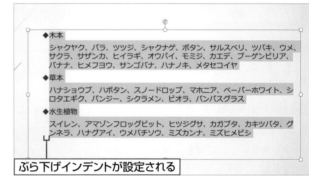

ぶら下げインデントが設定される

Keyword インデント

行頭の文字下げを指定するものです。左インデント、1行目のインデント、ぶら下げインデントなどがあります（189ページ参照）。よく利用されるのは、左インデントと1行目のインデントです。

---

③ タブを設定する

① タブ位置を指定する

タブを設定する段落を選択し **1**、タブで先頭を揃えたい位置をルーラー上でクリックして指定します **2**。

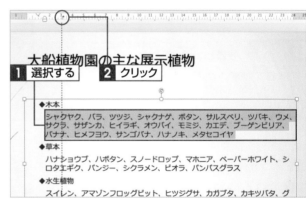

1 選択する　2 クリック

Keyword タブ

数文字分のスペースを空けるための機能です。space を押して文字列を揃えるより、きれいに揃えることができます。

② タブを挿入する

段落の先頭をクリックして **1**、tab を押すと **2**、指定した大きさのタブが挿入されます。

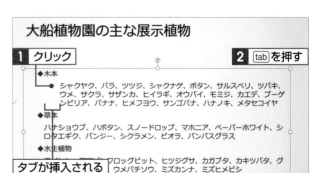

1 クリック　2 tab を押す

タブが挿入される

Memo 各行の先頭にタブを入れる

手順 **2** のあと、2行目以降も同様にタブを挿入して先頭を揃えます。

Section
09

スライドを複製・移動・削除する

覚えておきたいキーワード

| 複製 |
| 移動 |
| 削除 |

同じような内容のスライドを複数作成する場合は、そのたびに新しいスライドを追加するのではなく、すでに作成したスライドを複製して修正するほうが効率的です。また、作成したスライドを移動して順番を入れ替えたり、不要なスライドを削除したりすることもできます。

1 スライドを複製する

1 [複製]をクリックする

複製するスライドをクリックします**1**。[ホーム]タブをクリックして**2**、[コピー]の▾をクリックし**3**、[複製]をクリックします**4**。

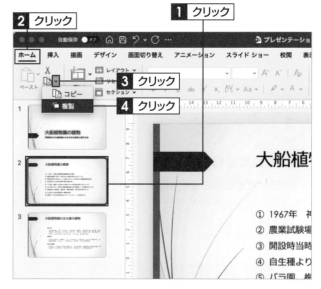

> **！ Hint** 複製とコピーの違い
>
> 手順**4**で[複製]をクリックすると、すぐに新しいスライドが作成されます。[コピー]をクリックした場合は、[貼り付け]をクリックするまではスライドは作成されません。

2 スライドが複製される

選択したスライドの下に、複製されたスライドが追加されます。

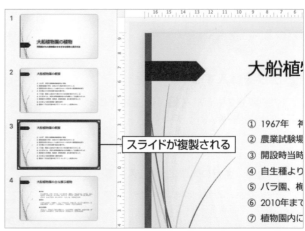

> **！ Hint** 複数のスライドの複製
>
> 連続した複数のスライドを一度に複製したい場合は、shiftを押しながら複数のスライドを選択して、複製を行います。離れた場所のスライドを同時に選択する場合は、⌘を押しながらクリックします。

282

2 スライドを移動する

1 スライドをドラッグする

移動したいスライドを目的の位置までドラッグ
します**1**。

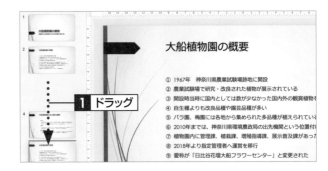

2 スライドが移動する

スライドが移動し、スライドの順序が入れ替わ
ります。

📝 Memo そのほかの方法

[ホーム]タブの[カット]と[ペースト]を利用
しても、スライドを移動できます。

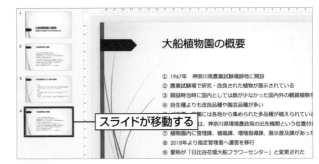

3 スライドを削除する

1 [スライドの削除]を
クリックする

削除したいスライドをクリックして**1**、[編集]
メニュークリックし**2**、[スライドの削除]をク
リックします**3**。

📝 Memo そのほかの方法

スライドをクリックして、delete を押しても、削
除できます。

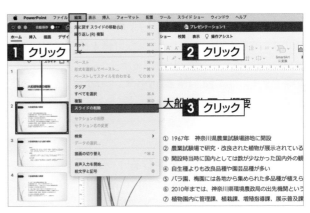

2 スライドが削除される

選択したスライドが削除されます。

❗ Hint 複数のスライドの移動や削除

複数のスライドを一度に移動または削除する場
合は、複数のスライドを選択した状態で操作す
ると効率的です。

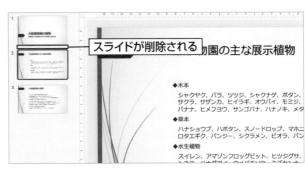

Section

10

ヘッダーやフッターを挿入する

覚えておきたいキーワード

ヘッダー

フッター

スライドマスター

ヘッダー・フッターとは、スライドや配布資料などの上下に表示される資料名や日付、ページ番号などの情報のことです。上部に表示する情報をヘッダー、下部に表示する情報をフッターといいます。ヘッダーはスライドマスターに挿入します。

1 ヘッダーを挿入する

1 [スライドマスター] をクリックする

[表示] タブをクリックして 1、[スライドマスター] をクリックします 2。

2 テキストボックスを挿入する

スライドマスター表示に切り替わります。一番上のスライドマスターをクリックして、[挿入] タブをクリックします 1。[テキストボックス] の ▼ をクリックして 2、[横書きテキストボックスの描画] をクリックします 3。

3 文字を入力してスライドマスターを閉じる

ヘッダーを表示させたい部分にテキストボックスを作成して 1、表示させたい文字を入力し 2、必要に応じて書式を設定します。入力が完了したら、[スライドマスター] タブの [マスターを閉じる] をクリックします 3。

📄 Memo ヘッダーの挿入

本来、PowerPointのスライドにはヘッダーを表示させる機能はありません。ここで解説しているように、テキストボックスを使用してヘッダーを疑似的に作成できます。

2 フッターを挿入する

1 [ヘッダーとフッター]をクリックする

[挿入]タブをクリックして**1**、[ヘッダーとフッター]をクリックします**2**。

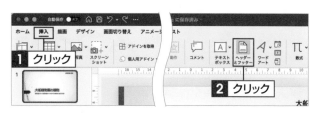

2 日付と時刻を設定する

[ヘッダーとフッター]ダイアログボックスが表示されます。[日付と時刻]をクリックしてオンにし**1**、[自動更新]か[固定]のどちらかをクリックしてオンにします**2**。[固定]をオンにした場合は、表示する日付を入力します**3**。

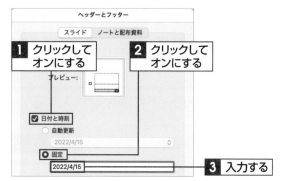

3 スライド番号とフッターを設定する

[スライド番号]をクリックしてオンにし**1**、[開始番号]を設定します**2**。[フッター]をクリックしてオンにし**3**、表示する文字列を入力します**4**。[タイトルスライドに表示しない]をクリックしてオンにし**5**、[すべてに適用]をクリックします**6**。

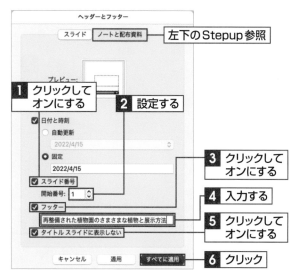

> **Memo** スライドの開始番号
>
> タイトル（表紙）のスライドにページ番号を表示させたくない場合は、[タイトルスライドに表示しない]をオンにします。

4 ヘッダーとフッターが表示される

スライドにヘッダーとフッターが表示されます。

> **Stepup** ノートと配布資料に挿入する
>
> ノート（326ページ参照）や配布資料にヘッダーやフッターを表示させる場合は、[ヘッダーとフッター]ダイアログボックスの[ノートと配布資料]をクリックし、同様に設定します。ノートや配布資料の場合は、テキストボックスを使わずにヘッダーを挿入できます。

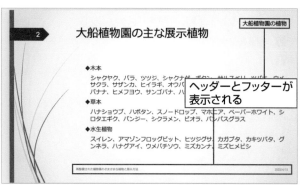

Section
11
スライドにロゴを入れる

覚えておきたいキーワード

| スライドマスター |
| 図をファイルから挿入 |
| マスターを閉じる |

スライドに企業のロゴなどを表示させる場合は、スライドマスターにロゴ画像を挿入します。挿入できる画像はMacでよく使われているTIFF形式やPNG形式のほかに、デジタルカメラ画像などでよく使われているJPEG形式や、Windowsで使われるBMP形式などがあります。

1 すべてのスライドに画像を挿入する

1 [スライドマスター]をクリックする

[表示] タブをクリックして**1**、[スライドマスター] をクリックします**2**。

2 [図をファイルから挿入]をクリックする

スライドマスター表示に切り替わります。一番上のスライドマスターをクリックして**1**、[挿入]タブをクリックします**2**。[写真]をクリックして**3**、[図をファイルから挿入]をクリックします**4**。

 Stepup スライドマスターの利用

スライドマスターを利用すると、スライドに共通するタイトルや本文のプレースホルダー、背景、配色、フッターなどの書式を変更できます。

286

③ 画像ファイルを指定する

画像の保存場所を指定して**1**、挿入する画像をクリックし**2**、[挿入]をクリックします**3**。

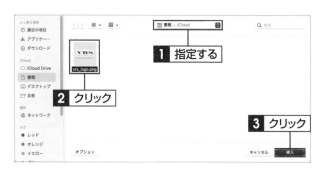

④ 画像が挿入される

スライドマスターに画像が挿入されます。画像の周囲には、サイズを拡大・縮小するハンドルが表示されます。

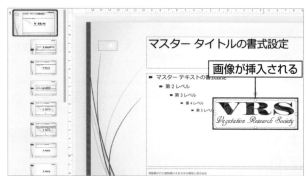

⑤ サイズと位置を調整する

画像のサイズと位置をドラッグして調整し**1**、[スライドマスター]タブをクリックして**2**、[マスターを閉じる]をクリックします**3**。

> **! Hint　画像サイズの調整**
>
> 挿入した画像の縦横比を変えずに拡大・縮小するには、画像の四隅にあるハンドルをドラッグします。

⑥ スライドにロゴが表示される

すべてのスライドに、ロゴが挿入されます。

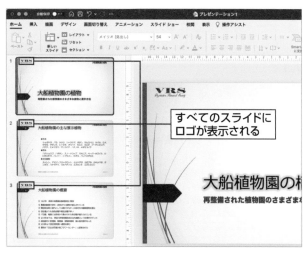

> **📝 Memo　画像の形式とサイズ**
>
> ファイルサイズが大きい画像を使用するとPowerPointのファイルサイズが大きくなり、扱いづらくなる場合があります。あらかじめ画像のサイズを小さくしておくか、ファイルサイズの小さなJPEG形式の画像を使いましょう。

Section

12

スライドのデザイン・配色を変更する

覚えておきたいキーワード

| テーマの変更 |
| バリエーション |
| テーマのカスタマイズ |

スライドを作成している途中で、最初に設定したテーマがイメージに合わなくなることもあります。このような場合は、スライドのテーマを変更できます。テーマのバリエーションや色、フォント、背景スタイルなどを個別にカスタマイズすることもできます。

1 すべてのスライドのテーマを変更する

1 テーマを指定する

[デザイン] タブをクリックして **1**、[テーマ] にマウスポインターを合わせると表示される ▼ をクリックし **2**、使用したいテーマ（ここでは [ファセット]）をクリックします **3**。

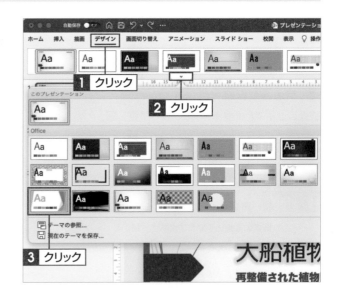

2 テーマが変更される

すべてのスライドが、指定したテーマに変更されます。

すべてのスライドのテーマが変更される

Memo　レイアウトが変わる

テーマを変更すると、見た目だけでなくプレースホルダーの位置や大きさ、フォントや文字サイズも変更される場合があります。テーマによってはスライド全体を手直しする必要があるので、プレゼンテーションの作成を進めてからテーマを変更する場合は注意が必要です。

2 特定のスライドのテーマを変更する

1 テーマを指定する

テーマを変更したいスライドをクリックします。
[デザイン] タブの [テーマ] にマウスポインター
を合わせると表示される ▼ クリックし**1**、
使用したいテーマ（ここでは [トリミング]）を
control を押しながらクリックして**2**、[選択した
スライドに適用] をクリックします**3**。

2 テーマが変更される

選択したスライドのテーマが変更されます。

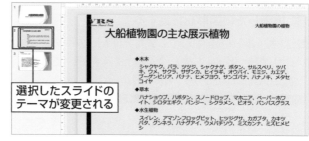

選択したスライドの
テーマが変更される

3 テーマをカスタマイズする

1 色を指定する

[デザイン] タブの [バリエーション] にマウスポ
インターを合わせると表示される ▼ をク
リックして**1**、[色] にマウスポインターを合わ
せ**2**、使用したい配色（ここでは [青緑]）を
クリックします**3**。

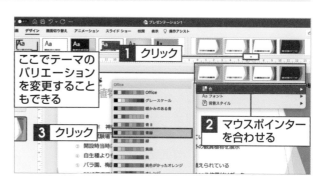

ここでテーマの
バリエーション
を変更すること
もできる

2 テーマの配色が変更される

テーマの配色が変更されます。

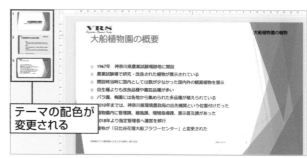

テーマの配色が
変更される

📝 Memo　テーマのバリエーション

バリエーションは、PowerPoint 2016から搭
載された機能です。右上図でバリエーションを
クリックすると、テーマのバリエーションが変
更されます。

Section 13 図形を描く・編集する

覚えておきたいキーワード

- 図形
- 図形の移動／回転
- 図形のスタイル

プレゼンテーションでは図形を多用します。PowerPointでは、四角形や円などの基本図形のほか、矢印や吹き出しなどの図形をかんたんに描くことができます。描いた図形のサイズや方向、色などは自由に変更できるので、図形を組み合わせて、表現力豊かなスライドを作成できます。

1 図形を描く

1 描画したい図形を指定する

図形を描くスライドをクリックします。[挿入] タブをクリックして**1**、[図形] をクリックし**2**、描画する形（ここでは [六角形]）をクリックします**3**。

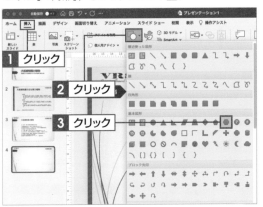

2 始点を指定する

マウスポインターの形が＋に変わるので、始点となる位置にマウスポインターを合わせます**1**。

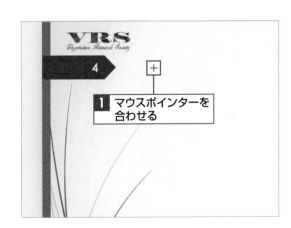

3 対角線上にドラッグする

目的の大きさになるまで、対角線上にドラッグします**1**。

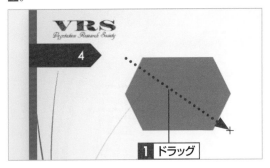

4 図形が描かれる

ドラッグした大きさの図形が描かれます。

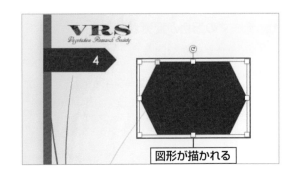

② 図形を移動する

1 図形をクリックする

移動する図形をクリックします **1**。

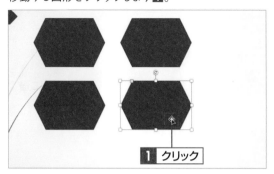

2 図形をドラッグする

移動先までドラッグすると **1**、図形が移動されます。

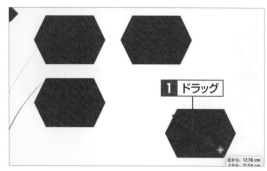

③ 図形を拡大・縮小する

1 ハンドルにポインターを合わせる

図形をクリックして、四隅にあるハンドルにポインターを合わせます **1**。

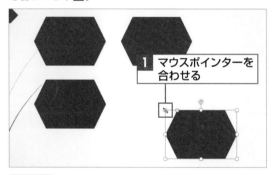

2 ハンドルをドラッグする

目的の大きさになるまでドラッグすると **1**、図形のサイズが拡大（あるいは縮小）されます。

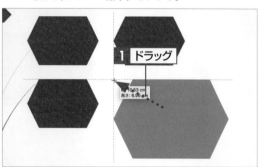

④ 図形を回転する

1 回転ハンドルにポインターを合わせる

回転させる図形をクリックして、回転ハンドルにポインターを合わせます **1**。

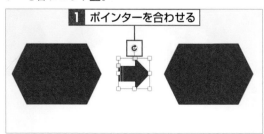

2 回転ハンドルをドラッグする

回転ハンドルを左右にドラッグすると **1**、図形が回転されます。

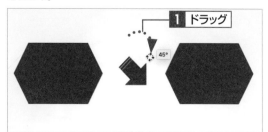

5 図形の中に文字を入力する

1 図形をクリックする

文字を入力する図形をクリックします**1**。

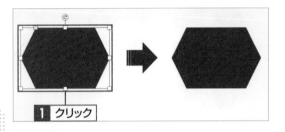

2 文字を入力する

そのまま文字を入力すると**1**、図形の中に文字が入力されます。

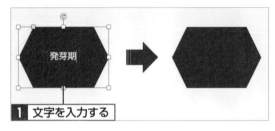

6 図形内の文字書式を変更する

1 文字を選択する

フォントを変更する文字をドラッグして選択します**1**。

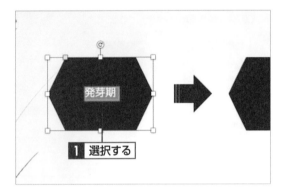

2 フォントを指定する

[ホーム] タブの [フォント] の☑をクリックして、フォントをクリックします**1**。

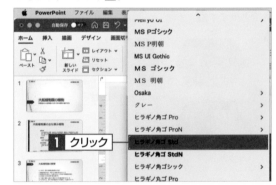

3 文字サイズを指定する

文字を選択して、[ホーム] タブの [フォントサイズ] の☑をクリックし**1**、文字サイズをクリックします**2**。

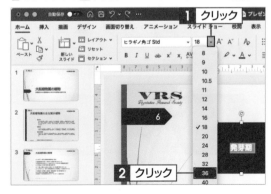

4 フォントと文字サイズが変更される

フォントと文字サイズが変更されます。ここでは、「ヒラギノ角ゴStd」の「36pt」に設定しています。

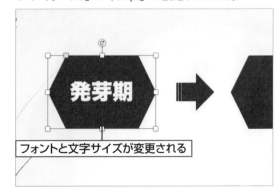

7 図形の枠線や色を変更する

1 枠線の色を指定する

図形をクリックして、[図形の書式設定] タブをクリックします**1**。[図形の枠線] の🔽 をクリックし**2**、枠線の色（ここでは [緑]）をクリックします**3**。

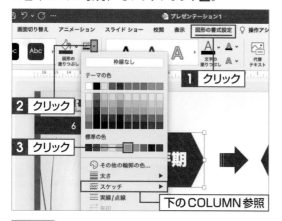

2 塗りつぶしの色を指定する

[図形の塗りつぶし] の🔽 をクリックして**1**、使用する色（ここでは [薄い緑]）をクリックします**2**。ほかの図形も同様に、枠線と塗りつぶしの色を設定します。

8 図形にスタイルを設定する

1 図形のスタイルを指定する

図形をクリックして、[図形の書式設定] タブをクリックします**1**。[図形のスタイル] の🔽 をクリックし**2**、スタイルをクリックします**3**。

2 スタイルが設定される

選択した図形にスタイルが設定されます。

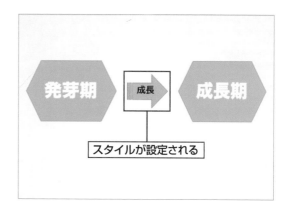

スタイルが設定される

🔍 COLUMN スケッチを利用する

PowerPoint 2021では、[スケッチ] を利用して、図形の枠線を手書き風にすることができます。[図形の書式設定] タブの [図形の枠線] から [スケッチ] をクリックして、利用したいスケッチの種類を指定します。

Section

14

3Dモデルを挿入する

覚えておきたいキーワード

3Dモデル

オンライン3Dモデル

3Dコントロール

PowerPointを使用して商品などのプレゼンテーションを行う際、より分かりやすくするために有効なのが3Dモデルです。スライドに挿入した3Dモデルは、自由に回転させたり傾けたりして、あらゆる角度から見ることができるので、イメージをつかみやすくなります。

1 オンライン3Dモデルを挿入する

1 [3Dモデルのストック]を クリックする

3Dモデルを挿入するスライドをクリックします。[挿入] タブをクリックして**1**、[3Dモデル] の ☑ をクリックし**2**、[3Dモデルのストック] をクリックします**3**。

2 カテゴリを指定する

[オンライン3Dモデル] ウィンドウが表示されます。キーワードを入力して検索するか、カテゴリ（ここでは[花と植物]）をクリックします**1**。

📝 **Memo** **プレースホルダーの利用**

コンテンツ用のプレースホルダーがあるスライドを選択し、[ストック3Dモデルから3Dモデルを挿入]をクリックしても挿入できます。

3 3Dモデルをクリックする

クリックしたカテゴリ内の3Dモデルが表示されます。挿入する3Dモデルをクリックして**1**、[挿入] をクリックします**2**。

📝 **Memo** **3Dモデルが搭載されていない**

3Dモデルは、macOSバージョン10.11以前、およびバージョン10.13.0から10.13.3までは搭載されていません。

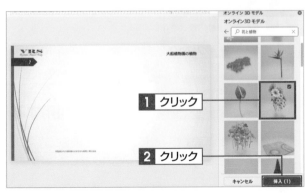

4 3Dモデルが挿入される

[挿入中] ダイアログボックスが表示され、少し
待つと、3Dモデルが挿入されます。

Memo オンライン3Dモデル

オンライン3Dモデルには、動物や教育向けの
アニメーション付きのモデルのほか、さまざま
なモデルが豊富に用意されています。

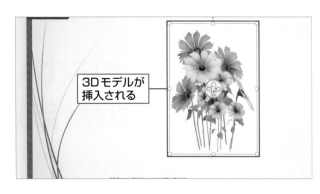

3Dモデルが
挿入される

5 サイズと位置を調整する

サイズ変更ハンドルをドラッグして1、3Dモ
デルのサイズを調整し、ドラッグして位置を調
整します。

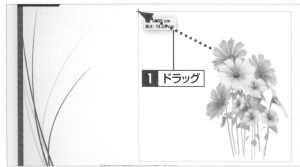

1 ドラッグ

6 3Dコントロールをドラッグする

3Dコントロールをドラッグすると1、自由に
回転したり傾けたりすることができます。

Memo 3Dモデルビューを利用する

3Dモデルをクリックすると表示される [3Dモ
デル] タブの [3Dモデルビュー] を利用しても、
傾きを変えることができます。

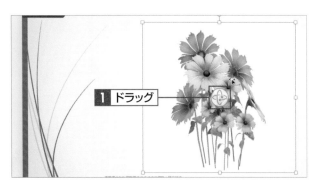

1 ドラッグ

🔍 COLUMN パンとズームを利用する

[3Dモデル] タブの [パンとズーム] をクリックす
ると、3Dモデルをフレーム内でドラッグして移動
したり、フレームの右側に表示されるズームアイコ
ンを上下にドラッグして、拡大／縮小したりするこ
とができます。

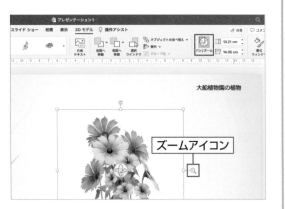

ズームアイコン

Section

15

SmartArtを利用して 図を作成する

覚えておきたいキーワード

SmartArtグラフィック

テキストウィンドウ

図形の追加

SmartArtグラフィックは、アイディアや情報を視覚的な図として表現するもので、プレゼンテーションには欠かせない機能です。用意されたレイアウトから目的に合うものを作成し、必要な情報を加えるだけで、グラフィカルな図をかんたんに作成できます。

1 SmartArtグラフィックを挿入する

1 [SmartArtグラフィックの 挿入]をクリックする

コンテンツ用のプレースホルダーがあるスライドを選択し、プレースホルダー内の[SmartArtグラフィックの挿入]をクリックします**1**。

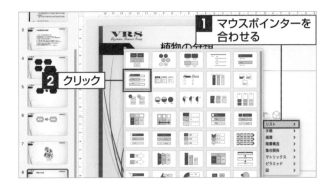

2 SmartArtを指定する

SmartArtのメニューが表示されるので、レイアウトの種類(ここでは[リスト])にマウスポインターを合わせ**1**、作成したい図(ここでは[縦方向リスト])をクリックします**2**。

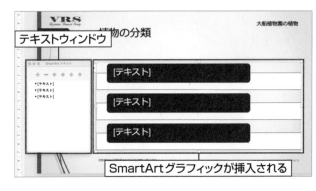

3 SmartArtが挿入される

指定したレイアウトのSmartArtグラフィックが挿入されます。同時に[テキストウィンドウ]が表示されます。

> **Memo** テキストウィンドウの表示
>
> [テキストウィンドウ]が表示されないときは、SmartArtグラフィックの左上にある◀をクリックします。

2 文字を入力する

1 文字を入力する

[テキストウィンドウ]の入力欄をクリックして
文字を入力すると**1**、対応する図形に文字が
表示されます。

> **! Hint** 図形に直接入力する
>
> SmartArtグラフィックの図形をクリックして、
> 直接文字を入力することもできます。図形内で
> 改行することもできます。

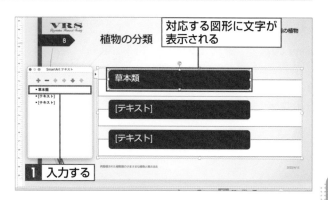

2 続けて文字を入力する

同様の手順で、必要な文字を入力します**1**。

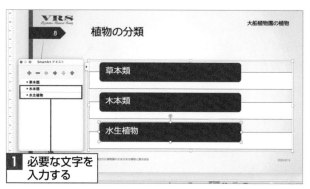

3 図形を追加する

最後の文字を入力して return を押すと**1**、同じ
レベルの図形とテキストの入力欄が追加され
ます。

> **Stepup** 図形の追加や削除
>
> 図形の追加や削除、移動、レベルの変更などは、
> [テキストウィンドウ]の上部にある各ボタンを
> 利用しても実行できます。

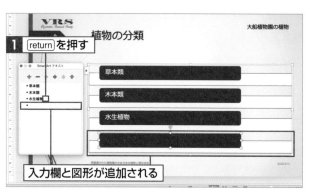

4 文字を入力して完成させる

図形が増えると、サイズは自動調整されます。
必要な文字を入力したら**1**、😢 をクリックし
て**2**、テキストウィンドウを閉じます。

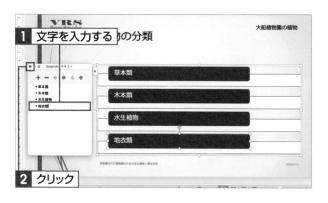

3 サイズと配置を変更する

1 サイズを変更する

SmartArtグラフィックをクリックして**1**、周囲に表示されるサイズ変更ハンドルにマウスポインターを合わせ、ポインターの形が🔄に変わった状態でドラッグします**2**。

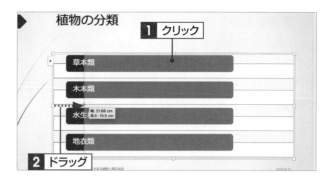

2 位置を移動する

SmartArtグラフィックをクリックして、枠線の部分にポインターを合わせ、ポインターの形が✥に変わった状態でドラッグします**1**。

3 サイズと位置が変更される

SmartArtグラフィックのサイズと位置が変更されます。

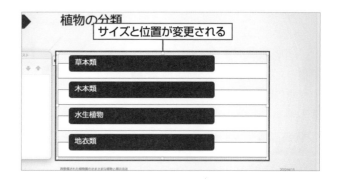

> **Memo** 図形のサイズが変更される
>
> SmartArtグラフィックのサイズを変更すると、サイズに合わせて図形などすべてのオブジェクトのサイズが自動的に変更されます。

🔍 COLUMN　SmartArtグラフィックの図形を調整する

SmartArtグラフィックを構成する図形などのオブジェクトは、SmartArtグラフィック内で個別に移動したり、サイズを変更したりできます。

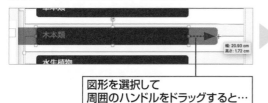

図形を選択して
周囲のハンドルをドラッグすると…

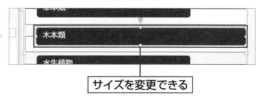

サイズを変更できる

4 SmartArtグラフィックの色と文字色を変更する

1 枠線の色を指定する

SmartArtグラフィックの図形を、[shift]を押しながらクリックしてすべて選択します❶。[書式]タブをクリックして❷、[図形の枠線]の✓をクリックし❸、使用したい色（ここでは[緑]）をクリックします❹。

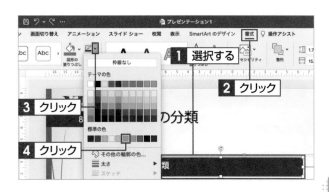

2 塗りつぶしの色を指定する

[書式]タブの[図形の塗りつぶし]の✓をクリックし❶、使用したい色（ここでは[薄い緑]）をクリックします❷。

📝 Memo 文字の色に注意

図形の塗りつぶしの色を変更すると、文字が見づらくなることがあります。この場合は文字の色も変更しましょう。

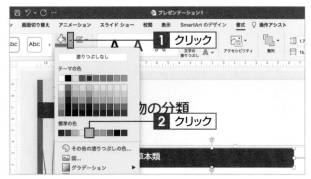

3 文字の色を指定する

[書式]タブの[文字の塗りつぶし]の✓をクリックし❶、使用したい色（ここでは[濃い青]）をクリックします❷。

4 SmartArtグラフィックの色と文字色が変更される

SmartArtグラフィックの色と文字色が変更されます。

🔼 Stepup 組み込みのスタイルや色の変更

あらかじめ用意されている色やスタイルをSmartArtグラフィックに適用することもできます。[書式]タブの[図形のスタイル]や[SmartArtのデザイン]タブの[SmartArtスタイル]で設定します。

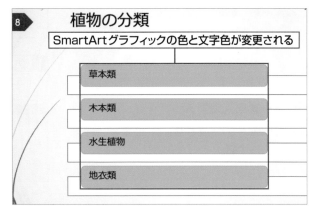

Section
16

表を作成する

覚えておきたいキーワード

| 表 |
| 表の挿入 |
| 表のスタイル |

データを閲覧するための表は、プレゼンテーション用の資料に欠かせない要素です。PowerPointでは、かんたんな操作で表を作成でき、表の作成後に行や列の追加／削除もできます。表が完成したら、スタイルを適用して見栄えのよい表に仕上げましょう。

1 表を挿入して文字を入力する

1 表の列数と行数を指定する

表を挿入するプレースホルダーをクリックして、[表の挿入] をクリックします**1**。[表の挿入] ダイアログボックスが表示されるので、列数と行数を指定し**2**、[挿入] をクリックします**3**。

> **📝 Memo　[表] コマンドの利用**
>
> [挿入] タブの [表] をクリックし、列数と行数をドラッグして指定し、表を挿入することもできます。

2 表が挿入される

指定した列数と行数の表が挿入されます。データを入力するセルをクリックして、目的のデータを入力します**1**。

> **❗ Hint　セル内で改行する**
>
> セル内で return を押すと、改行ができます。また、tab を押すと右隣のセルに、矢印キーを押すと、それぞれの方向にあるセルに移動できます。

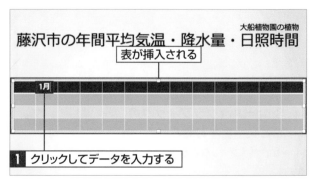

3 データを入力する

tab を押しながらセルを移動して、必要なデータを入力します**1**。

	1月	2月	3月	4月	5月	6月	7月	8月	9月	10月	11月	12月
気温 ℃	6.2	7.0	10.9	15.1	19.3	22.0	25.7	27.9	24.6	19.1	14.3	9.4
降水 mm	54.2	73.1	112	126	127	171	145	135	194	161	92.5	54.8
日照 時	10.1	10.9	12.0	13.1	14.1	14.5	14.3	13.4	12.4	11.3	10.3	9.8

1 必要なデータを入力する

2 列や行を追加する

1 列を追加する

列を追加する位置の左側の列をクリックし**1**、[レイアウト]タブをクリックして**2**、[右に列を挿入]をクリックします**3**。

> **📝 Memo 列の追加位置**
>
> ここでは14列目を追加するので、その左側にある13列目をクリックしています。

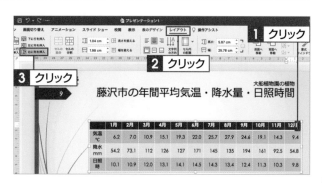

2 行を追加する

指定した列の右側に新しい列が追加されます。続いて、行を追加する上側のセルをクリックして**1**、[下に行を挿入]をクリックします**2**。

> **⚠ Hint 複数の行や列を追加する**
>
> 複数の行や列を追加したい場合は、追加したい数分の行や列を選択し、行や列を追加します。

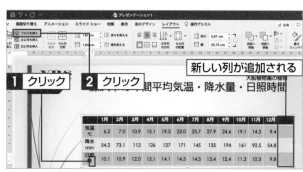

3 新しい行が追加される

指定した行の下側に新しい行が追加されます。

> **📝 Memo 列の高さと行の幅**
>
> 表に列や行を追加すると、プレースホルダーのサイズに合わせてセルの高さや幅が調整されます。

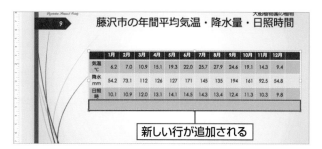

3 列や行を削除する

1 行を削除する

削除したい行をクリックして**1**、[レイアウト]タブの[削除]をクリックし**2**、[行の削除]をクリックします**3**。

> **⚠ Hint 列や表の削除**
>
> 列を削除する場合は、削除する列をクリックして、手順**3**で[列の削除]をクリックします。また、表全体を削除する場合は、表を選択して[表の削除]をクリックするか、delete を押します。

1 罫線にポインターを合わせる

高さを変更するセルの罫線にマウスポインターを合わせると**1**、ポインターの形が÷に変わります。

藤沢市の年間平均気温・降水量・日照時間 大船植物園の植物

1 マウスポインターを合わせる

	1月	2月	3月	4月	5月	6月	7月	8月	9月	10月	11月	12月
気温 ℃	6.2	7.0	10.9	15.1	19.3	22.0	25.7	27.9	24.6	19.1	14.3	9.4
降水 mm	54.2	73.1	112	126	127	171	145	135	194	161	92.5	54.8
日照 時	10.1	10.9	12.0	13.1	14.1	14.5	14.3	13.4	12.4	11.3	10.3	9.8

2 下方向にドラッグする

行の高さを変更したい位置まで、上下にドラッグします**1**。

藤沢市の年間平均気温・降水量・日照時間 大船植物園の植物

	1月	2月	3月	4月	5月	6月	7月	8月	9月	10月	11月	12月
気温 ℃	6.2	7.0	10.9	15.1	19.3	22.0	25.7	27.9	24.6	19.1	14.3	9.4
降水 mm	54.2	73.1	112	126	127	171	145	135	194	161	92.5	54.8
日照 時	10.1	10.9	12.0	13.1	14.1	14.5	14.3	13.4	12.4	11.3	10.3	9.8

1 ドラッグ

3 行の高さが変更される

行の高さがドラッグしたサイズに変更されます。

藤沢市の年間平均気温・降水量・日照時間 大船植物園の植物

	1月	2月	3月	4月	5月	6月	7月	8月	9月	10月	11月	12月
気温 ℃	6.2	7.0	10.9	15.1	19.3	22.0	25.7	27.9	24.6	19.1	14.3	9.4
降水 mm	54.2	73.1	112	126	127	171	145	135	194	161	92.5	54.8
日照 時	10.1	10.9	12.0	13.1	14.1	14.5	14.3	13.4	12.4	11.3	10.3	9.8

行の高さが変更される

4 ［高さを揃える］をクリックする

表内をクリックして**1**、［レイアウト］タブをクリックし**2**、［高さを揃える］をクリックします**3**。

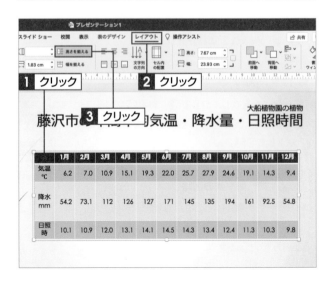

1 クリック　**2 クリック**

3 クリック

5 行の高さが均等に揃う

表全体の行が同じ高さに揃えられます。

📝 Memo　表全体のサイズ

表全体の行の高さや列の幅は、表のサイズの範囲内で揃えられます。表全体のサイズを変更する場合は、表を選択し、周囲のハンドルをドラッグして調整します。

	1月	2月	3月	4月	5月	6月	7月	8月	9月	10月	11月	12月
気温 ℃	6.2	7.0	10.9	15.1	19.3	22.0	25.7	27.9	24.6	19.1	14.3	9.4
降水 mm	54.2	73.1	112	126	127	171	145	135	194	161	92.5	54.8
日照 時	10.1	10.9	12.0	13.1	14.1	14.5	14.3	13.4	12.4	11.3	10.3	9.8

行が同じ高さに揃えられる

5　表のスタイルを変更する

1 スタイルを指定する

表をクリックして、[表のデザイン] タブをクリックします■。[表のスタイル] にマウスポインターを合わせると表示される ▼ をクリックして■、適用したいスタイル (ここでは [中間スタイル2-アクセント4]) をクリックします■。

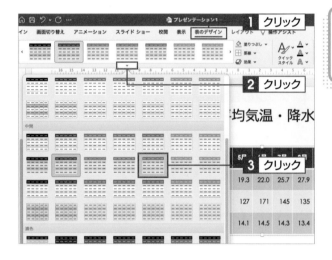

2 スタイルが適用される

指定したスタイルが表に適用されます。

❗ Hint　ドキュメントに適したスタイル

表のスタイルを選択する際、スタイル一覧の上部にある [ドキュメントに最適なスタイル] の中から指定すると、現在作成しているスライドのテーマに合うスタイルを適用できます。

	1月	2月	3月	4月	5月	6月	7月	8月	9月	10月	11月	12月
気温 ℃	6.2	7.0	10.9	15.1	19.3	22.0	25.7	27.9	24.6	19.1	14.3	9.4
降水 mm	54.2	73.1	112	126	127	171	145	135	194	161	92.5	54.8
日照 時	10.1	10.9	12.0	13.1	14.1	14.5	14.3	13.4	12.4	11.3	10.3	9.8

スタイルが適用される

🔍 COLUMN　セル内の文字配置を整える

ExcelやWordの表と同じく、PowerPointの表内の文字配置は調整できます。配置を変更するセルやセル範囲を選択して、[レイアウト] タブの各コマンドで設定します。

セル内の文字配置を整えると表が見やすくなる

Section 17 グラフを作成する

覚えておきたいキーワード

- グラフ
- Excelワークシート
- グラフ要素

ひと目で全体の傾向などを把握できるグラフは、プレゼンテーションには欠かせない要素の1つです。PowerPointでグラフを作成するには、Excelの機能を利用します。PowerPointでグラフの種類を選択すると、Excelが自動的に起動するので、グラフのもとになるデータを入力します。

1 グラフを挿入する

1 グラフの種類を指定する

グラフを挿入するプレースホルダーをクリックします。[挿入] タブをクリックして**1**、[グラフ]をクリックし**2**、作成したいグラフの種類を指定します。ここでは [折れ線] にマウスポインターを合わせて**3**、[マーカー付き折れ線] をクリックします**4**。

2 Excelが起動する

自動的にExcelが起動して、データを入力するためのワークシートが表示されます。

3 仮のグラフが挿入される

PowerPointに切り替えると、仮のグラフが表示されています。

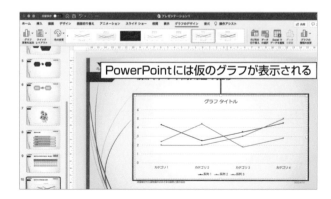

📝 Memo　作成されるグラフ

グラフを作成すると、現在使用しているスライドのテーマに合わせた配色が適用されます。グラフ要素（次ページKeyword参照）や配色は、あとで変更できます。

② グラフのデータを入力する

① グラフにするデータを入力する

Excelに切り替えて、グラフにするデータを入力します**1**。

グラフ要素

グラフ要素とは、グラフを構成する「グラフタイトル」や「軸ラベル」などの個々のパーツのことです。グラフで使用される要素は、グラフの種類やレイアウトによって異なります。

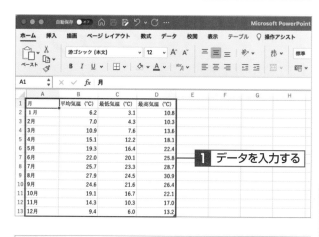

1 データを入力する

② データがグラフに反映される

PowerPointに切り替え、Excelで入力したデータがグラフに反映されていることを確認します。

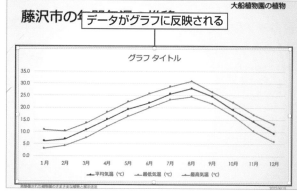

データがグラフに反映される

❗ Hint **ワークシートを再表示する**

グラフのデータ範囲を変更するなど、Excelワークシートを再度開きたい場合は、グラフを選択して[グラフのデザイン]タブにある[Excelでデータを編集]をクリックします。

🔍 **COLUMN**

Excelのグラフを挿入する

Excelで作成したグラフを挿入する場合は、もとの書式を保持して貼り付けると便利です。この場合、Excelでグラフを変更すると、PowerPointに貼り付けたグラフにも変更が反映されます。

最初に、Excelを開いて貼り付けるグラフをクリックして、[ホーム]タブの[コピー]の▾をクリックし**1**、[コピー]をクリックします**2**。続いて、PowerPointのグラフを貼り付けるプレースフォルダーをクリックして、[ホーム]タブの[ペースト]の▾をクリックし**3**、[元の書式を保持]をクリックします**4**。

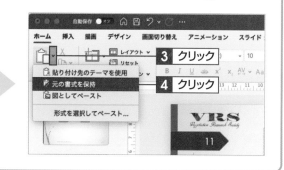

Section 18 グラフを編集する

覚えておきたいキーワード

- クイックレイアウト
- 目盛の表示単位
- グラフのスタイル

作成した直後のグラフには、必要最小限の要素しか表示されていませんが、必要に応じてグラフの要素を追加できます。また、レイアウトを変更したり、軸目盛の表示単位を変更したり、グラフのデザインを変更するなどして、見やすいグラフに仕上げることができます。

1 グラフのレイアウトを変更する

1 レイアウトを指定する

グラフをクリックします**1**。[グラフのデザイン] タブをクリックして**2**、[クイックレイアウト] をクリックし**3**、グラフのレイアウト (ここでは [レイアウト1]) をクリックします**4**。

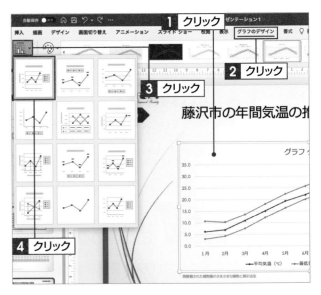

2 レイアウトが変更される

グラフのレイアウトが変更されます。

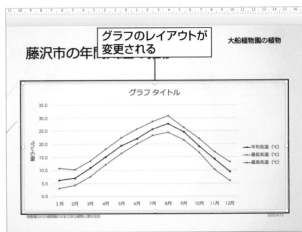

Memo グラフ要素の書式を変更する

レイアウトを変更したグラフに新しく追加されたグラフ要素には、グラフの作成後に設定した文字書式などは反映されません。必要に応じて書式を変更しましょう。

2 グラフタイトルと軸ラベルを入力する

1 [グラフタイトル]を クリックする

「グラフタイトル」と表示されている部分をクリックして選択し、文字をドラッグして**1**、文字を修正できる状態にします。

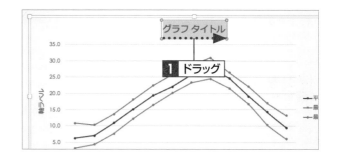

2 タイトルを入力する

グラフのタイトルを入力します**1**。グラフタイトルエリア以外をクリックすると**2**、入力したタイトルが確定されます。

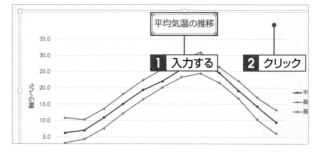

3 軸ラベルを入力する

同様の方法で、軸ラベルを入力します**1**。

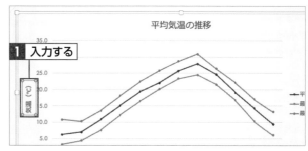

> **! Hint 軸ラベルの文字方向**
>
> 軸ラベルは、初期状態では横向きで表示されます。文字方向を縦書きに変更する方法については、129ページを参照してください。

🔍 COLUMN グラフ要素を追加する

前ページの手順 **1** で選択したレイアウトによっては、必要なグラフ要素がないものもあります。このような場合はグラフをクリックして、[グラフのデザイン]タブの[グラフ要素を追加]をクリックし**1**、必要なグラフ要素を追加します**2**。

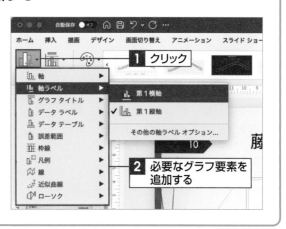

③ 目盛の表示単位を変更する

1 [書式ウィンドウ] をクリックする

縦（値）軸をクリックして**1**、[書式] タブをクリックし**2**、[書式ウィンドウ] をクリックします**3**。

2 目盛の表示単位を指定する

画面の右側に [軸の書式設定] ウィンドウの [軸のオプション] が表示されるので、[表示単位]の ☑ をクリックして**1**、目盛の表示単位を指定します。ここでは [千] をクリックします**2**。

3 表示単位のラベルを非表示にする

[表示単位のラベルをグラフに表示する] をクリックしてオフにします**1**。

4 目盛の表示単位が変更される

縦（値）軸の目盛の単位が変更されます。軸ラベルの単位を「人」から「千人」に変更します。

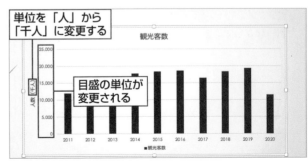

単位を「人」から「千人」に変更する

目盛の単位が変更される

> **Hint**　縦軸目盛の設定
>
> [軸の書式設定] ウィンドウでは、目盛の最小値や最大値、間隔などを変更することもできます。

④ データ系列の色を変更する

1 [図形のスタイル]を指定する

グラフのデータ系列をクリックして**1**、[書式]タブをクリックします**2**。[図形のスタイル]にマウスポインターを合わせると表示される▼ をクリックし**3**、使用したいスタイルをクリックします**4**。

> 🔑 **Keyword** **データ系列**
>
> グラフを構成するグラフ要素の1つで、棒グラフの棒や、折れ線グラフの折れ線など、データ量を表す要素のことです。

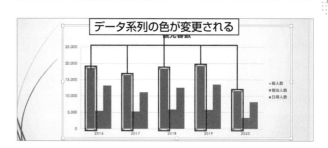

2 データ系列の色が変更される

選択したデータ系列の色が変更されます。

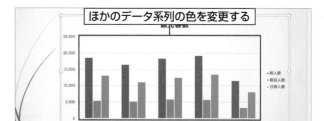

3 ほかのデータ系列の色を変更する

同様の方法で、ほかのデータ系列の色も変更します。なお、データ要素（1本のグラフ）の色を変更したい場合は、対象のデータ要素のみを選択して色を変更します。

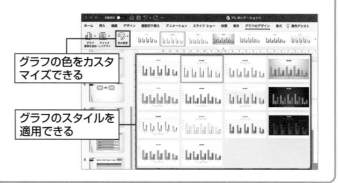

🔍 **COLUMN** グラフのスタイルや色を変更する

グラフの色やスタイル、背景色などの書式があらかじめ設定されているグラフのスタイルを適用したり、グラフの色をカスタマイズすることもできます。グラフをクリックして、[グラフのデザイン]タブをクリックし、[グラフのスタイル]の一覧や[色の変更]をクリックして、表示される一覧から設定します。

> グラフの色をカスタマイズできる
>
> グラフのスタイルを適用できる

Section 19 画像を挿入する

覚えておきたいキーワード

- トリミング
- アート効果
- 画像のスタイル

デジタルカメラで撮影した写真などの画像ファイルをスライドに挿入できます。挿入した画像はサイズの調整やトリミング、明るさの調整などができます。また、アート効果やスタイルを設定することもできるので、効果的に活用しましょう。

1 画像を挿入する

1 図をファイルから挿入する

画像を挿入するプレースホルダーをクリックします。[挿入] タブをクリックして **1**、[写真] をクリックし **2**、[図をファイルから挿入] をクリックします **3**。

Memo プレースホルダーの利用

コンテンツ用のプレースホルダーがあるスライドを選択し、プレースホルダー内の [ファイルからの画像] をクリックしても挿入できます。

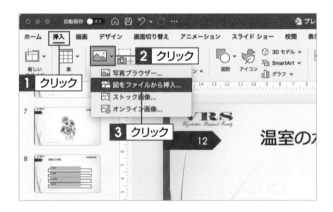

2 画像を指定する

ダイアログボックスが表示されるので、画像の保存場所を指定して **1**、挿入する画像をクリックし **2**、[挿入] をクリックします **3**。

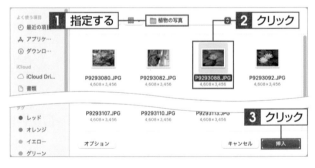

3 画像が挿入される

選択した画像がプレースホルダーに挿入されます。

2 画像のサイズを変更する

1 サイズ変更ハンドルに
ポインターを合わせる

サイズを変更する画像をクリックして**1**、四隅のサイズ変更ハンドルのいずれかにマウスポインターを合わせます**2**。

2 ハンドルをドラッグする

ポインターの形が 🖉 に変わった状態で、目的のサイズになるまでドラッグします**1**。画像のサイズがドラッグした大きさに変更されます。

3 画像をトリミングする

1 トリミングハンドルを
ドラッグする

サイズを変更する画像をクリックして、[図の書式設定]タブをクリックし**1**、[トリミング]をクリックします**2**。トリミングハンドルが表示されるので、ハンドルをドラッグして**3**、不要な部分をトリミングします。

> **! Hint　画像の位置の調整**
>
> トリミングした画像の位置を調整したい場合は、トリミングハンドルが表示されている状態で画像をドラッグします。対象を写真の中央に表示させたい場合などに便利です。

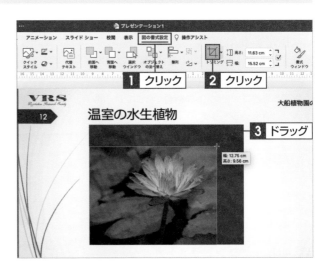

2 トリミングを終了する

トリミングする範囲が決まったら、画像以外の部分をクリックすると**1**、トリミングが完了します。

1 シャープネスの割合を指定する

画像をクリックします。[図の書式設定] タブを
クリックして **1**、[修整] をクリックし **2**、[シャー
プネス] からシャープネスの割合（ここでは
[シャープネス：50％]）をクリックします **3**。

Keyword シャープネス

シャープネスとは、画像の輪郭をはっきり見せ
るようにする処理のことです。

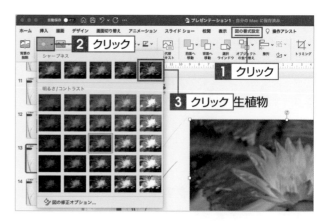

2 シャープネスが調整される

画像のシャープネスが調整されます。

3 明るさとコントラストの割合を
指定する

画像をクリックして **1**、[図の書式設定] タブの
[修整] をクリックし **2**、[明るさ / コントラスト]
から明るさとコントラストの割合（ここでは [明
るさ：+20％コントラスト：+20％]）をクリッ
クします **3**。

Keyword コントラスト

コントラストとは、明るい部分と暗い部分との
差のことです。

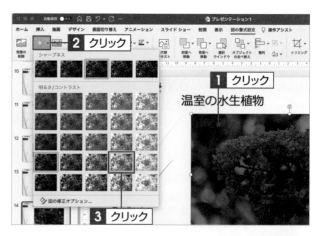

4 明るさとコントラストが
調整される

明るさとコントラストが調整されます。

5 画像にアート効果を設定する

1 アート効果を指定する

画像をクリックします。[図の書式設定] タブを
クリックして 1、[アート効果] をクリックし 2、
設定したい効果（ここでは [モザイク：バブル]）
をクリックします 3。

2 アート効果が設定される

指定したアート効果が画像に設定されます。
アート効果によっては、設定が完了するまで時
間がかかります。

6 画像にスタイルを設定する

1 スタイルを指定する

画像をクリックします。[図の書式設定] タブを
クリックして 1、[クイックスタイル] をクリック
し 2、使用したいスタイル（ここでは [楕円、
ぼかし]）をクリックします 3。

2 スタイルが設定される

指定したスタイルが画像に設定されます。

> **! Hint　画像をリセットする**
>
> 画像の修整や効果などの設定を無効にしたい場
> 合は、画像をクリックして、[図の書式設定] タ
> ブの [図のリセット] をクリックします。サ
> イズやトリミングの設定を含めてリセットする
> 場合は、をクリックして、[図とサイズのリセッ
> ト] をクリックします。

Section 20

画像やテキストの重なり順を変更する

覚えておきたいキーワード

ダイナミックソート

レイヤー

オブジェクトの順番

スライドを作成する際、画像や文字などのオブジェクトを重ねると、あとから追加したオブジェクトが上になります。この重なり順を変更するために搭載されている機能がダイナミックソートです。この機能を使うと、オブジェクトの重なり順の確認や変更をかんたんに行うことができます。

1 レイヤーをドラッグして表示順序を変更する

1 [オブジェクトの並べ替え]をクリックする

いずれかの画像をクリックします**1**。[図の書式設定]タブをクリックして**2**、[オブジェクトの並べ替え]の▼をクリックし**3**、[オブジェクトの並べ替え]あるいは[重なり合ったオブジェクトの並べ替え]をクリックします**4**。

2 ダイナミックソートが表示される

オブジェクトの重なり順がレイヤー（層）として3D表示されます。

 **Keyword** **レイヤー**

グラフィックスソフトなどで使われる、「層」を意味する単語です。透明のシートに描いたものをレイヤーと呼び、これを重ね合わせて1枚の画像にします。PowerPointではそれぞれのレイヤーにオブジェクトが1つずつ配置されます。

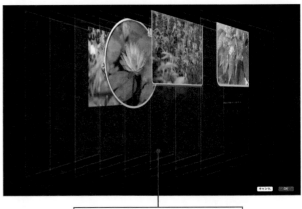

現在の重なり順が3D表示される

3 レイヤーの順番を確認する

特定のレイヤーにマウスポインターを合わせると **1**、そのレイヤーの順番が確認できます。

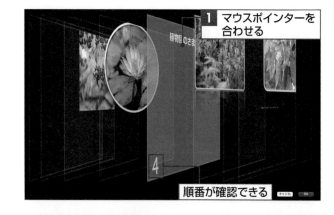

4 レイヤーをドラッグする

レイヤーの順序を入れ替える場合は、入れ替えたいレイヤーをドラッグします **1**。ここでは、タイトルを入力したオブジェクトを一番前に移動します。

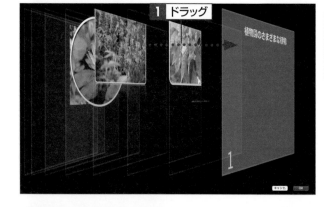

5 [OK]をクリックする

レイヤーの順序が入れ替わったことを確認し、[OK] をクリックします **1**。

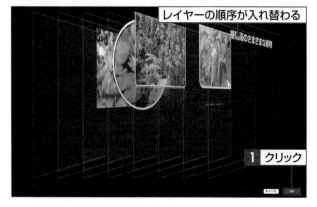

6 オブジェクトの順番が入れ替わる

オブジェクトの表示順序が変更されます。

📝 Memo　フッターもレイヤーになる

PowerPointではフッターもレイヤーに配置されます。ページ番号、日付など複数の設定をした場合は、それぞれ別のレイヤーに配置されます。ただし、スライドマスター（284ページ参照）で設定したヘッダーやロゴなどは、レイヤーには配置されません。

Section 21

ムービーを挿入する

覚えておきたいキーワード

ムービー

ビデオ

ポスターフレーム

文字やグラフなどで表現することが難しい情報でも、ムービー（ビデオ）を利用することでわかりやすいプレゼンテーションにできます。PowerPointでは、スライドにさまざまなファイル形式のムービーを挿入できます。挿入したムービーに表紙画像を表示することもできます。

1 ムービーを挿入する

1 ［ファイルからムービーを挿入］をクリックする

ムービーを挿入するプレースホルダーをクリックします。［挿入］タブをクリックして**1**、［ビデオ］をクリックし**2**、［ファイルからムービーを挿入］をクリックします**3**。

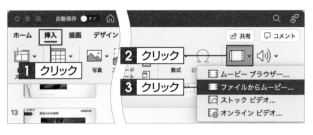

2 ムービーを指定する

［ムービーの選択］ダイアログボックスが表示されます。ムービーファイルの保存場所を指定して**1**、挿入するムービーをクリックし**2**、［挿入］をクリックします**3**。

📝 Memo　利用できるムービーファイル

パソコンやスマートフォンなどで再生できる動画ファイルを、ビデオファイルまたはムービーファイルといいます。PowerPointでは、M4V、AVI、MPEG、MP4形式などのムービーファイルを挿入できます。

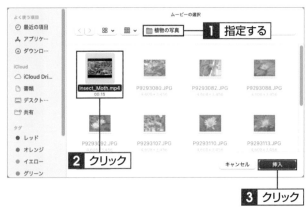

3 ムービーが挿入される

選択したムービーが挿入されます。

📝 Memo　ファイルサイズに注意する

ムービーを挿入すると、PowerPointのファイルサイズが大きくなり、スライドの表示や編集に支障が出ることがあります。必要最小限の解像度と長さのファイルを利用しましょう。

2 表紙画像を挿入する

1 [ファイルから画像を挿入] を クリックする

ムービーをクリックします**1**。[ビデオ形式] タ ブをクリックして**2**、[ポスターフレーム] をク リックし**3**、[ファイルから画像を挿入] をク リックします**4**。

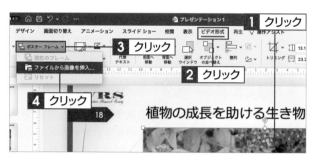

2 画像を指定する

画像ファイルの保存場所を指定して**1**、挿入 する画像ファイルをクリックし**2**、[挿入] をク リックします**3**。

> **Memo** **表紙画像の縦横比**
>
> 表紙画像に使用する画像は、ムービーの画面サ イズと縦横の比率が同じ画像を使用するように します。異なる縦横比の画像を使用した場合は、 ムービーのサイズに合わせて調整されます。

3 表紙画像が設定される

選択した画像がムービーの表紙画像として 設定されます。

🔍 COLUMN　ストックビデオを挿入する

PowerPoint 2021では、マイクロソフトが提供する ストックビデオを利用することができます。[挿入] タ ブの [ビデオ] をクリックして、[ストックビデオ] をク リックします。[ストック画像] ウィンドウが表示され るので、カテゴリを指定して**1**、挿入したいビデオを クリックし**2**、[挿入] をクリックします**3**。ストック ビデオは、PowerPoint for Mac 16.50以降のバー ジョンで利用できます。

Section 22 オーディオを挿入する

覚えておきたいキーワード

- オーディオ
- 再生のタイミング
- 操作コントロール

スライドには効果音やBGMなどの、さまざまな形式のオーディオを挿入できます。オーディオを挿入したら、開始のタイミングなどのオプションを必要に応じて指定します。オーディオの再生や一時停止などの操作は、操作コントロールから行えます。

1 オーディオを挿入する

1 [オーディオをファイルから挿入]をクリックする

オーディオを挿入するスライドをクリックします。[挿入]タブをクリックして**1**、[オーディオ]をクリックし**2**、[オーディオをファイルから挿入]をクリックします**3**。

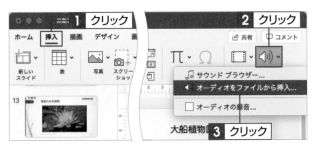

2 オーディオファイルを指定する

[オーディオの選択]ダイアログボックスが表示されます。オーディオファイルの保存場所を指定して**1**、挿入するオーディオファイルをクリックし**2**、[挿入]をクリックします**3**。

> **📝 Memo 利用できるオーディオファイル**
>
> PowerPointでは、AIFF、AU、M4A、MP3、WAV形式などのファイルを挿入できます。

3 オーディオが挿入される

オーディオが挿入され、オーディオアイコンが表示されます。オーディオアイコンをドラッグし**1**、ほかの画像や文字などのじゃまにならないところに移動させます。

② 再生開始のタイミングを設定する

1 開始のタイミングを設定する

オーディオアイコンをクリックします①。[再生] タブをクリックして②、[開始] 横のボタンをクリックします③。

> 📝 **Memo** 開始のタイミング
>
> 開始のタイミングを [自動] に設定すると、スライドを再生すると自動的にオーディオが再生されます。[クリック時] の場合は、スライドを表示してクリックすると再生されます。

2 [自動] をクリックする

ポップアップメニューが表示されるので、オーディオの再生を開始するタイミングを指定します。ここでは [自動] をクリックします①。

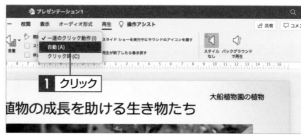

3 [停止するまで繰り返す] を
オンにする

オーディオアイコンをクリックして①、[再生] タブの [停止するまで繰り返す] をクリックしてオンにします②。オーディオファイルが繰り返し再生されます。

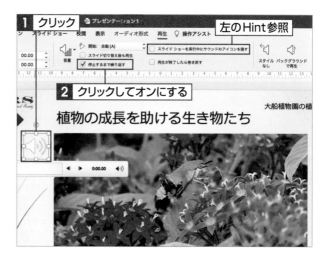

> ❗ **Hint** オーディオアイコンを隠す
>
> 開始のタイミングを自動に設定した場合、スライドショー中にオーディオアイコンを非表示にできます。[再生] タブの [スライドショーを実行中にサウンドのアイコンを隠す] をクリックしてオンにします。

🔍 COLUMN

オーディオの操作コントロール

オーディオアイコンをクリックすると、アイコンの下に操作コントロールが表示されます。この操作コントロールでは、オーディオの再生/一時停止、音量のミュート(消音)/ミュート解除などの操作ができます。

Section 23 画面切り替えの効果を設定する

覚えておきたいキーワード

- 画面切り替え効果
- 切り替えのタイミング
- 変形

スライドを切り替える際、次のスライドにいきなり切り替わるのではなく、徐々に表示が切り替わるなどの効果があったほうが、スライドが見やすくなります。PowerPointには、見栄えのする画面切り替え効果が多数用意されているので、状況に応じて利用しましょう。

1 切り替え効果を設定する

1 スライドを指定する

効果を設定するスライドをクリックして**1**、［画面切り替え］タブをクリックします**2**。

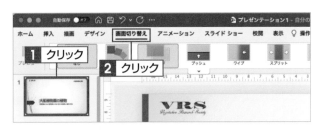

2 切り替え効果を指定する

［画面切り替え］にマウスポインターを合わせると表示される ▾ をクリックして**1**、使用したい切り替え効果（ここでは［フェード］）をクリックします**2**。

> ⓘ **Hint** 切り替え効果の実行
>
> 画面切り替え効果は、前のスライドから画面切り替え効果を設定したスライドに切り替わるときに実行されます。

3 切り替え効果が設定される

選択したスライドに切り替え効果が設定されます。切り替え効果が設定されたスライドの左には ★ マークが表示されます。

> ⓘ **Hint** 切り替え効果を解除する
>
> 設定した切り替え効果を解除するには、［画面切り替え］の一覧で［なし］をクリックします。

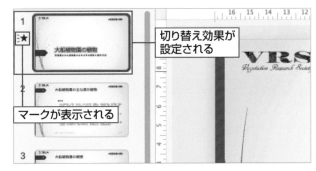

2 すべてのスライドに同じ切り替え効果を設定する

1 [すべてに適用] をクリックする

切り替え効果が設定されているスライドをクリックします**1**。[画面切り替え]タブをクリックして**2**、[すべてに適用]をクリックすると**3**、すべてのスライドに同じ切り替え効果が設定されます。

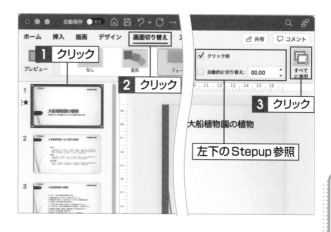

3 プレビューで確認する

1 [プレビュー] をクリックする

効果を設定したスライドをクリックして**1**、[画面切り替え]タブをクリックし**2**、[プレビュー]をクリックすると**3**、設定した効果がプレビューで確認できます。

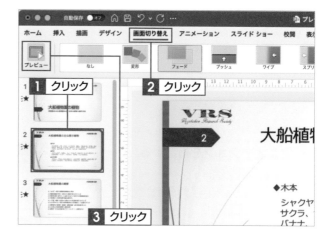

🪜 Stepup　切り替えるタイミング

[画面切り替え]タブの [クリック時] をクリックしてオンにすると、クリック時に画面の切り替えが行われます。また、[自動的に切り替え] をオンにして秒数を指定すると、指定した秒数のあとに自動で画面を切り替えできます。

🔍 COLUMN　画面切り替え効果に [変形] を設定する

[変形] は、PowerPoint 2019から搭載された機能です。[変形] を使用すると、スライドを切り替える際に、スライド上のオブジェクトなどに滑らかに移動するアニメーションを付けることができます。

[変形] を設定するには、もとになるスライドを複製し、複製したスライド上のオブジェクトなどを移動させ、そのスライドに [変形] を設定します。

Section

24

文字にアニメーション効果を設定する

覚えておきたいキーワード

アニメーション

タイミング

[アニメーション] ウィンドウ

スライド上の文字を順番に表示したり、オブジェクトを自由に動かしたりする効果のことをアニメーションといいます。アニメーションは、スライドをより効果的に見せるために使われます。ここでは、箇条書きの項目を1行ずつ表示させるアニメーションを設定します。

1 文字にアニメーション効果を設定する

1 テキストを選択する

アニメーション効果を設定するオブジェクト(ここでは文字列) を選択して **1**、[アニメーション] タブをクリックします **2**。

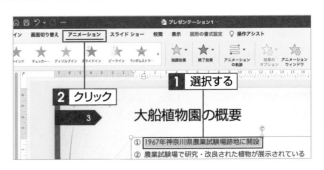

2 アニメーションを指定する

[開始効果] にマウスポインターを合わせると表示される ▼ をクリックして **1**、設定したいアニメーション (ここでは [スライドイン]) をクリックします **2**。

3 オプションを設定する

[アニメーション] タブの [効果のオプション] をクリックして **1**、オプション (ここでは [右から]) をクリックします **2**。選択したテキストに、アニメーションが設定されます。同様に、ほかの文字列にもアニメーションを設定します。

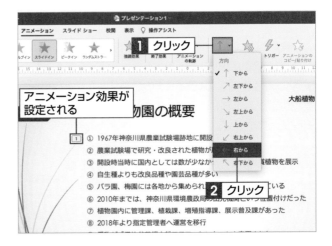

> **Memo** アニメーションの設定
>
> オブジェクトにアニメーション効果を設定すると、そのオブジェクトの左側に四角で囲まれた数字が表示されます。この数字はアニメーション効果を実行する順番を表しています。

2 アニメーションのタイミングや継続時間を指定する

1 [アニメーション]ウィンドウを表示する

[アニメーション]タブの[アニメーションウィンドウ]をクリックします **1**。[アニメーション]ウィンドウが表示されるので、タイミングを設定するアニメーション効果をクリックして **2**、[開始]横のボタンをクリックします **3**。

> **! Hint** [アニメーション]ウィンドウ
>
> [アニメーション]ウィンドウでは、アニメーションの効果やタイミング、実行順序などを調整できます。ウィンドウを閉じる場合は、右上の ⊗、または[アニメーションウィンドウ]を再度クリックします。

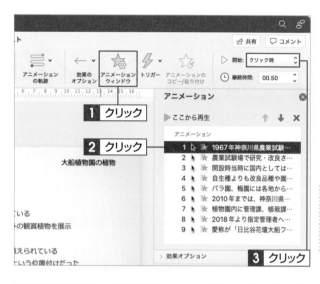

2 開始のタイミングを指定する

ポップアップメニューが表示されるので、アニメーションを開始するタイミングを指定します。ここでは[クリック時]をクリックしてオンにします **1**。

> **! Hint** アニメーションを削除する
>
> アニメーションを削除するには、[アニメーション]ウィンドウで、削除するオブジェクトをクリックして **X** をクリックするか、アニメーションを設定した文字列の左側に表示されている数字をクリックして、delete を押します。

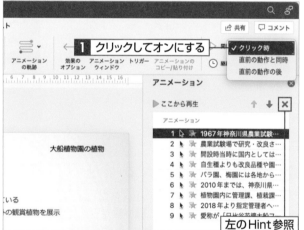

3 継続時間を指定する

[継続時間]のボックスをクリックして、上下の矢印をクリックするか直接入力し、アニメーションが継続する時間を指定します **1**。

> **📝 Memo** アニメーションの継続時間
>
> アニメーションの継続時間とは、たとえば文字列に「スライドイン」のアニメーション効果を設定した場合、文字列がスライドインし、指定の位置で止まって表示されるまでにかかる時間（秒）のことです。

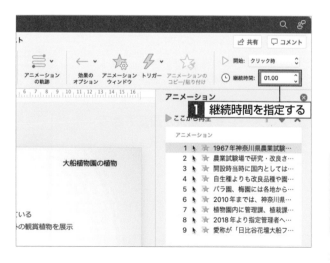

Section

25

オブジェクトにアニメーション効果を設定する

覚えておきたいキーワード

オブジェクト

グラフアニメーション

グループグラフィック

スライド上の文字列やオブジェクトにアニメーションを設定すると、プレゼンテーションに視覚的な効果を加えることができます。ここでは、グラフにアニメーション効果を設定します。グラフの場合は、グラフ全体に設定したり、グラフの要素別に設定したりできます。

1 　グラフにアニメーション効果を設定する

1 グラフをクリックする

アニメーション効果を設定するグラフをクリックして**1**、[アニメーション] タブをクリックします**2**。

2 アニメーションを指定する

[開始効果] にマウスポインターを合わせると表示される ▼ をクリックして**1**、設定したいアニメーション (ここでは [スプリット]) をクリックします**2**。

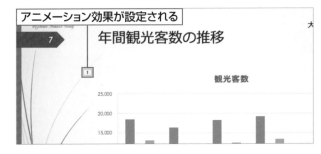

3 アニメーション効果が設定される

グラフにアニメーションが設定されます。

アニメーション効果が設定される

2 グラフの系列別に表示されるようにする

1 [アニメーション]ウィンドウを表示する

[アニメーション]タブの[アニメーションウィンドウ]をクリックします**1**。[アニメーション]ウィンドウが表示されるので、[アニメーション]ウィンドウの効果を設定する項目をクリックします**2**。

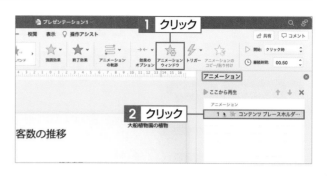

2 [グラフアニメーション]をクリックする

[グラフアニメーション]をクリックして**1**、[グループグラフィック]横のボタンをクリックします**2**。

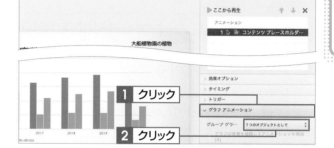

3 [系列別]をクリックする

ポップアップメニューが表示されるので、[系列別]をクリックします**1**。

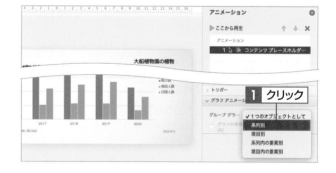

> **📝 Memo** グループグラフィック
>
> [グループグラフィック]では、グラフに設定するアニメーション効果を系列別、項目別、系列内の要素別、項目内の要素別で指定できます。

🔍 COLUMN スライドショーからアニメーションGIFを作成する

PowerPoint 2021では、プレゼンテーションをアニメーションGIFとして保存することができます。[ファイル]メニューから[エクスポート]をクリックし、[ファイル形式]で[アニメーションGIF]を指定して、画像の品質や各スライドの所要時間などを必要に応じて設定し、[エクスポート]をクリックします。

Section
26

発表者用にノートを入力する

覚えておきたいキーワード

- ノート
- ノートウィンドウ
- ノート表示

PowerPointのノートは、プレゼンテーションの発表時に必要な情報やメモ、原稿などを入力しておくのに利用します。また、ノートに入力した内容は印刷できるので、発表時の参考資料としても利用できます。ノートは、標準表示とノート表示の2通りの方法で入力できます。

① 標準表示でノートウィンドウに入力する

1 スライドをクリックする

発表者用のノートを書き込むスライドをクリックします**1**。ノートウィンドウの境界にマウスポインターを合わせると、ポインターの形が ↨ に変わります**2**。

2 ノートウィンドウを広げる

マウスポインターの形が変わった状態で、上方向にドラッグします**1**。

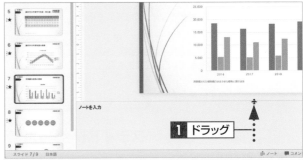

3 必要な情報を入力する

ノートウィンドウの領域が広がるので、必要な情報を入力します**1**。

! Hint　ノートを印刷する

ノートに入力した内容は印刷できます。ノートを印刷するには、印刷画面で［レイアウト］を［メモ］に設定します（334ページ参照）。

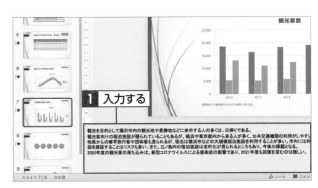

2 ノート表示でノートウィンドウに入力する

1 [ノート]をクリックする

ノートを書き込むスライドをクリックして**1**、[表示] タブをクリックし**2**、[ノート] をクリックします**3**。

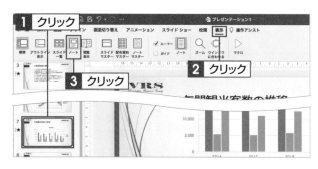

2 ノート表示に切り替わる

画面がノート表示に切り替わります。

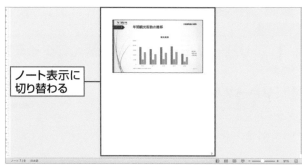

📝 **Memo** そのほかの方法

メニューバーの [表示] メニューをクリックして [ノート] をクリックしても、ノート表示に切り替わります。

3 必要な情報を入力する

画面右下にあるスライダーをドラッグして**1**、表示倍率を変更し、必要な情報を入力します**2**。入力後、[標準] をクリックすると**3**、入力が確定してもとの画面に戻ります。

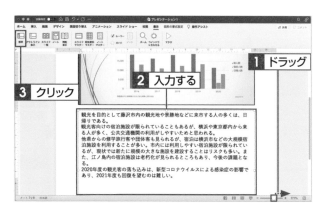

🔍 **COLUMN**　　発表者ツールでノートを利用する

発表者ツールを表示すると（332ページ参照）、ノートに入力した内容を確認しながらプレゼンテーションを実行できます。

表示されるノートの文字サイズを変更するには、A▲ または A▼ をクリックします。

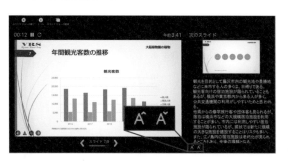

Section

27

スライドを切り替える タイミングを設定する

覚えておきたいキーワード

リハーサル

スライドのタイミング

スライド一覧

プレゼンテーション時にスライドの切り替えを自動的に行うには、リハーサル機能を利用し、タイミングを設定します。リハーサルを行う際には、実際にプレゼンテーションを行うときと同じように、説明を加えながらスライドを切り替えるタイミングを設定します。

1 リハーサルを行って切り替えのタイミングを設定する

1 [リハーサル]をクリックする

[スライドショー]タブをクリックして1、[リハーサル]をクリックします2。

2 リハーサルが開始される

スライドショーのリハーサルが開始され、記録が開始されます。スライドの左上には、リハーサルを開始してからのトータルの経過時間が表示されます。

3 切り替えのタイミングを設定する

必要な時間が経過したら、▶をクリックすると1、スライドの切り替えやアニメーション効果のタイミングが設定されます。

📝 Memo **操作はすべて記録される**

リハーサル中に行う操作は、基本的にすべて記録されます。記録を一時的に中断したい場合は、左上の⏸をクリックします。記録を再開するときは▶をクリックします。

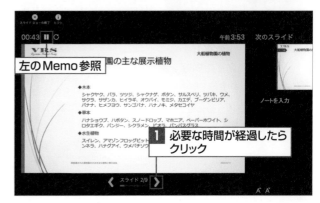

328

4 次のスライドのタイミングを設定する

次のスライドが表示されるので、同様にタイミングを設定して **>** をクリックします **1**。最後のスライドが終わるまで、同じ操作を繰り返します。

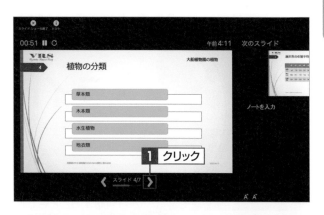

5 切り替えのタイミングを保存する

最後のスライドのタイミングを設定すると、切り替えのタイミングを保存するかを確認するダイアログボックスが表示されます。[はい] をクリックして **1**、タイミングを保存します。

6 スライド一覧で確認する

[表示] タブをクリックして **1**、[スライド一覧] をクリックすると **2**、切り替えのタイミングを設定したスライドの一覧が表示されます。それぞれのスライドの右下に表示時間が表示されます。

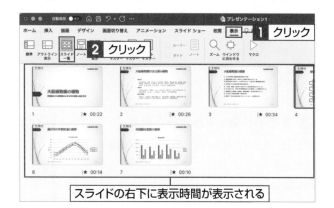

🔍 COLUMN　設定した時間を調整する

リハーサルで設定した時間は、あとから調整できます。時間を調整するスライドをクリックして **1**、[画面切り替え] タブの [自動的に切り替え] のボックスに、切り替えまでの時間（秒）を指定します **2**。

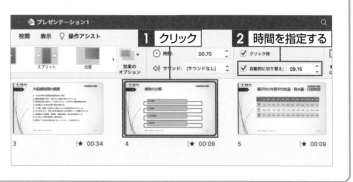

Section 28 スライドショーを実行する

覚えておきたいキーワード

- スライドショー
- コントロールバー
- コンテクストメニュー

プレゼンテーションを行うには、スライドショーを実行します。スライドショーは、最初のスライドから順番に開始するだけでなく、途中のスライドから開始することもできます。また、プレゼンテーション中にコンテクストメニューを利用して、任意のスライドにジャンプすることもできます。

1 スライドショーを最初から実行する

1 [最初から再生] をクリックする

[スライドショー] タブをクリックして**1**、[最初から再生] をクリックします**2**。

Memo そのほかの方法

メニューバーの[スライドショー]メニューの[最初から再生] をクリックするか、画面右下にある📺をクリックしても、スライドショーが実行されます。

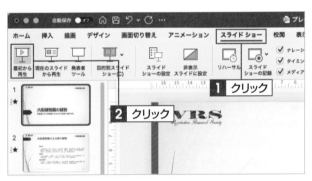

2 スライドショーが実行される

最初のスライドからスライドショーが実行されます。

Hint 現在のスライドから開始

手順**1**で [現在のスライドから再生] をクリックすると、現在表示しているスライドからスライドショーを開始できます。

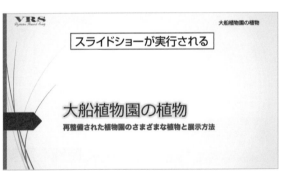

3 スライドショーを進める

マウスで画面をクリックするか**1**、キーボードの⊟を押すと、スライドショーが進行します。

Hint 1つ前のスライドに戻るには

特定のスライドへジャンプするには、右ページの方法で操作します。1つ前のスライドに戻る場合は⊟を押します

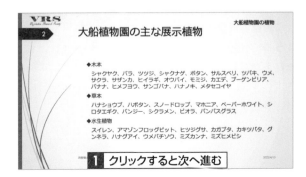

② 特定のスライドにジャンプする

① コントロールバーを表示する

スライドショーの実行中にマウスポインターを
動かすと**1**、画面の左下にコントロールバー
が表示されます。

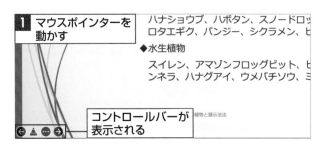

② 目的のスライドをクリックする

コントロールバーの ⚫ をクリックすると**1**、コ
ンテクストメニューが表示されるので、[タイト
ルへジャンプ]にマウスポインターを合わせ**2**、
目的のスライドをクリックします**3**。

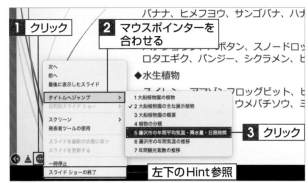

> **📝 Memo　そのほかの方法**
>
> control を押しながら画面上をクリックしても、
> コンテクストメニューが表示されます。

③ 目的のスライドへジャンプする

指定したスライドへジャンプします。

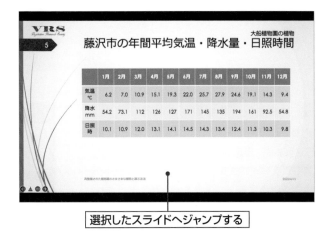

選択したスライドへジャンプする

> **❗ Hint　スライドショーを途中で終了する**
>
> スライドショーを途中で終了させる場合は、コ
> ンテクストメニューを表示して、[スライド
> ショーの終了]をクリックするか、esc を押しま
> す。

🔍 COLUMN　スライドの切り替えを手動にする

リハーサル機能を使って切り替えのタイミングを保
存してある場合は、スライドショーを実行すると、
自動的にスライドが切り替わります。切り替えるタ
イミングを解除して、クリック操作でスライドを切
り替えたい場合は、[スライドショー]タブの[タイ
ミングを使用]をクリックしてオフにします。

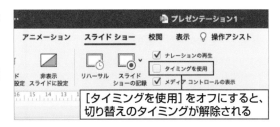

[タイミングを使用]をオフにすると、
切り替えのタイミングが解除される

Section 29

発表者ツールを使用する

覚えておきたいキーワード

発表者ツール
スライドショー
切り替えのタイミング

発表者ツールは、スライドやノートなどを発表者のパソコンで確認しながらプレゼンテーションを実行できるツールです。PowerPoint 2021では、外部モニターやプロジェクターなどを接続していなくても発表者ツールを利用できます。

1 発表者ツールを実行する

1 [発表者ツール] をクリックする

最初のスライドをクリックして**1**、[スライドショー] タブをクリックし**2**、[発表者ツール] をクリックします**3**。

2 発表者ツールが表示される

発表者用のモニターには、発表者ツールが表示されます。出席者(閲覧者) 用のモニター(外部モニターやプロジェクター) を接続している場合、出席者側ではスライドのみが表示されます。

発表者用のモニターには発表者ツールが表示される

出席者用のモニターには、スライドのみが表示される

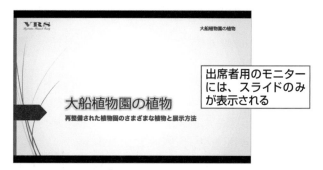

Memo　モニターが1台の場合

Macに1台のモニターのみが接続されている場合は、発表者ツールの画面が表示されます。画面左上にある [スライドショーの使用] をクリックすると、通常のスライドショーが表示されます。

3 スライドショーが進行する

切り替えのタイミングを設定していると、自動的にスライドが切り替わります。タイミングを設定していない場合は、 ❯ をクリックすると 1 、次のスライドが表示されます。

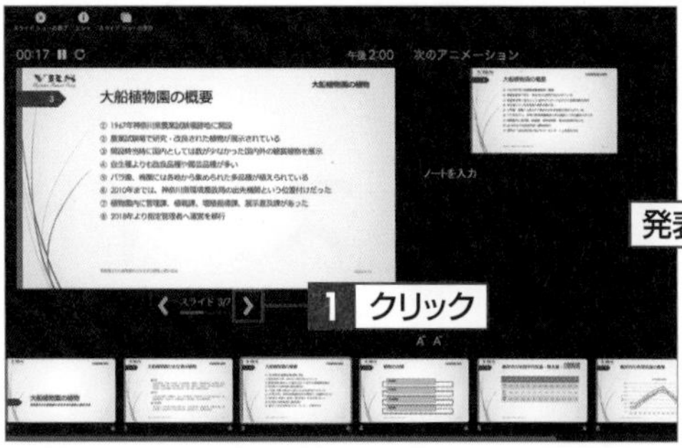

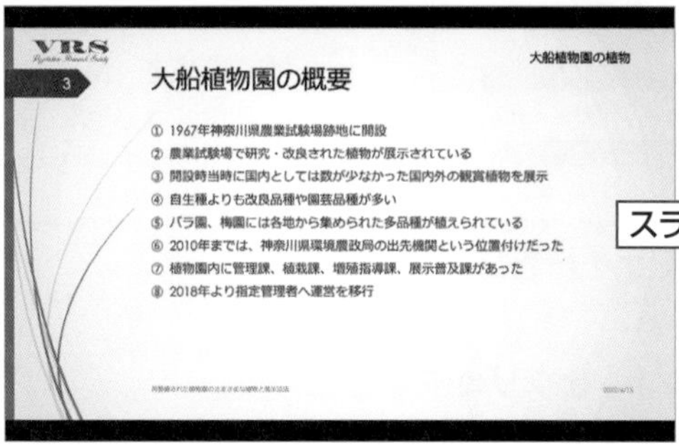

Memo スライドの切り替えタイミング

リハーサルを行ってスライドの切り替えのタイミングを保存してある場合は、保存したタイミングでスライドが切り替わります。

COLUMN 発表者ツールの画面構成

発表者ツールには、現在表示されているスライドのほかに、次に表示されるスライドやノート、プレゼンテーションの実行時間などが表示されます。スライドの切り替えやスライドショーの中断、終了などを行うこともできます。

プレゼンテーション経過時間

プレゼンテーションの一時停止／再開

プレゼンテーション実行時間のリセット

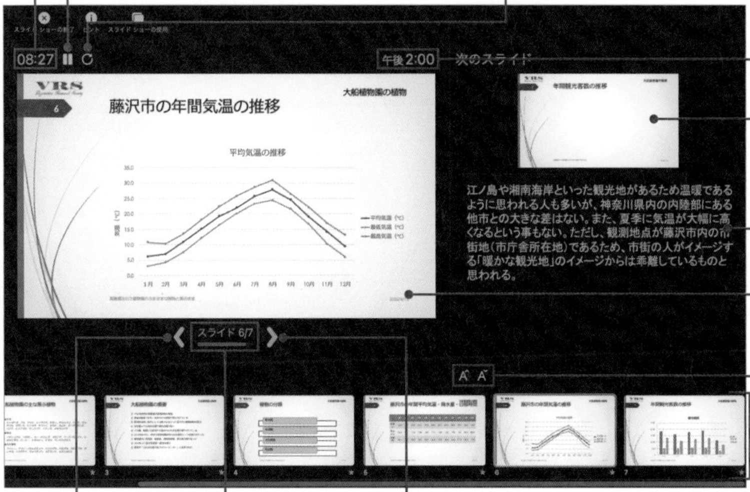

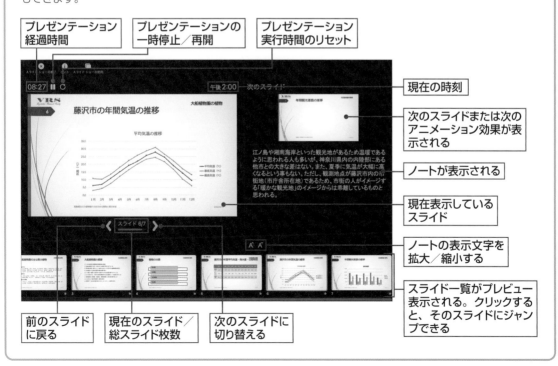

現在の時刻

次のスライドまたは次のアニメーション効果が表示される

ノートが表示される

現在表示しているスライド

ノートの表示文字を拡大／縮小する

スライド一覧がプレビュー表示される。クリックすると、そのスライドにジャンプできる

前のスライドに戻る

現在のスライド／総スライド枚数

次のスライドに切り替える

Section

30

スライドを印刷する

覚えておきたいキーワード

> 印刷

> 詳細を表示

> レイアウト

PowerPointで作成したスライドは、プリンターで印刷できます。印刷は1枚の用紙に1つのスライドを印刷したり、複数のスライドをまとめて印刷したりできます。また、スライドと一緒に、入力したノートを印刷することもできます。

1 スライドを印刷する

1 [プリント] をクリックする

メニューバーの [ファイル] メニューをクリックして、[プリント] をクリックし、印刷画面を表示します。印刷部数を指定し **1**、[プリント] をクリックします **2**。

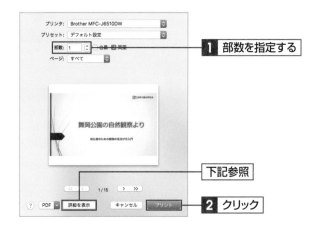

1 部数を指定する

下記参照

2 クリック

Memo そのほかの方法

⌘を押しながらPを押しても、印刷画面が表示されます。

2 ノートを印刷する

1 詳細を表示してノートを印刷する

印刷画面で [詳細を表示] をクリックし、詳細設定画面を表示します。[レイアウト] で [メモ] を指定し **1**、[プリント] をクリックします **2**。

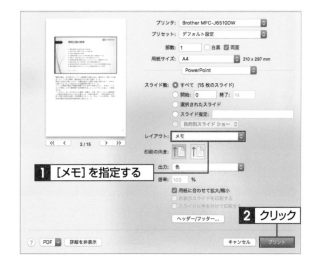

1 [メモ] を指定する

2 クリック

Hint 複数のスライドを印刷する

1枚の用紙に複数のスライドを印刷する場合は、詳細設定画面の [レイアウト] で [配布資料] を指定します。1ページに2～9枚のスライドを縮小して印刷できます。

第6章

Outlook の操作をマスターしよう

Section 01　Outlook 2021 for Mac の概要

Section 02　Outlook 2021 の画面構成

Section 03　Outlook 2021 の設定をする

Section 04　Windows 版 Outlook のデータを取り込む

Section 05　メールを作成・送信する

Section 06　メールを受信して読む

Section 07　メールを返信・転送する

Section 08　メールをフォルダーで整理する

Section 09　メールを自動仕分けする

Section 10　署名を作成する

Section 11　メールの形式を変更する

Section 12　メールを検索する

Section 13　迷惑メール対策を設定する

Section 14　連絡先を作成する

Section 15　連絡先リストを作成する

Section 16　予定表を活用する

Section 17　タスクを活用する

Outlook 2021 for Mac の概要

覚えておきたいキーワード

Outlook 2021 for Mac

機能の切り替え

メールの管理

Outlook 2021 for Mac（以下、Outlook 2021）は、メール、予定表、連絡先、タスク、メモの5つの機能を1つにまとめたアプリケーションです。画面左下のアイコンをクリックしてビューを切り替え、それぞれの機能を利用します。

1 ビューをすばやく切り替えできる

メール、予定表、連絡先、タスク、メモの各機能を切り替えるボタンが画面の左下にアイコンで表示されています。目的の機能のアイコンをクリックすると、ビューがすばやく切り替わります。

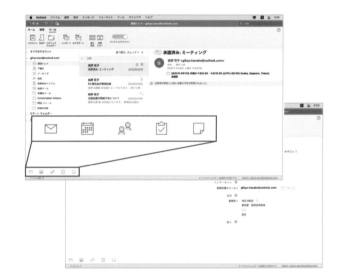

2 メールをまとめて管理できる

複数のメールアカウントを登録できるので、アカウントごとにアプリケーションを変えたり、アドレス帳を別にしたりする必要がありません。受信メールもすべてまとめて確認できるので、メールを効率よく整理できます。また、メールの最初の文が件名のすぐ下に表示されるので、メールを開かずに内容を判断しやすくなっています。

③ 多彩な表示方法で使いやすい予定表

Outlookの予定表は、カレンダーと予定表を組み合わせた形式でスケジュールを管理します。使い方に応じて、日／稼働日／週／月単位に表示を切り替えできるので、予定を効率的に管理できます。予定表には、現在地の今日から3日間の天気予報が表示されています（画面の大きさによって表示は異なります）。

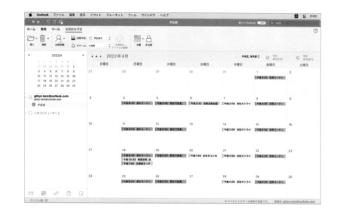

④ ビジネスやプライベートで使い分けができる連絡先

連絡先には、相手の名前や電子メールアドレスだけでなく、自宅の住所や電話番号、勤務先の情報などを登録して管理できます。また、複数の連絡先を連絡先リストとしてまとめて登録しておくことで、決められたメンバーに同時にメールを送信できます。

⑤ 作業の管理に役立つタスクの活用

タスク（仕事）の開始日や期限、アラームや重要度などを設定して予定を管理できます。終了日を過ぎたタスクも確認できるので、進捗状況のチェックやスケジュールの管理などにも役立ちます。

Section 02 Outlook 2021の画面構成

覚えておきたいキーワード

フォルダーウィンドウ

アイテムリスト

閲覧ウィンドウ

Outlook 2021の画面は、それぞれの機能によって異なりますが、Officeソフトに共通のメニューバーとリボンメニューは、各ビューに搭載されています。画面左下の［メール］［予定表］［連絡先］［タスク］［メモ］のアイコンをクリックすると、ビューが切り替わります。

1 基本的な画面構成

Outlook 2021の画面はそれぞれの機能によって異なりますが、「メール」の画面は、下図のような構成になっています。フォルダーウィンドウやアイテムリスト、閲覧ウィンドウなどは、非表示にする、位置を移動する、並べ替えるなど、使いやすいようにカスタマイズできます。

1 メニューバー **2** クイックアクセスツールバー **3** タブ **4** タイトルバー **10** メッセージヘッダー **5** 検索ボックス **6** リボン

7 フォルダーウィンドウ **8** ビューの切り替え **9** アイテムリスト **11** 閲覧ウィンドウ（プレビューウィンドウ）

第6章 Outlookの操作をマスターしよう

1 メニューバー

Outlookで使用できるすべてのコマンドが、メニューごとにまとめられています。

2 クイックアクセスツールバー

よく使用されるコマンドが表示されています。

3 タブ

Outlookの機能を実行するための機能が、[ホーム][整理][ツール]の3つのタブに分類されています。名前の部分をクリックしてタブを切り替えます。

4 タイトルバー

現在開いているビューやフォルダーの名前が表示されます。

5 検索ボックス

メッセージや連絡先などのアイテムを検索できます。

6 リボン

コマンドをタブごとに分類して表示します。コマンドは、選択したビューに合わせて切り替わります。

7 フォルダーウィンドウ

すべてのアカウントの受信トレイと、送受信したメールを保存しているフォルダーなどが一覧表示されます。フォルダーをクリックすると、右側のアイテムリストにその内容が表示されます。

8 ビューの切り替え

メール、予定表、連絡先、タスク、メモを用途に応じて切り替えます。クリックすると、そのビューに切り替わります。

9 アイテムリスト

フォルダーウィンドウで選択した送受信メールが一覧で表示されます。

10 メッセージヘッダー

アイテムリストで選択したメールの件名や送信者、送信日時、宛先などが表示されます。

11 閲覧ウィンドウ（プレビューウィンドウ）

アイテムリストで選択したメールの内容が表示されます。使用中のビューによって、表示される内容が変わります。

2 画面のレイアウトを変更する

1 閲覧ウィンドウの位置を切り替える

[整理]タブをクリックして、[閲覧ウィンドウ]をクリックし、表示位置を指定します（初期設定は「右」）。閲覧ウィンドウを非表示にする場合は、[オフ]をクリックしてオンにします。

2 アイテムリストを並べ替える

[整理]タブをクリックして、[整列]をクリックし、表示されるメニューから並べ替える条件を選択します。初期設定では、アイテムは日付の新しい順に並んでいますが、日付の古い順に並べ替えることもできます。

Outlook 2021の設定をする

覚えておきたいキーワード

アカウント

電子メールアドレス

パスワード

Outlook 2021を使用して電子メールの送受信を行うには、最初にアカウントを設定する必要があります。アカウントとは、電子メールの送受信に必要な電子メールアドレス、ユーザー名、パスワードなどの情報です。

1 アカウントを設定する

1 [アカウント] をクリックする

[ツール] タブをクリックして■、[アカウント] をクリックします■。

2 [メールアカウントの追加] をクリックする

[アカウント] 画面が表示されるので、[メールアカウントの追加] をクリックします■。

📝 Memo　Outlookを初めて起動した場合

Office 2021 for Macをインストール後に初めてOutlook 2021を起動すると、「Outlookにようこそ」画面が表示されます。画面の指示に従って操作すると、[アカウント]画面が表示されます。

🔍 COLUMN　メールアドレスの種類によって設定の手順が異なる

マイクロソフトが提供するOutlook.comなどのアカウント以外を追加する場合は、追加するメールアドレスの種類によって設定の手順が異なります。Gmailなどメールサービスのメールアドレスを追加する場合は、それぞれのサービスの認証画面でメールアドレスとパスワードを入力し、認証させる必要があります。

3 電子メールアドレスを入力する

[メールを設定する] 画面が表示されるので、
電子メールアドレスを入力して**1**、[続行] をク
リックします**2**。

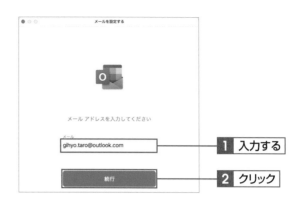

> **Memo** **サーバー情報の入力**
>
> プロバイダーや企業などのメールアドレスを設
> 定する場合は、サーバーのアドレスやポート番
> 号、セキュリティなどの情報も必要になります。

4 パスワードを入力する

パスワードの入力画面が表示されるので、電子
メールアドレスのパスワードを入力して**1**、[サ
インイン] をクリックします**2**。

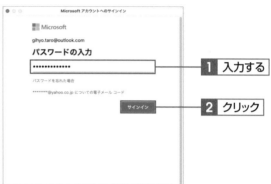

5 アカウントが作成される

アカウントの設定が完了します。[完了] をク
リックします**1**。

COLUMN アカウントを追加する

Outlook 2021 では、複数のアカウン
トを追加できます。手順**1**の方法で [ア
カウント] 画面を表示して、左下の+✓
をクリックし、[新しいアカウント]をク
リックして、2つ目以降のアカウントを
設定します。

Section
04
Windows版Outlookのデータを取り込む

> インポート
>
> エクスポート
>
> Outlookデータファイル

Windows版のOutlookで送受信したメールやアドレス帳などのデータは、Outlook 2021 for Macで読み込んで利用できます。ここでは、Windows版のOutlook 2021でデータをエクスポートし、それをOutlook 2021 for Macでインポートします。

1　Windows版Outlookのデータをエクスポートする

1 [インポート／エクスポート]をクリックする

Windows版のOutlookを起動します。[ファイル] タブをクリックして、[開く／エクスポート] をクリックし**1**、[インポート／エクスポート] をクリックします**2**。

2 [ファイルにエクスポート]をクリックする

[インポート／エクスポートウィザード] が起動します。[ファイルにエクスポート] をクリックして**1**、[次へ] をクリックします**2**。

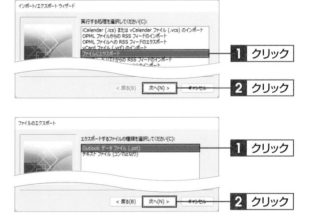

3 ファイルの種類を指定する

エクスポートするファイルの種類を選択する画面が表示されます。[Outlookデータファイル (.pst)] をクリックして**1**、[次へ] をクリックします**2**。

4 エクスポートするフォルダーを指定する

エクスポートするフォルダー（ここでは [受信トレイ]）をクリックします**1**。[サブフォルダーを含む] は、必要に応じてクリックしてオンにし**2**、[次へ] をクリックします**3**。

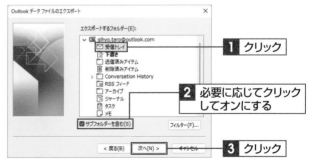

第6章 Outlookの操作をマスターしよう

5 [参照]をクリックする

[Outlookデータファイルのエクスポート]ダイアログボックスが表示されるので、[参照]をクリックします■。

6 保存場所とファイル名を入力する

[Outlookデータファイルを開く]ダイアログボックスが表示されます。エクスポートするファイルの保存場所を指定して■、ファイル名を入力し■、[OK]をクリックします■。

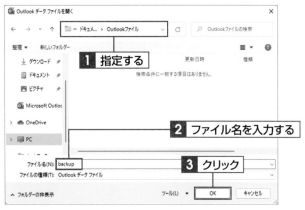

7 重複した場合の処理方法を 指定する

[Outlookデータファイルのエクスポート]ダイアログボックスに戻ります。データが重複した場合の処理方法を指定して■、[完了]をクリックします■。

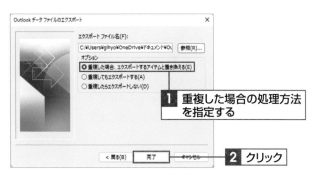

8 パスワードを設定する

[Outlookデータファイルの作成]ダイアログボックスが表示されます。同じパスワードを2回入力して■、[OK]をクリックします■。パスワードを設定しない場合は、パスワード欄を空白のままにします。

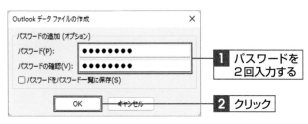

9 パスワードを再度入力する

パスワードを再度入力して■、[OK]をクリックすると■、Outlookのデータファイルがエクスポートされます。同様の方法で、アドレス帳もエクスポートできます。

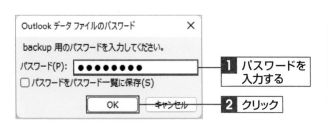

② Windows版Outlookのデータをインポートする

① [インポート]をクリックする

Outlook 2021 for Macの[ツール]タブをクリックして**1**、[インポート]をクリックします**2**。

② インポートする項目を指定する

[インポート]ウィザードが起動するので、[Outlook for Windowsアーカイブファイル(.pst)]をクリックしてオンにし**1**、[続行]をクリックします**2**。

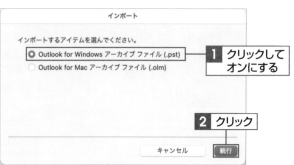

③ インポートするファイルを指定する

インポートするファイルを選択するダイアログボックスが表示されます。Windows版のOutlookからエクスポートしたファイルの保存場所を指定し**1**、インポートするファイルをクリックして**2**、[インポート]をクリックします**3**。

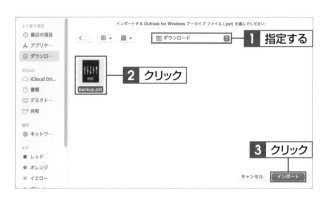

🔍 **COLUMN** 旧バージョンのデータをインポートする

Macに以前のOutlookがインストールされているか、Outlookのデータがある場合は、[インポート]ウィザードで右図が表示されます。以前のバージョンのデータをインポートする場合は[このコンピューター上のOutlook 2011データ]を指定します。なお、Macに保存されているOutlookのデータのバージョンにより、表示される項目が異なります。

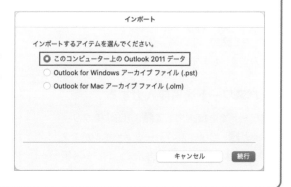

4 パスワードを入力する

Windows版Outlookのデータをエクスポートしたときにパスワードを設定した場合は、パスワードを入力する画面が表示されます。343ページで設定したパスワードを入力して**1**、[続行] をクリックします**2**。

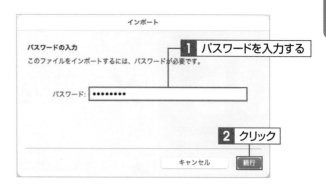

5 [完了]をクリックする

「データをインポートしました。」というメッセージが表示されるので、[完了] をクリックします**1**。インポートするWindows版Outlookのデータのサイズによっては、完了まで数分かかります。

6 メッセージが読み込まれる

Windows版Outlookのメッセージが読み込まれます。

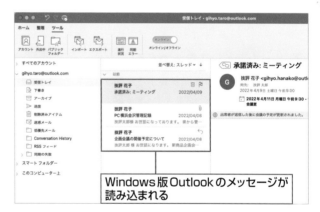

Windows版Outlookのメッセージが読み込まれる

3 アドレス帳をインポートする

1 アドレス帳ファイルを指定する

左ページと同様の方法で、インポートする項目を指定します。Windows版のOutlookからエクスポートしたアドレス帳ファイルの保存場所を指定し**1**、アドレス帳ファイルをクリックして**2**、[インポート] をクリックすると**3**、アドレス帳のデータが読み込まれます。

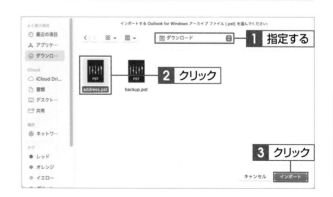

Outlook

Section 05 メールを作成・送信する

覚えておきたいキーワード

新規メール

送信

ファイルの添付

メールを作成・送信するには、［新規メール］をクリックして、メッセージの作成画面を表示し、相手のメールアドレス、件名、本文を入力して［送信］をクリックします。メールには、画像ファイルや文書ファイルなどを添付して送信することもできます。

1 メールを作成して送信する

1 ［新規メール］をクリックする

［ホーム］タブの［新規メール］をクリックします
1。

2 メールアドレスを入力する

メッセージを作成する画面が表示されるので、［宛先］欄にメールアドレスを入力します**1**。

Memo 宛先の候補が表示される

［宛先］欄に名前やメールアドレスの一部を入力すると、宛先の候補が表示される場合があります。該当する宛先が表示された場合は、クリックするとメールアドレスが入力されます。

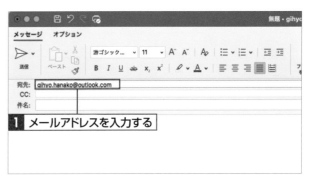

3 件名と本文を入力して送信する

件名を入力して**1**、本文を入力します**2**。［送信］をクリックすると**3**、メールが送信されます。

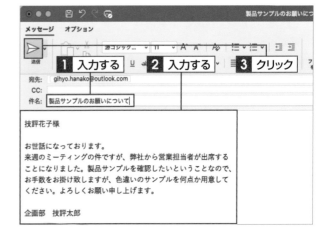

4 メールが送信される

フォルダーウィンドウで [送信] をクリックして
1、送信したメールのタイトルをクリックする
と**2**、送信したメールの内容が確認できます。

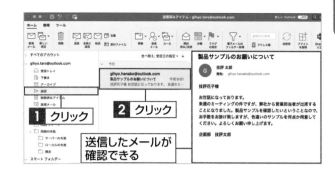

1 クリック

2 クリック

送信したメールが
確認できる

2 メールにファイルを添付して送信する

1 [ファイルを添付] を クリックする

メッセージの作成画面を表示して、宛先と件名
を入力します**1**。本文を入力して**2**、[ファイ
ルを添付] をクリックします**3**。

> ⚠ **Hint** 添付ファイルの容量
>
> 1つのメールに複数のファイルを添付すること
> ができます。なお、容量の合計が30MBを超え
> ることはできません。

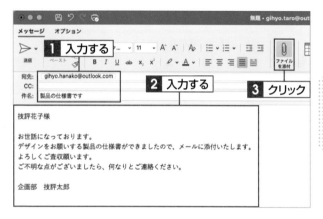

1 入力する

2 入力する

3 クリック

2 添付するファイルを指定する

ダイアログボックスが表示されるので、ファイ
ルの保存場所を指定して**1**、添付するファイ
ルをクリックし**2**、[選択] をクリックしま
す**3**。

1 指定する

2 クリック

3 クリック

3 [送信] をクリックする

ファイルが添付されたことを確認して**1**、[送
信] をクリックします**2**。

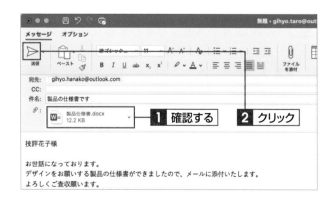

1 確認する

2 クリック

Section
06
メールを受信して読む

受信したメールは［受信トレイ］に保存されます。アイテムリストで読みたいメールのタイトルをクリックあるいはダブルクリックすると、メッセージの内容を読むことができます。ここでは、添付ファイルをプレビュー表示する方法と保存方法を併せて紹介します。

1 メールを受信してメッセージを読む

1 ［送受信］をクリックする

［ホーム］タブの［送受信］をクリックします**1**。

📝 Memo メールの受信

通常、メールの受信は自動的に行われますが、今すぐ受信したい場合は［送受信］をクリックします。

2 メールが受信される

新しく届いたメールが、アイテムリストに表示されます。

📝 Memo メールの保存場所

受信したメールは［受信トレイ］に保存されます。

3 メールのタイトルをクリックする

受信したメールのタイトルをクリックすると**1**、閲覧ウィンドウにプレビューが表示され、メールを読むことができます。

❗ Hint メッセージウィンドウを開く

メールのタイトルをダブルクリックすると、メッセージウィンドウが別に開いて、そこでメールを読むこともできます。

2 添付ファイルをプレビューする

1 [プレビュー]をクリックする

メールに添付されたファイルの ☑ をクリックして**1**、[プレビュー]をクリックします**2**。

2 添付ファイルがプレビューされる

添付ファイルがプレビューされます。プレビュー画面左上の ✖ をクリックすると**1**、プレビューが閉じます。

📝 **Memo** プレビューできるファイル

プレビューできるファイル形式には、ここで紹介した画像ファイルのほかに、PDFファイルやテキストファイル、Officeのファイル、HTML形式のファイルなどがあります。

プレビュー
表示される

3 添付ファイルを保存する

1 [名前を付けて保存]を
クリックする

添付されたファイルの ☑ をクリックして**1**、[名前を付けて保存]をクリックします**2**。

2 ファイルを保存する

ファイル保存のダイアログボックスが表示されます。ファイル名を確認して**1**、保存場所を指定し**2**、[保存]をクリックします**3**。

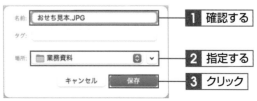

Section
07 メールを返信・転送する

覚えておきたいキーワード

| 返信 |
| 転送 |
| インデント |

受信したメールに返事を出すときは、メールの返信機能を利用します。また、受信したメールをほかの人に送信するときは、メールの転送機能を利用します。これらの機能を使うことで、メールを作成する手間を省き、送信相手を間違えるなどのミスを減らすことができます。

1 受信したメールに返信する

1 [返信] をクリックする

返信するメールのタイトルをクリックして**1**、[ホーム] タブの [返信] をクリックします**2**。

> **Hint** 全員に返信する
>
> メールが複数の人に送られている場合、[全員に返信] をクリックすると、そのメールを送られたすべての人にメールが送信されます。

2 返信メールの作成画面が表示される

返信メールの作成画面が表示され、自動的に宛先（差出人）と件名が入力されます。件名には先頭に「Re：」が付きます。画面には、受信したメールの内容が引用されます。

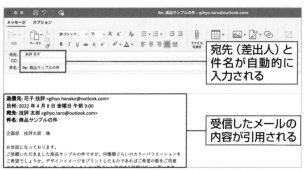

宛先（差出人）と件名が自動的に入力される

受信したメールの内容が引用される

3 本文を入力して返信する

返信の本文を入力して**1**、[送信] をクリックします**2**。

> **Memo** 返信時の添付ファイル
>
> もとのメールに添付ファイルがある場合、返信するメールにはファイルは添付されません。

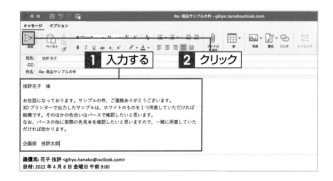

② 受信したメールをほかの人に転送する

1 [転送] をクリックする

転送するメールのタイトルをクリックして**1**、[ホーム] タブの [転送] をクリックします**2**。

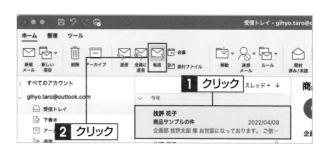

2 転送メールの作成画面が表示される

転送メールの作成画面が表示され、先頭に「FW:」が付いた件名が自動的に入力されます。画面には、受信したメールの内容が表示されます。

> 📝 **Memo**　**転送時の添付ファイル**
>
> 添付ファイルがある受信メールを転送すると、転送メールにも同じファイルが添付されます。添付ファイルを削除するには、右の画面で添付ファイルをクリックして、delete を押します。

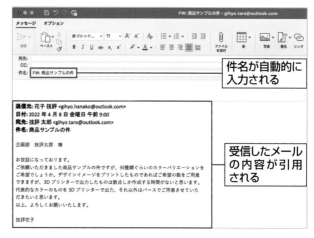

件名が自動的に入力される

受信したメールの内容が引用される

3 メールアドレスを入力して転送する

転送先のメールアドレスを入力します**1**。必要に応じて本文を入力し**2**、[送信] をクリックします**3**。

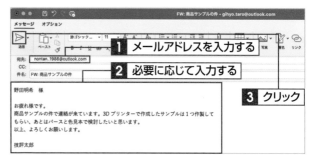

1 メールアドレスを入力する

2 必要に応じて入力する

3 クリック

🔍 **COLUMN**　**メッセージのインデントを表示させないようにする**

メールに返信または転送する場合、もとのメールの本文（メッセージ）であることを示すインデントが表示されます。インデントを表示させないようにするには、[作成] 画面を表示して（358ページ参照）、[元のメッセージの各行をインデントする] をクリックしてオフにします。

Section 08 メールをフォルダーで整理する

覚えておきたいキーワード

| 新しいフォルダー |
| 移動 |
| 削除 |

メールを効率よく整理するには、フォルダーを作成してメールを仕分けします。フォルダー名は自由に付けられるので、どのようなメールを仕分けしたのか、判断しやすい名前を付けておきましょう。フォルダーの中に、さらに別のフォルダー（サブフォルダー）を作成することもできます。

1 フォルダーを作成する

1 [新しいフォルダー]をクリックする

フォルダーを作成する場所（ここでは［受信トレイ］）をクリックします。［整理］タブをクリックして❶、［新しいフォルダー］をクリックします❷。

2 フォルダーが作成される

［名称未設定フォルダー］という新しいフォルダーが作成されます。

3 フォルダー名を入力する

［名称未設定フォルダー］をクリックして、新しいフォルダー名を入力し❶、[return]を押します❷。

! Hint　フォルダー名の変更

作成したフォルダーの名前は、同様の方法で適宜変更できます。

② メールをフォルダーに移動する

1 移動先フォルダーを指定する

移動したいメールをクリックします**1**。[ホーム] タブの [移動] をクリックして**2**、移動先フォルダー（ここでは [ビジネスメール]）をクリックします**3**。

> 📝 **Memo** 別のフォルダーに移動させる
>
> [移動] をクリックすると、直前に作成したフォルダーが表示されます。ほかのフォルダーに移動させる場合は、**3** で [その他のフォルダー] をクリックして、移動先を指定します。

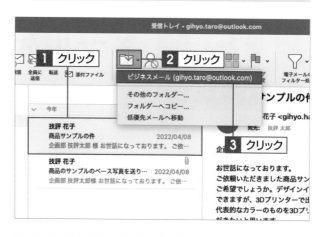

2 メールがフォルダーに移動される

移動先のフォルダーをクリックすると**1**、メールが移動しているのが確認できます。

> ⚠️ **Hint** 複数のメールを移動する
>
> 複数のメールを同時に移動する場合は、移動したいメールをすべて選択した状態で、移動先のフォルダーを指定します。

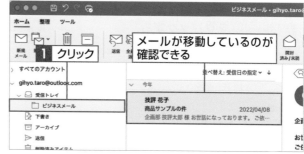

③ フォルダーを削除する

1 [削除] をクリックする

削除するフォルダーをクリックして**1**、[ホーム] タブの [削除] をクリックします**2**。フォルダーを削除すると、フォルダー内のメールも削除されます。

🔍 **COLUMN** ドラッグ操作でも移動できる

メールを移動先のフォルダーにドラッグして移動させることもできます。複数のメールを同時に移動する場合は、移動したいメールをすべて選択した状態でドラッグします。

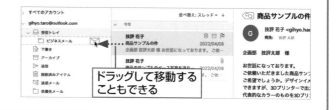

Section 09

メールを自動仕分けする

覚えておきたいキーワード

- 自動仕分け
- ルール
- ルールの編集

受信メールが増えた場合は、メールの仕分けのルールを作成し、受信したメールを自動的にフォルダーに振り分けるようにすると効率的です。メールサーバーなどの影響で [ホーム] タブから操作できない場合は、[ツール] メニューから操作します。

1 [ホーム] タブから仕分けルールを作成する

1 [ルール] をクリックする

受信したメールをクリックして**1**、[ホーム] タブの [ルール] をクリックし**2**、[次の宛先へのメッセージを移動] をクリックします**3**。

> 📝 **Memo** 特定の差出人からのメールのルール
>
> アドレス帳に登録されているユーザーからの受信メールのルールを作成する場合は、[次の差出人からのメッセージを移動] をクリックします。

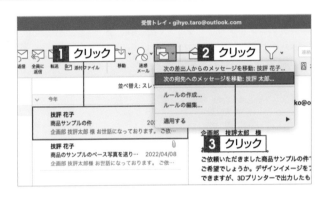

2 移動先フォルダーを指定する

移動先フォルダーを検索するダイアログボックスが表示されるので、[検索] ボックスに移動先フォルダーを入力します**1**。フォルダーが表示されるので、移動先フォルダーをクリックして**2**、[選択] をクリックします**3**。

> 📝 **Memo** 移動先のフォルダー
>
> ルールを使用してメールの自動仕分けを作成する場合は、あらかじめ移動先のフォルダーを作成しておく必要があります。

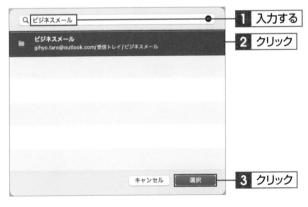

3 仕分けルールが実行される

作成したルールで自動仕分けが実行され、対象の受信メールが指定したフォルダーに移動されます。

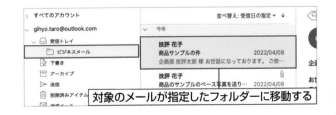

対象のメールが指定したフォルダーに移動する

第6章 Outlookの操作をマスターしよう

② [ツール]メニューから仕分けルールを作成する

1 [ルール]をクリックする

受信したメールをクリックして**1**、[ツール]メニューをクリックし**2**、[ルール]をクリックします**3**。

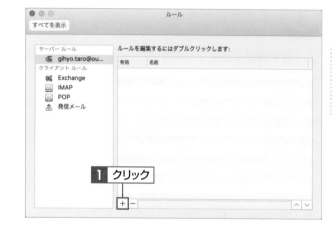

2 ルールを追加する

[ルール]画面が表示されるので、＋をクリックします**1**。

3 条件と移動先のフォルダーを指定する

ルール名を設定し**1**、ルールの条件を指定します**2**。続いて、メールに対する処理（ここでは特定のフォルダーへの移動）を指定し**3**、[OK]をクリックします**4**。

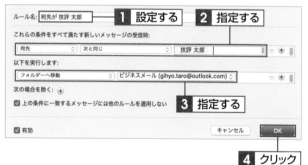

🔍 COLUMN　作成した仕分けルールを編集／削除する

作成した仕分けルールを編集するには、[ホーム]タブの[ルール]から[ルールの編集]あるいは[ツール]メニューの[ルール]をクリックします。[ルール]画面が表示されるので、編集するルールをダブルクリックし、表示されるダイアログボックスで編集します。削除する場合は、[ルール]画面でルールをクリックして□をクリックし、確認のメッセージで[削除]をクリックします。

署名を作成する

覚えておきたいキーワード

| 署名 |
| 既定の署名 |
| 署名の割り当て |

メールを送信する場合、メッセージの最後に名前や連絡先などの送信者の情報を入力することが通例です。この情報をすばやく入力する機能が署名です。あらかじめ署名を作成しておけば、メッセージの作成画面に署名を自動的に挿入できます。

1 署名を作成する

1 [環境設定] をクリックする

[Outlook] メニューをクリックして1、[環境設定] をクリックします2。

> **Hint** ショートカットキーを使う
>
> ⌘を押しながら,を押しても、[Outlook環境設定] 画面が表示されます。

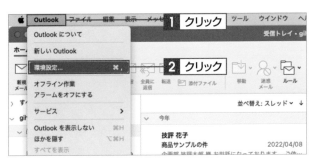

2 [署名] をクリックする

[Outlook環境設定] 画面が表示されるので、[メール] の [署名] をクリックします1。

3 署名を追加する

[署名] 画面が表示されるので、＋ をクリックします1。

> **Hint** 署名を削除する
>
> 不要になった署名を削除する場合は、右の画面の [署名名] で削除する署名をクリックして、－ をクリックし、確認のメッセージで [削除] をクリックします。

4 署名の名称を入力する

署名の作成画面が表示されるので、署名の名称を入力します **1**。

5 署名の情報を入力する

会社名や名前、連絡先など必要な情報を入力して **1**、[保存] をクリックし **2**、✖ をクリックして閉じます **3**。

! Hint 署名の文字を装飾する

署名の作成画面では、フォントの種類やサイズ、文字修飾の設定、画像の挿入などが可能ですが、送信先の環境によっては、正しく表示されない場合があります（359ページCOLUMN参照）。

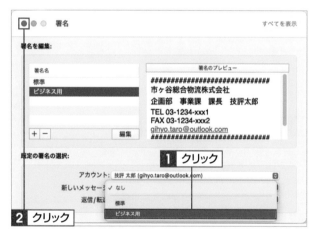

6 既定の署名として設定する

作成した署名が登録されます。[新しいメッセージ] の ⬇ をクリックして、作成した署名をクリックすると **1**、既定の署名として設定されます。設定が完了したら ✖ をクリックします **2**。

! Hint アカウントごとに割り当てる

Outlookに複数のアカウントを設定している場合、アカウントごとに署名を割り当てておくこともできます。[アカウント] の ⬇ をクリックして、アカウントを指定します。

🔍 COLUMN　メールごとに署名を選択するには

既定の署名を設定している場合は、メッセージの作成画面を開くと、自動的にその署名が入力されます。別の署名を入力する場合は、既定の署名を削除して、[署名] をクリックし、新たに挿入する署名をクリックします。

メールの形式を変更する

覚えておきたいキーワード

| 環境設定 |
| HTML形式 |
| テキスト形式 |

Outlookでは、HTML形式とテキスト形式の2種類のメールを作成できますが、HTML形式のメールは、送信先の環境によっては正しく表示されないことがあります。これを防ぐために、通常はテキスト形式のメールを使い、必要に応じてHTML形式を使うようにしましょう。

1 メッセージの形式をテキスト形式に変更する

1 [環境設定]をクリックする

[Outlook]メニューをクリックして**1**、[環境設定]をクリックします**2**。

Hint ショートカットキーを使う

⌘を押しながら⌂を押しても、[Outlook環境設定]画面が表示されます。

2 [作成]をクリックする

[Outlook環境設定]画面が表示されるので、[メール]の[作成]をクリックします**1**。

3 HTML形式の設定をオフにする

[作成] の [HTML] 画面が表示されます。[形式とアカウント] の [既定ではHTMLでメッセージを作成する] をクリックしてオフにします**1**。

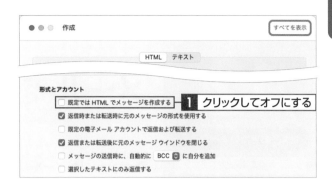

4 テキスト形式メールを設定する

[テキスト] をクリックして**1**、テキスト形式メールの設定を確認あるいは変更します**2**。[形式とアカウント] の項目は必要に応じて設定し**3**、⊗ をクリックします**4**。

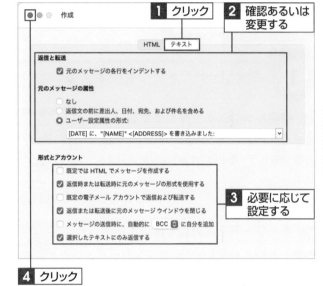

🔍 COLUMN テキスト形式とHTML形式

Outlookで使用できるメールの形式には、文字だけで作成するテキスト形式と、文字サイズや色などを設定したり、画像などを貼り付けたりできるHTML形式があります。HTML形式は、相手のメールソフトによっては見え方が異なったり、正しく表示されないことがあります。必要な場合を除き、通常はテキスト形式のメールで送信するようにしましょう。

Section
12
メールを検索する

覚えておきたいキーワード

検索ボックス

［検索］タブ

検索結果を閉じる

Outlookには、メールの検索機能が用意されており、過去に送受信したメールをかんたんに見つけることができます。キーワードや件名、差出人などで検索できるほか、サブフォルダーを含めた検索、添付ファイルの有無、受信日時などを指定して検索することもできます。

① キーワードでメールを検索する

1 検索ボックスをクリックする

画面右上の検索ボックスをクリックすると①、各種検索を行うための［検索］タブが表示されます。

2 キーワードを入力して検索する

検索ボックスに検索キーワード（ここでは「写真」）を入力すると①、検索結果が表示されます。検索したキーワードには、黄色いマーカーが表示されます。

② サブフォルダー内を含めてメールを検索する

1 ［サブフォルダー］を
クリックする

［検索］タブの［サブフォルダー］をクリックすると①、選択したフォルダーとその中にあるフォルダーを含めた検索結果が表示されます。

🔑 Keyword　サブフォルダー

［受信トレイ］など既存のフォルダー内に作成されたフォルダーをサブフォルダーといいます。サブフォルダーは任意で作成したり、削除したりできます（P.352参照）。

③ 添付ファイルのあるメールを検索する

1 [添付ファイル付き]を クリックする

[検索] タブの [添付ファイル付き] をクリックして**1**、[添付ファイルあり] をクリックします**2**。

! Hint 添付ファイルのサイズ

添付ファイルのサイズを指定して検索することもできます。サイズはメールに添付されているすべてのファイルの合計サイズです。

2 添付ファイル付きのメールが 検索される

ファイルが添付されているメールが表示されます。

④ 受信日時でメールを検索する

1 [受信日時] を指定する

[検索] タブの [受信日時] をクリックして**1**、受信日時（ここでは [今週]）をクリックします**2**。

2 検索結果が表示される

指定した日時に受信したメールが表示されます。検索が終了したら、[検索] タブの [検索結果を閉じる] をクリックして**1**、検索結果を閉じます。

! Hint 検索条件を組み合わせる

メールの検索では、キーワード、添付ファイルあり、受信日時、サブフォルダー内を含めて検索など、複数の条件を組み合わせて検索できます。

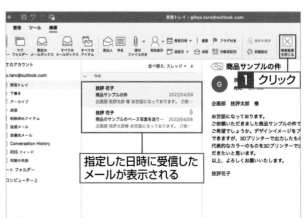

Section

13

迷惑メール対策を設定する

覚えておきたいキーワード

迷惑メール

迷惑メールの基本設定

受信拒否

商品の宣伝などの勧誘メールやフィッシング詐欺サイトへ誘導するメールなど、本人が求めていないのに届くメールを迷惑メールと呼びます。迷惑メールは、自動的に[迷惑メール]フォルダーに移動させたり受信拒否をしたりすることで、手動で削除する手間を省くことができます。

① 受信拒否リストに登録する

1 [迷惑メールの基本設定]をクリックする

[ホーム]タブの[迷惑メール]をクリックして１、[迷惑メールの基本設定]をクリックします２。なお、メールサービス側で迷惑メールの設定を行っている場合は、基本設定が選択できない場合があります。

2 [受信拒否リスト]をクリックする

[迷惑メール]画面が表示されるので、[受信拒否リスト]をクリックして１、＋をクリックします２。

3 受信拒否リストに登録する

受信拒否をしたいメールアドレスまたはドメインを入力して１、return を押します２。登録が完了したら、✖をクリックします３。

🔑 **Keyword　ドメイン**

ドメインとは、インターネット上にあるサーバー（コンピューター）を識別するための文字列のことです。電子メールアドレスの場合、「@」より後ろの部分を指します。

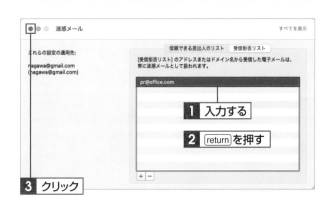

第6章　Outlookの操作をマスターしよう

② 受信メールを迷惑メールや受信拒否に設定する

① [迷惑メール] をクリックする

迷惑メールに設定するメールをクリックして**①**、
[ホーム] タブの [迷惑メール] をクリックし**②**、
[迷惑メール] をクリックします**③**。

> **！ Hint** 　受信拒否に設定する
>
> 受信したメールを受信拒否に設定する場合は、
> [受信拒否リスト] をクリックします。受信拒否
> に設定すると、これ以降、そのアドレスから送
> 信されたメールが受信されなくなります。

② メールが迷惑メールに設定される

[迷惑メール] フォルダーをクリックすると**①**、
迷惑メールに設定したメールが移動しているこ
とが確認できます。

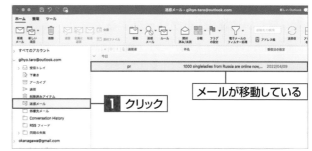

③ 迷惑メールの設定を解除する

① 迷惑メールを解除する

[迷惑メール] フォルダーをクリックして、迷惑
メールを解除するメールをクリックします**①**。
[迷惑メール] をクリックして**②**、[迷惑メール
ではないメール] をクリックします**③**。

🔍 COLUMN　信頼できる差出人のリストに登録する

受信したメールが間違って迷惑メールと
して判断されたなど、迷惑メールの対象
から除きたいメールがある場合は、前
ページの手順 **①** の方法で [迷惑メール]
画面を表示し、[信頼できる差出人のリ
スト] に登録しましょう。

Section 14

連絡先を作成する

覚えておきたいキーワード

連絡先
新しい連絡先
連絡先の登録

連絡先では、電子メールアドレスだけでなく、自宅の住所や電話番号、勤務先などの情報を登録して管理できます。連絡先への登録は[ホーム]タブの[新しい連絡先]から登録する方法と、受信したメールから登録する方法があります。

① 連絡先を登録する

1 [新しい連絡先]をクリックする

画面左下の[連絡先]をクリックして**1**、連絡先画面を表示します。[ホーム]タブの[新しい連絡先]をクリックします**2**。

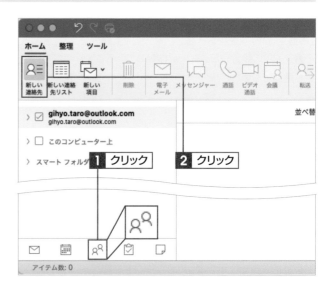

2 連絡先を入力して保存する

連絡先の登録画面が表示されるので、氏名とふりがなを[姓]、[名]、[姓のふりがな]、[名のふりがな]欄にそれぞれ入力します**1**。必要に応じて連絡先の情報を入力し**2**、[保存して閉じる]をクリックします**3**。

Stepup 勤務先と自宅を登録できる

連絡先には、勤務先だけでなく自宅の情報を登録することもできます。登録する場合は[住所]の右にある⊕をクリックして[自宅]をクリックし、表示される欄に入力します。

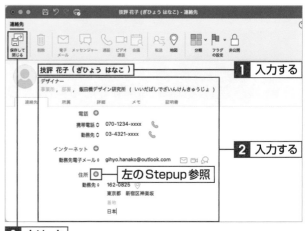

③ 連絡先が登録される

連絡先が登録されます。

---

② 受信メールの差出人から登録する

① [Outlookの連絡先を開く]を
クリックする

画面左下の[メール]をクリックして❶、メール画面を表示し、連絡先を登録したい差出人のメールをクリックします❷。送信者名にマウスポインターを合わせると❸、ポップアップが表示されるので、[Outlookの連絡先を開く]をクリックします❹。

② 連絡先の登録画面が表示される

連絡先の登録画面が表示されます。

📝 **Memo** **Outlookの連絡先を開く**

ポップアップが表示されない場合は、手順① で[control]を押しながら送信者名をクリックして、表示されるメニューの[Outlook連絡先を開く]をクリックします。

③ 必要な情報を入力して保存する

必要な情報を入力して❶、[保存して閉じる]をクリックします❷。

❗ **Hint** **連絡先の情報を変更する**

画面左下の[連絡先]をクリックして連絡先画面を表示します。変更したい連絡先をクリックすると、連絡先を登録する画面が閲覧ウィンドウに表示されるので、目的の項目をクリックして編集します。

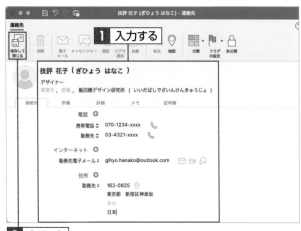

Outlook

Section 15 連絡先リストを作成する

覚えておきたいキーワード

| 新しい連絡先リスト |
| リスト名 |
| Bcc |

複数の相手に同じメールを送信するときは、宛名の欄にそれぞれのメールアドレスを入力しますが、相手が多い場合は手間がかかります。いつも送信する相手が決まっている場合は、送信先のメールアドレスを連絡先リストに登録しましょう。連絡先リストを使用してメールを一斉送信できます。

第6章 Outlookの操作をマスターしよう

1 新しい連絡先リストを作成する

1 [新しい連絡先リスト]を クリックする

画面左下の[連絡先]をクリックして①、連絡先画面を表示します。[ホーム]タブの[新しい連絡先リスト]をクリックします②。

2 リスト名を入力する

連絡先リストの登録画面が表示されるので、リスト名を入力します①。

> **! Hint** Bccを使用して送信する
>
> メールの送信時にメンバーのアドレスを非表示にする場合は、[Bccを使用してメンバー情報を非表示にする]をクリックしてオンにします。

3 名前とメールアドレスを入力する

名前欄をダブルクリックして、相手の名前を入力します①。同様の方法でメールアドレスを入力します②。連絡先に登録済みの相手の場合、入力中に名前とメールアドレスが表示されるので、そこから入力することもできます。

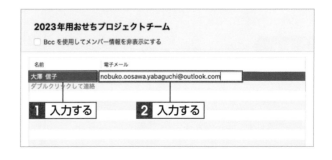

4 [保存して閉じる]を
クリックする

連絡先リストに登録するほかのメンバーの名前とメールアドレスを入力し**1**、[保存して閉じる]をクリックします**2**。

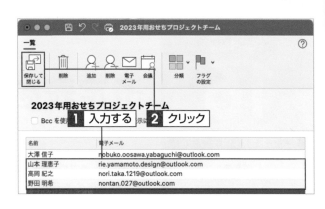

5 連絡先リストが作成される

連絡先リストが作成されます。

---

2 連絡先リストを利用してメールを送信する

1 連絡先リストをクリックする

メールを送信する連絡先リストをクリックして**1**、[ホーム]タブの[電子メール]をクリックします**2**。

2 メールを送信する

メッセージの作成画面が表示されるので、宛先が連絡先リストになっていることを確認します**1**。メールの件名や本文を入力して**2**、[送信]をクリックします**3**。

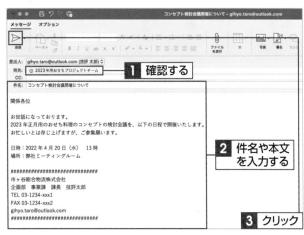

Section 16

予定表を活用する

覚えておきたいキーワード

| 予定表 |
| アラーム |
| 定期的なアイテム |

Outlookの予定表は、個人やビジネスの予定を入力して管理するツールです。予定表の表示は、1日単位、1週間単位、1か月単位など、目的に応じて切り替えることができます。重要な予定を忘れないようにアラームを設定することもできます。

1 予定表の表示を切り替える

1 1日単位の予定表を表示する

画面左下の［予定表］をクリックして**1**、予定表画面を表示します。［ホーム］タブの［日］をクリックすると**2**、1日単位の予定表が表示されます。

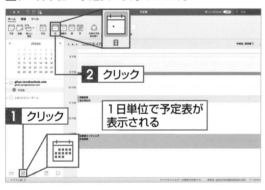

2 稼働日の予定表を表示する

［稼働日］をクリックすると**1**、月曜日から金曜日までの予定表に切り替わります。

3 1週間単位の予定表を表示する

［週］をクリックすると**1**、日曜日から土曜日までの1週間単位の予定表に切り替わります。

4 1か月単位の予定表を表示する

［月］をクリックすると**1**、1か月単位の予定表に切り替わります。

第6章 Outlookの操作をマスターしよう

② 予定を作成する

1 [予定]をクリックする

[ホーム]タブの[予定]をクリックします**1**。

3 アラームを設定する

[アラーム]横のボタンをクリックして**1**、予定のどのくらい前にアラーム通知するか指定します。ここでは[1時間]をクリックします**2**。

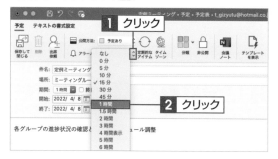

5 分類を割り当てて保存する

[分類]をクリックして**1**、分類項目（371ページCOLUMN参照）をクリックします**2**。[保存して閉じる]をクリックします**3**。

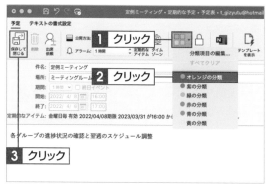

2 予定を入力する

予定を作成する画面が表示されるので、件名、場所、開始日と終了日、時刻などを入力し**1**、必要に応じてメモを入力します**2**。

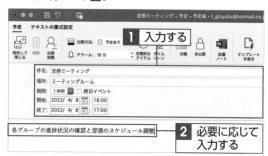

4 定期的なアイテムに設定する

[定期的なアイテム]をクリックして、繰り返しを選択し（ここでは[毎週]）**1**、曜日や開始日、終了日、時刻などを設定して**2**、[OK]をクリックします**3**。

6 予定が表示される

作成した予定が表示されます。

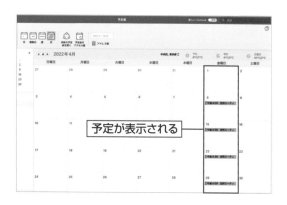

3 登録した予定を変更する

1 予定をダブルクリックする

変更する予定をダブルクリックします**1**。

2 予定の内容が表示される

登録されている予定の内容が表示されます。

3 予定を変更して保存する

内容を変更して**1**、[保存して閉じる]をクリックします**2**。ここでは、ミーティングの開催日を変更し、メモを追加しています。

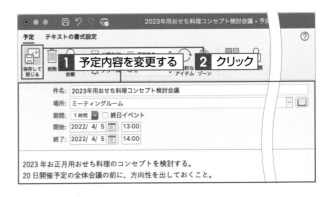

4 予定が変更される

変更した内容が予定表に反映されます。

4 登録した予定を削除する

1 削除する予定をクリックする

削除したい予定をクリックして**1**、[予定] タブの [削除] をクリックします**2**。

> **Memo** そのほかの方法

[予定] タブの [削除] をクリックするかわりに、[delete] を押しても削除できます。なお、定期的な予定を削除する場合は、手順**2**のあとで [このアイテムのみ] または [定期的なアイテム] をクリックします。

2 [削除] をクリックする

確認のメッセージが表示されるので、[削除] をクリックします**1**。

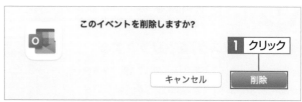

3 予定が削除される

選択した予定が削除されます。

> **Memo** Office 365 の場合

Office 365 の場合は、削除したい予定をクリックして、表示されるメニューから [予定の削除] をクリックしても削除できます。この場合、確認のメッセージは表示されません。

第
6
章

Outlookの操作をマスターしよう

🔍 COLUMN 分類項目を編集する

分類項目は、初期設定で [オレンジの分類] [赤の分類] のように、色がそのまま分類名になっていますが、任意の名称に設定できます。[整理] タブをクリックして [分類] をクリックし、表示される [分類] 画面で設定します。名前の部分をダブルクリックすると、変更できます。また、＋ をクリックすると分類の追加、－をクリックすると削除ができます。

Outlook

Section
17

タスクを活用する

覚えておきたいキーワード

タスク
期限
重要度

Outlookで作成するタスクとは、やらなければならない仕事（作業）のことです。これから取り組む仕事の期限を設定し、必要に応じて開始日やアラームの通知日時を設定します。予定表に似た機能ですが、タスクは開始日と期限を仕事単位で管理します。

1 タスクを登録する

1 [新しいタスク]をクリックする

画面左下の [タスク] をクリックして**1**、タスク画面を表示します。[ホーム] タブの [新しいタスク] をクリックします**2**。

2 タスク名と期限を設定する

タスクの作成画面が表示されるので、タスク名を入力して**1**、[期限] をクリックしてオンにします**2**。カレンダーのアイコンをクリックすると**3**、カレンダーが表示されるので、期限にする日付をクリックして指定します**4**。

3 開始日とアラームを設定する

同様にタスクの開始日とアラームの通知日時を
設定し**1**、必要に応じてメモを入力します**2**。

Memo 開始日とアラームは任意

タスクを作成する際、期限の設定は必須ですが、
開始日とアラーム、メモの入力は任意なので、
必要に応じて設定します。

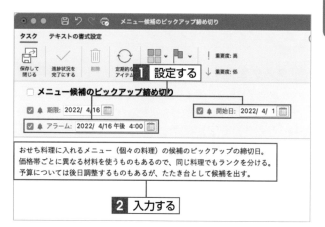

4 分類を設定する

[分類]をクリックし**1**、設定する分類（ここ
では［赤の分類］）をクリックします**2**。

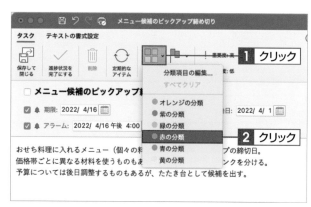

5 重要度を設定する

[重要度：高]をクリックして**1**、タスクの重要
度を設定し、［保存して閉じる］をクリックしま
す**2**。

Memo 「重要度：高」を取り消す

「重要度：高」の設定を取り消す場合は、再度［重
要度：高］をクリックします。

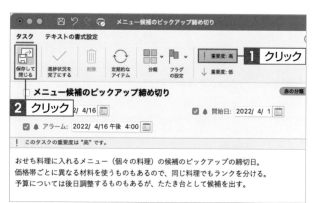

6 タスクが作成される

設定した条件でタスクが作成されます。

② タスクを完了する

① タスクをクリックする

タスクが完了したら、アイテムリストに表示されているタスクの□をクリックしてオンにします**1**。

② アイテムリストから削除される

タスクを完了にすると、アイテムリストに表示されなくなります。

③ 完了したタスクを確認する

① [完了済み] をクリックする

[ホーム] タブの [完了済み] をクリックしてオンにすると**1**、完了したタスクが表示されます。完了したタスク名には、取り消し線が表示されます。

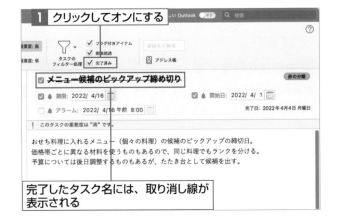

> **！ Hint　タスクを削除する**
>
> 作成したタスクを削除するには、タスクをクリックして [ホーム] タブの [削除] をクリックするか、[delete]を押し、確認のメッセージで [削除] をクリックします。

🔍 COLUMN　タスクを変更する

登録したタスクの内容は必要に応じて変更できます。変更したいタスクのタイトルをクリックして、画面の右側に表示される閲覧ウィンドウで変更します。また、タスクのタイトルをダブルクリックしてタスクの作成画面を表示し、そこで変更することもできます。

第 7 章

OneDrive の操作をマスターしよう

Section 01 OneDrive の概要

Section 02 OneDrive アプリをインストールする

Section 03 Web ブラウザーから OneDrive を利用する

Section 04 Web ブラウザーから Office アプリを利用する

Section 05 ファイルの表示方法を変更する

Section 06 ほかのユーザーとファイルを共有する

Section 07 共有するユーザーを追加・削除する

Section 08 ファイルを検索する

Section 09 ファイルの履歴を管理する

Section 10 ファイルを印刷する

Section 11 削除したファイルをもとに戻す

Section 12 パスワードを変更する

Section 13 スマートフォンで OneDrive を利用する

Section 14 スマートフォンで Office のファイルを利用する

Section 15 OneDrive の容量を増やす

Section 01

OneDriveの概要

覚えておきたいキーワード

OneDrive

Microsoftアカウント

Office Online

OneDrive（ワンドライブ）は、マイクロソフトが提供するオンラインストレージサービスです。Microsoftアカウントを利用しているユーザーであれば無料で利用でき、ほかのユーザーとファイルを共有したり、Webブラウザーで Officeファイルを利用したりできます。

1 パソコンやスマートフォン、タブレットと同期できる

OneDriveアプリをインストールすると、パソコンの OneDriveフォルダー内のファイルと、WebブラウザーのOneDrive内のファイルが自動的に同期されます。OneDriveを利用すると、パソコンやスマートフォン、タブレットなど、どこからでもファイルを閲覧したり、編集したりできます。

2 WebブラウザーからOfficeアプリを利用できる

OneDriveに保存したOfficeアプリのファイルは、Webブラウザーの「Office Online」で編集することができます。Office Onlineは、マイクロソフトが無料で提供するオンラインアプリケーションです。Excelのほかに、Word や PowerPoint などの Officeアプリケーションが利用できます。Office Onlineを利用すると、Officeアプリがインストールされていないパソコンでもファイルを利用することができます。

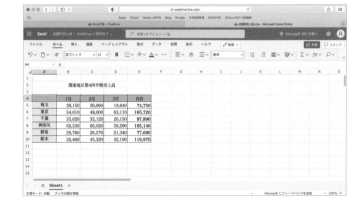

第7章　OneDriveの操作をマスターしよう

3 ほかのユーザーとファイルを共有できる

OneDriveにアップロードしたファイルや新規に作成したファイルは、ほかのユーザーと共有することができます。ファイルを共有するには、共有相手にファイルへのリンクをメールで送信します。共有相手に編集を許可するか、ファイルの閲覧だけを許可するかを指定したり、共有するユーザーを追加や削除したりすることができます。

4 ファイルの履歴を管理できる

OneDriveでは、ファイルの履歴を管理することができます。ファイルのバージョン履歴を表示すると、ファイルに加えられた変更が時系列順に表示されます。ファイルを変更前の状態に戻すこともできます。

5 スマートフォンでOneDriveやOfficeファイルを利用できる

スマートフォン用のOneDriveアプリをインストールすると、スマートフォンでOneDriveのファイルを閲覧できます。また、スマートフォン用のMicrosoft Officeアプリをインストールすると、OneDriveに保存したOfficeアプリのファイルを編集することができます。

02 OneDriveアプリを インストールする

覚えておきたいキーワード

App Store

Apple ID

サインイン

MacでOneDriveを利用するには、App StoreからOneDriveアプリをダウンロードしてインストールする必要があります。インストール後、Microsoftアカウントでサインインして、OneDriveフォルダーの場所を指定し、設定を完了させます。

1 OneDriveアプリをインストールする

1 [App Store] をクリックする

Dockに表示されている [App Store] をクリックします**1**。

> **Memo** **Apple IDでサインインする**
>
> 「～ Appple IDでサインインしてください。」というメッセージが表示された場合は、パスワードを入力して、[サインイン]をクリックします。

2 [入手] をクリックする

App Store が起動します。検索ボックスに「onedrive」と入力して**1**、return を押します**2**。OneDriveが検索されたら、[入手]をクリックします**3**。

3 [インストール] をクリックする

[OneDrive] の [インストール] をクリックします**1**。

> **Memo** **操作手順と画面について**
>
> ここで解説している操作手順と画面は、バージョンアップにより変更されている場合があります。

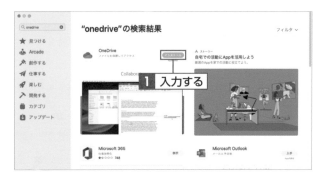

4 [入手] をクリックする

Macにログインしているユーザー名が表示されます。パスワードを入力して**1**、[入手] をクリックします**2**。

5 OneDrive を開く

OneDriveがインストールされます。[開く] をクリックします**1**。

6 [サインイン] をクリックする

「OneDriveの設定」画面が表示されるので、あらかじめ取得したMicrosoftアカウントを入力して**1**、[サインイン] をクリックします**2**。

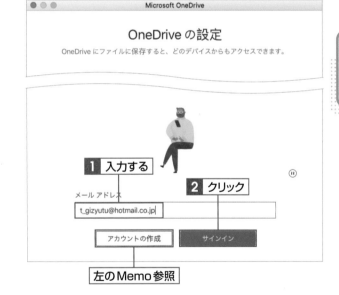

> 📝 **Memo** ▶ **新規にアカウントを作成する**
>
> Microsoftアカウントを持っていない場合は、[アカウントの作成] をクリックして、アカウントを作成します。

7 パスワードを入力する

Microsoftアカウントのパスワードを入力して**1**、[サインイン] をクリックします**2**。

> 📝 **Memo** ▶ **パスワードを忘れた場合**
>
> パスワードを忘れた場合は、[パスワードを忘れた場合] をクリックして、画面の指示に従ってパスワードを再設定します。

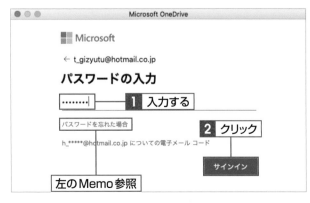

8 ［次へ］をクリックする

プライバシー尊重に関する画面が表示されるので、確認して、［次へ］をクリックします**1**。

9 ［承諾］をクリックする

OneDriveとOfficに関するオプションのデータを送信するかしないかを指定して**1**、［承諾］をクリックします**2**。

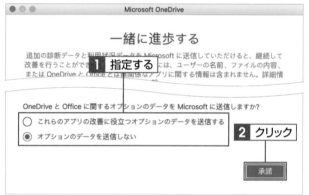

10 OneDriveフォルダーの場所を選択する

「OneDriveフォルダー」画面が表示されるので、［OneDriveフォルダーの場所を選択］をクリックします**1**。

11 ［この場所を選択］をクリックする

フォルダーを選択する画面が表示されるので、OneDriveフォルダーの場所を指定して**1**、［この場所を選択］をクリックします**2**。

12 OneDriveフォルダーの場所を確認する

OneDriveフォルダーの場所を確認して**1**、[次へ]をクリックします**2**。続いて表示される画面の内容を確認して、[次へ]を順にクリックします。

13 [スキップ]をクリックする

[モバイルアプリを入手]画面が表示されます。ここでは、[スキップ]をクリックします**1**。

🗒 Memo　モバイルアプリを入手する

モバイルアプリを利用する場合は、[モバイルアプリを入手]をクリックして、画面の指示に従ってインストールします。

14 OneDriveを使う準備が完了する

OneDriveを使う準備が完了します。[OneDriveフォルダーを開く]をクリックすると、OneDriveフォルダーが開きます。

🔍 COLUMN　MacのパソコンからOneDriveを利用する

OneDriveをインストールすると、パソコンのOneDriveフォルダー内のファイルと、WebブラウザーのOneDrive内のファイルが自動的に同期されます。OneDriveを利用すると、パソコンやスマートフォンなど、どこからでも同じファイルを利用することができます。

Section
03

Webブラウザーから OneDriveを利用する

OneDriveは、Webブラウザーから利用することができます。Webブラウザーを起動して、OneDriveにアクセスし、Microsoftアカウントでサインインします。OneDriveにファイルを保存しておくと、インターネットを利用できる環境であれば、いつでもどこからでも利用することができます。

1 OneDriveにサインインする

1 [サインイン] をクリックする

Webブラウザー（ここでは「Safari」）を起動して、「https://onedrive.live.com/」にアクセスし、[サインイン] をクリックします **1**。

2 Microsoftアカウントを入力する

Microsoftアカウントを入力して **1**、[次へ] をクリックします **2**。

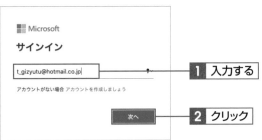

3 パスワードを入力する

Microsoftアカウントのパスワードを入力して **1**、[サインイン] をクリックすると **2**、OneDriveが表示されます。

📄 Memo パスワードを保存する

パスワードの保存とサインインの状態を維持するかを確認するメッセージが表示された場合は、それぞれを任意に設定します。

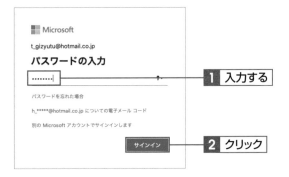

2 ファイルをOneDriveにアップロードする

1 フォルダーをクリックする

アップロード先のフォルダー（ここでは［ドキュ
メント］）をクリックします**1**。

2 ［ファイル］をクリックする

［アップロード］をクリックして**1**、［ファイル］
をクリックします**2**。ここでは、手順**1**で開
いた［ドキュメント］フォルダー内に作成した
「Excel文書」フォルダーを開いています。

3 ［アップロード］をクリックする

アプロードするファイルの保存先を指定して
1、ファイルをクリックし**2**、［アップロード］
をクリックします**3**。

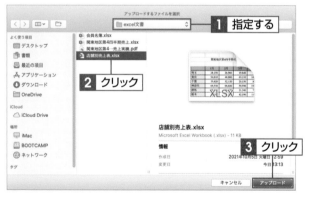

4 ファイルがアップロードされる

指定したファイルがアップロードされます。

> ⚠ **Hint** ファイルを同期する
>
> パソコンのOneDriveフォルダー内に保存して
> も、Webブラウザー上のOneDriveと同期され
> ます。

Section
04
Webブラウザーから Officeアプリを利用する

覚えておきたいキーワード

Office Online

Excel Online

自動保存

OneDriveに保存したOfficeアプリのファイルは、Office Onlineで編集することができます。Office Onlineは、マイクロソフトが無料で提供するオンラインアプリケーションです。Excelのほかに、WordやPowerPointなどのOfficeアプリケーションが利用できます。

1 OneDriveでOfficeアプリのファイルを開く

1 編集するファイルを指定する

編集するファイル（ここではExcelのファイル）にマウスポインターを合わせ、右上に表示される○をクリックしてオンにします **1**。

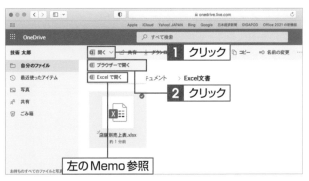

2 ［ブラウザーで開く］を クリックする

［開く］をクリックして **1**、［ブラウザーで開く］をクリックします **2**。

> **Memo** Excelでファイルを開く
>
> 手順 **2** で［Excelで開く］をクリックして、アクセス権についてのメッセージに対応すると、アプリ版のExcelでファイルを開くことができます。

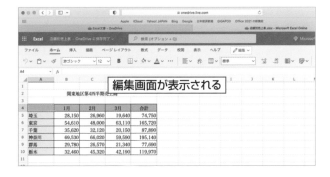

3 Excel Onlineの編集画面が 表示される

Excel Onlineの編集画面が表示されます。通常のOfficeアプリケーションと同様に、リボンを使って文書を編集できます。

第7章 OneDriveの操作をマスターしよう

2 ファイルを編集する

1 ファイルを編集する

必要な編集を行います**1**。文書は自動的に上書き保存されます。

1 編集する

> 📝 **Memo** 文書は自動保存される
>
> Excel Online（Office Online）では、編集中のファイルは一定時間ごとに自動保存されます。

2 ファイルを閉じる

編集が終わったら、タブにマウスポインターを合わせて［閉じる］をクリックします**1**。

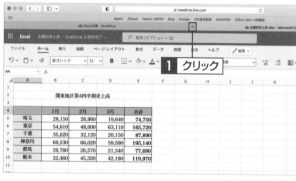

1 クリック

> 📝 **Memo** ［閉じる］の位置
>
> Webブラウザーによっては、［閉じる］はタブの右側に表示されます。

3 編集したファイルが保存される

編集したファイルが保存され、OneDriveに戻ります。

ファイルが保存される

🔍 COLUMN Excel Onlineでファイルを新規に作成する

Excel Online（Office Online）では、ファイルを新規に作成することができます。OneDriveの画面で［新規］をクリックして**1**、作成したい文書をクリックします**2**。

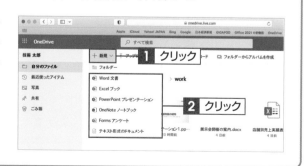

1 クリック

2 クリック

Section

05

ファイルの表示方法を変更する

覚えておきたいキーワード

表示オプションの切り替え

タイル

リスト

Webブラウザーで開くOneDriveのファイルは、初期設定ではタイル（縮小画面）で表示されますが、リストや圧縮モードに変更することができます。また、フィルの並び順も、名前、更新日時、ファイルサイズなどの昇順、降順で並べ替えることができます。

1 ファイルの表示形式を切り替える

1 OneDriveでファイルを表示する

OneDriveでファイルを表示します。初期設定では、ファイルがタイル（縮小画面）で表示されます。

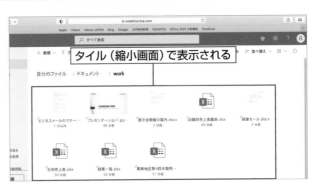

タイル（縮小画面）で表示される

2 [リスト]をクリックする

[表示オプションの切り替え]をクリックして**1**、ここでは[リスト]をクリックします**2**。

1 クリック

2 クリック

リスト

圧縮モード

タイル

左下のMemo参照

3 表示が切り替わる

表示がリストに切り替わります。

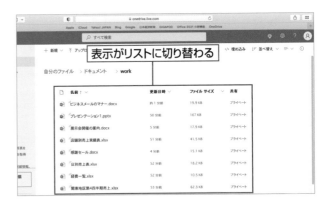

表示がリストに切り替わる

📝 Memo **リストと圧縮モードの違い**

[リスト]と[圧縮モード]は表示形式は同じですが、圧縮モードは、リストより行間が狭く表示されます。

2 ファイルを並べ替える

1 並び順をクリックする

[並べ替え]をクリックして**1**、並び順(ここで
は[ファイルサイズ])をクリックします**2**。

> **Memo** 初期設定の並び順
>
> 初期設定では[名前]の[昇順]で並んでいます。

2 [降順]をクリックする

再度[並べ替え]をクリックして**1**、[降順]を
クリックします**2**。

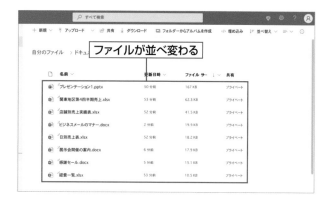

3 ファイルが並べ変わる

ファイルがファイルサイズの降順(大きい順)
に並べ替えられます。

🔍 **COLUMN** リストの項目を利用して並べ替える

リスト表示の[名前][更新日時][ファイルサイ
ズ]のそれぞれをクリックすると、メニューが表
示されます。表示されたメニューから並び順を
指定することもできます。

Section

06

ほかのユーザーと ファイルを共有する

覚えておきたいキーワード

共有

リンクの送信

リンクのコピー

OneDriveにアップロードしたファイルや新規に作成したファイルは、ほかのユーザーと共有することができます。共有相手にファイルへのリンクをメールで送信します。共有相手に編集を許可するか、ファイルの閲覧だけを許可するかを指定することもできます。

1　ファイルへのリンクをメールで送信する

1　[共有]をクリックする

共有するファイルの○をクリックしてオンにし**1**、[共有]をクリックします**2**。

2　共有するユーザーを指定する

[リンクの送信]画面が表示されるので、共有するユーザーのメールアドレスを入力します**1**。

Memo　送信先の候補が表示される

メールアドレスの一部を入力すると、送信先の候補が表示される場合があります。該当する送信先の場合はクリックします。

3 [送信] をクリックする

メッセージを入力して**1**、[送信] をクリックします**2**。

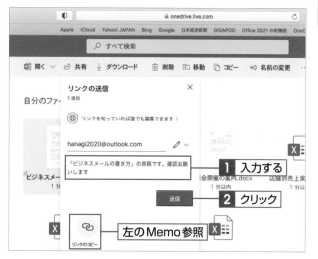

> 📝 **Memo** **リンクのコピー**
>
> [リンクのコピー] をクリックして、リンクのURLをメールで送信することもできます。

4 リンクが送信される

共有相手にファイルへのリンクが送信されます。

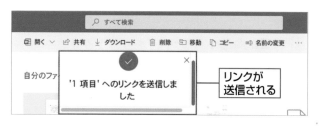

5 共有したファイルを確認する

[共有] をクリックすると**1**、共有したファイルを確認できます。

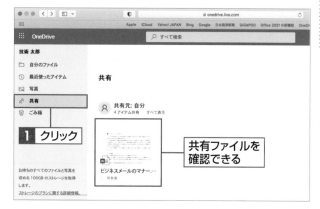

> 🔍 **COLUMN** ### 共有相手の権限を指定する
>
> 共有する相手にファイルの表示だけを許可する場合は、[リンクの送信] 画面で [編集可能] をクリックして**1**、[表示可能] をクリックします**2**。
>
>

共有するユーザーを追加・削除する

覚えておきたいキーワード

| アクセス許可の管理 |
| ユーザーの追加 |
| 共有を停止 |

OneDrive のファイルを共有するユーザーは、あとから追加したり、削除したりできます。共有ファイルを指定して、詳細ウィンドウを開き、[アクセス許可を管理]画面から共有の追加や停止を行います。同じ画面で共有の権限を変更することもできます。

1 共有するユーザーを追加する

1 [詳細ウィンドウを開く]をクリックする

共有するユーザーを追加したいファイルの〇をクリックしてオンにし**1**、[詳細ウィンドウを開く]をクリックします**2**。

2 [アクセス許可の管理]をクリックする

アクセス権を持つユーザーが表示されます。[アクセス許可の管理]をクリックします**1**。

3 [メール]をクリックする

[ユーザーの追加]をクリックします**1**。共有画面が表示されるので、[メール]をクリックします**2**。

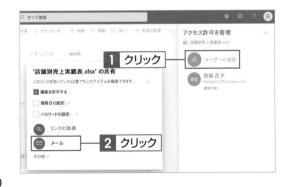

4 [共有]をクリックする

共有するユーザー名またはメールアドレスを入力して**1**、メッセージを入力します**2**。[共有]をクリックすると**3**、相手にファイルへのリンクが送信されます。

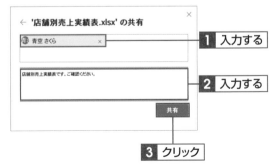

2　共有するユーザーを削除する

1 [詳細ウィンドウを開く]を クリックする

共有するユーザーを削除したいファイルの○を
クリックしてオンにし **1**、[詳細ウィンドウを開
く]をクリックします **2**。

2 [アクセス許可の管理]を クリックする

アクセス権を持つユーザーが表示されるので、
[アクセス許可の管理]をクリックします **1**。

3 [共有を停止]をクリックする

ファイルを共有しているユーザーが表示されま
す。共有を削除したいユーザーの[編集可能]
をクリックして **1**、[共有を停止]をクリックし
ます **2**。

> **! Hint**　**共有の権限を変更する**
>
> 手順 **2** でユーザーの権限を[表示のみ可能]に
> 変更することもできます。

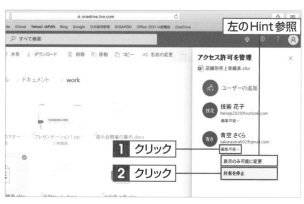

4 ユーザーが削除される

共有を停止したユーザーが削除されます。

Section
08
ファイルを検索する

覚えておきたいキーワード

| 検索 |
| すべて検索 |
| 写真の検索 |

OneDriveに保存したフォルダーやファイルの保存場所がわからなくなった場合は、検索して探すことができます。ファイル名やフォルダー名が不明な場合は、ファイル名に含まれる文字をキーワードとして検索すると、関連したファイルやフォルダーが検索結果として表示されます。

1 ファイルをキーワードで検索する

1 [すべて検索] をクリックする

OneDriveを表示して、[すべて検索]をクリックします**1**。

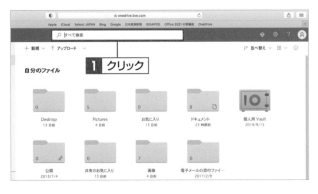

2 キーワードを入力する

検索したいファイルやフォルダーのキーワードを入力して**1**、return を押します**2**。

3 検索結果が表示される

入力したキーワード (ここでは「展示会」) に関連する検索結果が表示されます。

② 写真をキーワードで検索する

1 [写真] をクリックする

OneDrive を表示して、[写真] をクリックしま
す**1**。

2 [すべて検索] をクリックする

[すべての写真] が表示されるので、[すべて検
索] をクリックします**1**。

3 キーワードを入力する

検索したい写真のキーワードを入力して**1**、
return を押します**2**。

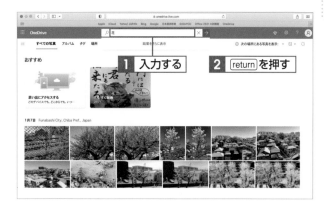

4 検索結果が表示される

入力したキーワード (ここでは「花」) に関連す
る検索結果が表示されます。

> **! Hint 日付で絞り込む**
>
> 検索結果画面の左上に表示されている [日付]
> をクリックすると、[先週] [先月] [去年] などで
> 絞り込むこともできます。

Section 09 ファイルの履歴を管理する

覚えておきたいキーワード

| バージョン履歴 |
| 以前のバージョン |
| 復元 |

OneDrive では、ファイルの履歴を管理することができます。バージョン履歴を表示すると、ファイルに加えられた変更が時系列順に表示されます。任意の更新日時をクリックすると、その時点のファイルの内容が表示され、ファイルを変更前の状態に戻すことができます。

1 ファイルのバージョン履歴を表示する

1 ファイルを指定する

履歴を確認したいファイル（ここでは Word のファイル）の〇をクリックしてオンにします**1**。

2 ［バージョン履歴］をクリックする

… をクリックして**1**、［バージョン履歴］をクリックします**2**。

📝 **Memo バージョン履歴の表示**

画面のサイズが大きい場合は、**2** の［バージョン履歴］は最初から表示されています。

3 バージョン履歴が表示される

Word Online でファイルが開いて、画面の左側にバージョン履歴が表示されます。

📝 **Memo Office アプリ以外のファイル**

Office アプリ以外のファイルの場合は、ファイルは開かれず、画面の右側にバージョン履歴のみが表示されます。

2 復元するバージョンを指定する

1 復元したい日時をクリックする

[以前のバージョン] の復元したい日時をクリックします**1**。

2 [復元] をクリックする

ファイルを変更前の状態に戻したい場合は、[復元] をクリックします**1**。

3 ファイルが復元される

変更前のファイルが表示されます。タブにマウスポインターを合わせて、[閉じる] をクリックします**1**。

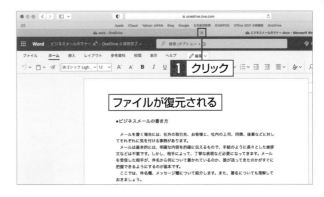

4 ファイルが更新される

ファイルが更新されたことが確認できます。

> 📝 **Memo** ファイルの更新の確認
>
> ファイルが更新されると、ファイル名の下に表示される更新後の経過時間が変わります。更新の直後は「1分以内」と表示されます。

ファイルを印刷する

OneDriveに保存されたOfficeアプリのファイルを印刷するには、Office Onlineで表示します。通常のOfficeアプリと同じように印刷の設定画面を表示して、印刷するページ、用紙サイズ、向き、ページの余白、拡大／縮小などを必要に応じて設定し、印刷を実行します。

1 印刷設定をして印刷する

1 ［ファイル］をクリックする

印刷したいファイル（ここではExcelのファイル）をOffice Onlineで表示して（384ページ参照）、［ファイル］メニューをクリックします**1**。

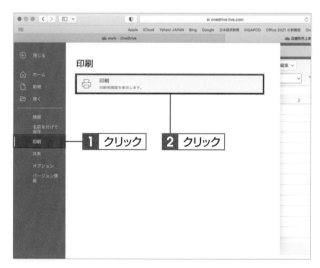

2 ［印刷］をクリックする

［印刷］をクリックして**1**、［印刷］をクリックします**2**。

 Memo Wordの文書を印刷する

Wordの文書を印刷する場合は、手順**2**のあとに表示されるダイアログボックスで［PDFを開く］をクリックし、メニューバーの［ファイル］から［プリント］をクリックして印刷します。

3 ページ設定をする

画面の右側に [ページ設定] 画面が表示されます。用紙サイズ、印刷の向き、ページの余白などを必要に応じて設定します**1**。

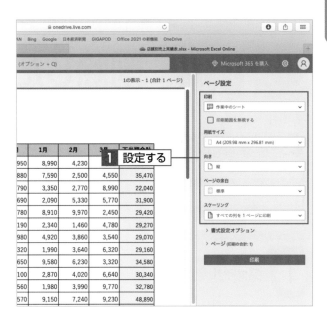

4 [印刷] をクリックする

[書式設定オプション] をクリックして**1**、[ページ中央] の [左右] と [上下] をクリックしてオンに**2**、[印刷] をクリックします**3**。

5 [プリント] をクリックする

印刷する部数などを指定して**1**、[プリント] をクリックすると**2**、印刷が開始されます。

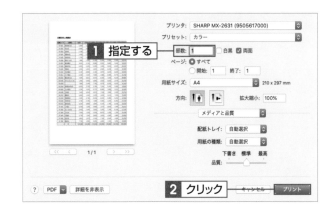

Section

11

削除したファイルを もとに戻す

OneDrive 上でファイルを削除すると、OneDrive 上のごみ箱に移動されます。ごみ箱に移動したファイルは、ごみ箱を空にするか、30日を経過すると完全に削除されますが、30日以内であれば、もとのフォルダーに戻すことができます。

1 ファイルを削除する

1 [削除] をクリックする

削除するファイルの○をクリックしてオンにし**１**、[削除] をクリックします**２**。

2 [削除する] をクリックする

確認のメッセージが表示されるので、[削除する] をクリックします**１**。

削除しますか？ ×

１ クリック

このアイテムをごみ箱に移動してもよろしいですか？

| 削除する | キャンセル |

3 ファイルが削除される

ファイルが削除されて、ごみ箱に移動します。

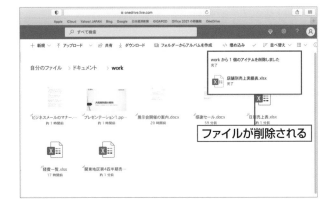

第7章 OneDriveの操作をマスターしよう

2 削除したファイルを復元する

1 [ごみ箱] をクリックする

[ごみ箱] をクリックします**1**。

2 [復元] をクリックする

[ごみ箱] が表示されます。もとに戻したいファイルにマウスポインターを合わせ、リスト表示の場合は左側に表示される○をクリックしてオンにし**1**、[復元] をクリックします**2**。

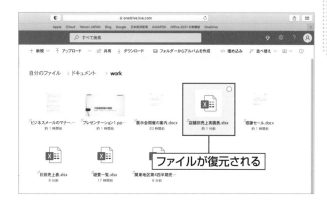

3 ファイルが復元される

ファイルが保存されていたフォルダーを開くと、ファイルが復元されていることが確認できます。

🔍 COLUMN ごみ箱を空にする

[ごみ箱] をクリックして、[ごみ箱を空にする] をクリックすると、ごみ箱にあるファイルが完全に削除されます。また、[すべてのアイテムを復元] をクリックすると、ごみ箱内にあるすべてのファイルが復元されます。

Section 12

パスワードを変更する

Microsoftアカウントのパスワードは、いつでも変更することができます。画面右上のアカウントアイコンをクリックして、[Microsoftアカウント]をクリックし、[パスワードを変更する]をクリックして設定します。パスワードを変更するには、本人確認が必要です。

1 Microsoftアカウントのパスワードを変更する

1 [Microsoftアカウント]を クリックする

OneDriveを表示して、画面右上のアカウントアイコンをクリックし1、[Microsoftアカウント]をクリックします2。

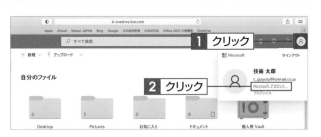

2 [パスワードを変更する]を クリックする

[Microsoftアカウント] 画面が表示されるので、[パスワードを変更する] をクリックします1。

3 パスワードを入力して サインインする

「パスワードの入力」画面が表示されるので、Microsoftアカウントのパスワードを入力して1、[サインイン] をクリックします2。

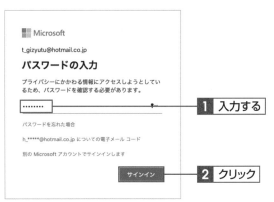

> **Memo パスワードの保存**
>
> 手順2のあとに、パスワードを保存するかどうかのメッセージが表示された場合は、いずれかをクリックします。

4 「〇〇にメールを送信」を クリックする

「ご本人確認のお願い」画面が表示されます。
ここでは、「〇〇にメールを送信」をクリックし
ます**1**。

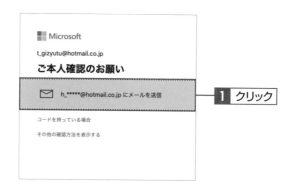

5 [コードの送信] をクリックする

「メールをご確認ください」画面が表示される
ので、確認コードを受信するメールアドレスを
入力して**1**、[コードの送信] をクリックします
2。

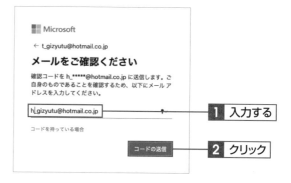

6 [確認] をクリックする

メールで受信したコードを入力して**1**、[確認]
をクリックします**2**。続いて、「パスワードから
自由になる」画面が表示されるので、[キャンセ
ル] をクリックします。

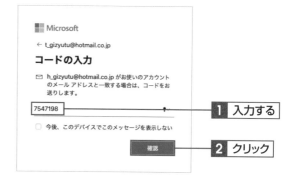

7 パスワードを入力して [保存] をクリックする

[パスワードの変更] 画面が表示されるので、
現在のパスワードを入力します**1**。新しいパス
ワードを2回入力して**2**、[保存] をクリックし
ます**3**。

> 📝 **Memo** **パスワードを72日おきに変更する**
>
> [パスワードを72日おきに変更する] をクリッ
> クしてオンにすると、パスワードを設定してか
> ら72日後にパスワードの変更を要求されます。
> ここで新しいパスワードを設定するまで、
> Microsoftアカウントが関連するサービスは利
> 用できなくなります。

スマートフォンでOneDrive を利用する

覚えておきたいキーワード

| OneDriveアプリ |
| App Store |
| Playストア |

スマートフォンでOneDriveを利用するには、スマートフォン用のOne Driveアプリをインストールします。iPhoneの場合は「App Store」から、Androidの場合は「Playストア」からOneDriveを検索して、「Microsoft OneDrive」をインストールします。

1 iPhoneでOneDriveアプリをインストールする

1 OneDriveアプリをインストールする

App StoreでOneDriveを検索します。検索結果から [Microsoft OneDrive] をタップして、 をタップします**1**。

2 OneDriveアプリを開く

OneDriveアプリがインストールされます。[開く]をタップします**1**。

3 [許可] をタップする

OneDriveの通知に関する画面が表示されるので、[許可]をタップします**1**。

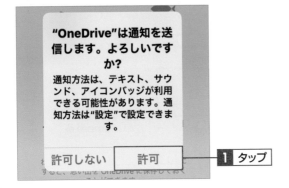

4 カメラアップロードを有効にする

[カメラアップロードを有効にする] あるいは [試してみる] をタップします**1**。

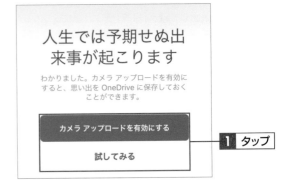

2 AndroidでOneDriveアプリをインストールする

1 OneDriveアプリをインストールする

Play ストアで OneDrive を検索します。検索結果から
[Microsoft OneDrive] をタップして、[インストール]
をタップします**1**。

2 [開く]をタップする

OneDriveアプリがインストールされます。[開く] をタップします**1**。

3 [サインイン]をタップする

「OneDriveへようこそ」画面が表示されるので、[サインイン] をタップします**1**。

4 Microsoftアカウントを入力する

Microsoftアカウントを入力して**1**、 ➡ をタップします
2。

5 パスワードを入力する

パスワードを入力して**1**、[サインイン] をタップします
2。「プレミアムに移動」画面で [戻る] を、「思い出を
すべての場所で」画面で [今はしない] をタップします。

6 OneDriveアプリが起動する

OneDriveアプリが起動します。

OneDriveアプリが
起動する

Section
14

スマートフォンでOffice のファイルを利用する

（覚えておきたいキーワード）
- Office アプリ
- Microsoft Excel
- OneDrive

覚えておきたいキーワード
- Office アプリ
- Microsoft Excel
- OneDrive

OneDriveに保存したOfficeアプリのファイルをスマートフォンで利用するには、スマートフォン用の Microsoft Officeアプリをインストールします。それぞれのファイルに対応したExcelやWord、PowerPointなどを検索してインストールします。

第7章 OneDriveの操作をマスターしよう

① Officeアプリをインストールする

1 Officeアプリをインストールする

Officeアプリ（ここでは「Excel」）を検索して、⬇ をタップします**1**。WordやPowerPointなども同様の方法でインストールできます。

2 ［開く］をタップする

Microsoft Excelがインストールされます。［開く］をタップします**1**。

3 ［開始］をタップする

「どこからでもExcelを使用」画面が表示されるので、［開始］をタップします**1**。

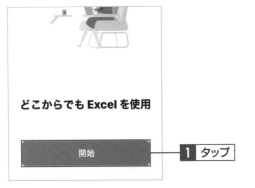

4 ［次へ］をタップする

プライバシー設定に関する画面が表示されるので、［次へ］をタップします**1**。

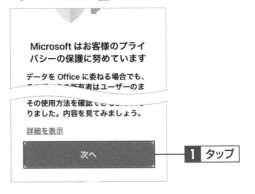

5 [OK]をタップする

「エクスペリエンスの強化」画面が表示されるので、
[OK]をタップします**1**。

6 [オンにする]あるいは「後で」を タップする

「見逃しを防ぎます」画面が表示されるので、[オンに
する]あるいは「後で」をタップします**1**。

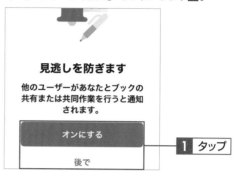

7 [今は行わない]をタップする

「プレミアムに移行する」画面が表示された場合は、[今
は行わない]をタップします**1**。

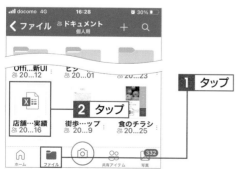

8 Excelが起動する

Excelが起動します。

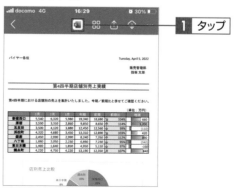

---

2 OneDriveからExcelファイルを編集する

1 OneDriveでファイルを開く

OneDriveを起動して、画面下の[ファイル]をタップ
し**1**、開きたいファイル(ここではExcelファイル)を
タップします**2**。

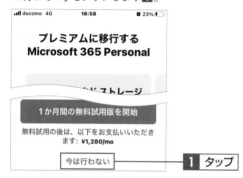

2 ファイルが表示される

をタップすると**1**、ファイルが表示され、編集する
ことができます。

覚えておきたいキーワード

OneDriveの容量

アップグレード

Microsoft 365

OneDriveの容量を増やす

OneDriveは、最大5GBまでの容量を無料で利用できますが、容量が不足する場合は増やすことができます。有料のプレミアムに移行するか、月単位で購入できます。また、Microsoft 365を使用すると、最大1TBまでの容量を無料で利用できます。

1　OneDriveの容量を追加する

1　使用量をクリックする

OneDriveを表示して、画面左下にある［○○GB　5GB中を使用］の使用量をクリックします**1**。

2　購入したいプランをクリックする

［プランとアップグレード］をクリックします**1**。購入したいプランの［○○／月で購入］をクリックして**2**、購入の手続きを行います。

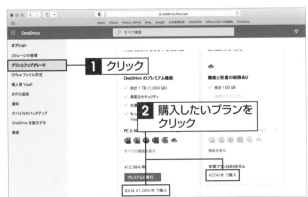

🔍 COLUMN　Microsoft 365を使用する

Microsoft 365を使用すると、最大1TBまでの容量を無料で利用できます。Microsoft 365は月額や年額の料金を支払って利用できるOfficeです。毎月あるいは毎年料金を支払うと、常に最新バージョンのOfficeアプリを使い続けることができます。

付 録

Section 01　OneNote 2021を使う

Section 02　Teamsを使う

Section 03　Office 2021 for Macをインストールする

Section 04　Office 2021 for Macをアップデートする

Section 05　サンプルファイルをダウンロードする

Appendix
01

OneNote 2021を使う

OneNote 2021 for Mac（以下、OneNote 2021）は、思いついたアイディアや予定、調べものなど、さまざまな情報を集約できるデジタルノートです。文字を入力するだけでなく、Webページなどからテキストや画像などをコピーして貼り付けることもできます。

1 新しいノートブックを作成する

1 [新しいノートブック]をクリックする

[ファイル]メニューをクリックして**1**、[新しいノートブック]をクリックします**2**。

> 📝 **Memo** 新しいノートブック
>
> OneNote 2021を起動すると、最初に既定のノートブックが作成されますが、必要に応じてノートブックを追加できます。

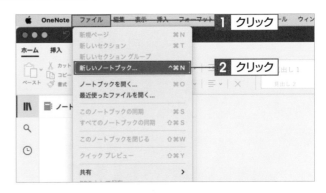

2 ノートの色とノート名を設定する

ノートの色をクリックして指定し**1**、ノート名を入力して**2**、[作成]をクリックします**3**。

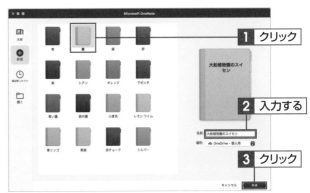

3 新しいノートブックが作成される

新しいノートブックが作成され、[新しいセクション1]というページが表示されます。

2 セクション名を変更する

1 [セクション名の変更] をクリックする

[ノートブック] メニューをクリックして**1**、[セクション] をクリックし**2**、[セクション名の変更] をクリックします**3**。

2 セクション名を入力する

新しいセクション名を入力して**1**、return を押します**2**。

3 ページタイトルとメモを入力する

1 ページのタイトルを入力する

ページのタイトル部分をクリックして、タイトルを入力します**1**。タイトルを入力すると、[無題のページ] タブにもそのタイトルが表示されます。

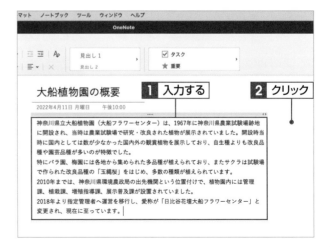

2 メモを入力する

メモを入力する位置をクリックして、メモの内容を入力します**1**。メモの枠外をクリックすると**2**、メモが確定します。メモは、ページのどの位置にでも入力できます。

> 📝 **Memo** 入力したメモの編集
>
> 入力したメモを編集するには、メモをクリックします。

4 ノートブックのページを追加する

1 [ページの追加] をクリックする

画面左下の [ページの追加] をクリックします
1。[ファイル] メニューをクリックして、[新規
ページ] をクリックしても追加できます。

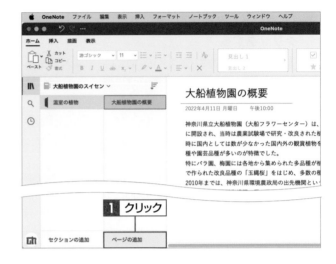

2 新しいページが追加される

[無題のページ] という新しいページが追加さ
れます。409ページと同様に、ページタイトル
やメモを入力できます。

新しいページが
追加される

🔍 COLUMN ノートブックを切り替える

OneNote 2021では複数のノートブッ
クを作成して、切り替えて使うことがで
きます。ノートブック名をクリックする
と、開いているノートブックが一覧で表
示されます。ノートブックを作成すると
きに選択した色は、ノートブックの一覧
に表示されます。

ここをクリックして、

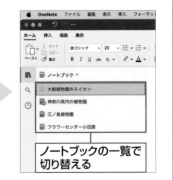

ノートブックの一覧で
切り替える

5 セクションを追加する

1 [セクションの追加]を クリックする

画面左下の[セクションの追加]をクリックします**1**。[ファイル]メニューをクリックして、[新しいセクション]をクリックしても追加できます。

🔑 Keyword セクション

ノートブックは、1つ以上のセクションで構成されています。セクションは1つ以上のページを1つのまとまりとして扱うもので、インデックスのように利用できます。各セクションは、タブをクリックして切り替えます。

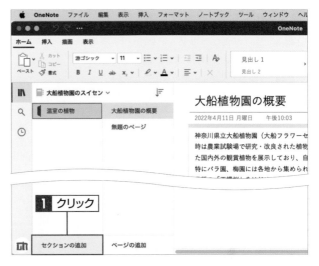

2 新しいセクションが追加される

[新しいセクション1]というタブと、[無題のページ]という新しいページが追加されます。

⚠ Hint セクションの追加と削除

セクションは必要なだけ追加できます。不要になったセクションを削除するには、[control]を押しながら削除するセクションタブをクリックして、表示されたメニューの[セクションの削除]をクリックし、[はい]をクリックします。

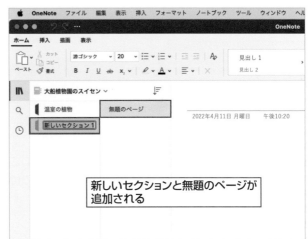

新しいセクションと無題のページが
追加される

🔍 COLUMN ノートブックの名前を変更する・ノートブックを削除する

ノートブックの名前の変更や削除をするには、OneDriveから操作します。まず、OneNote 2021の[ノートブック]メニューの[ノートブック]から[このノートブックを閉じる]をクリックし、ノートブックを閉じます。そのあと、OneDriveを表示して（382ページ参照）、ノートブックの〇をクリックして選択し、[名前の変更]や[削除]をクリックします。

6 Webページから情報をコピーして貼り付ける

1 [コピー] をクリックする

Safari などの Web ブラウザーで Web ページを表示して、ノートに貼り付けたい部分を選択します **1**。[編集] メニューをクリックして **2**、[コピー] をクリックします **3**。

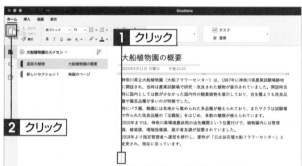

2 [ペースト] をクリックする

OneNote のページ上で、コピーした情報を貼り付ける位置をクリックして **1**、[ホーム] タブの [ペースト] をクリックします **2**。

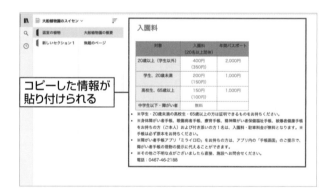

3 情報が貼り付けられる

コピーした情報が貼り付けられます。

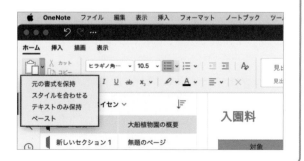

> **Hint** ショートカットキーを使う
>
> [コピー] や [ペースト] をクリックするかわりに、⌘を押しながら C を押すとコピー、⌘を押しながら V を押すとペーストが実行できます。

🔍 COLUMN 貼り付けのスタイル

[ペースト] をクリックすると、もとの Web ページの書式やスタイルなどを維持したまま貼り付けできます。[ペースト] 右横の⌄をクリックすると、ノートの書式に合わせて貼り付けたり、テキストだけを貼り付けたりできます。

7 ノートを共有する

1 [他のユーザーをノートブックに]をクリックする

画面右上の [共有] をクリックして**1**、[他の
ユーザーをノートブックに] をクリックします
2。

2 [共有]をクリックする

共有する相手のメールアドレスを入力して**1**、
必要に応じてメッセージを入力し**2**、[共有]
をクリックします**3**。

> **!** **Hint** 共有相手の権限を指定する
>
> 共有する相手がノートブックの閲覧のみ可能で、
> 編集はできないようにするには、右図の [編集
> 可能] をクリックしてオフにします。

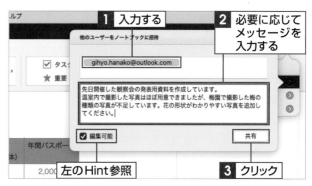

3 ノートが共有される

ノートが共有されます。画面右上の [共有] を
クリックしてメニューを表示すると**1**、共有し
ているユーザーが表示されます。

> **📝** **Memo** 共有相手の操作
>
> 招待されたユーザーは、受け取ったメールから
> ノートブックを開いて、内容を確認したり編集
> したりできます。

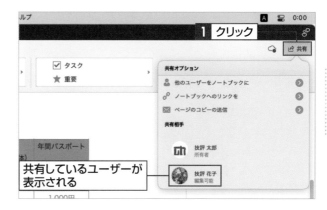

🔍 COLUMN ファイルはOneDriveに保存される

OneNote 2021で入力・編集したノート
ブックの内容は、自動的にOneDriveに保存
されます。OneDriveに保存されたノートか
らOneNote 2021を表示したり、オンライ
ン版のOneNote Onlineを表示したりできま
す。

Appendix
02

Teamsを使う

Microsoft Teams（以下、Teams）（チームズ）は、マイクロソフトが提供するコミュニケーションアプリです。Microsoftアカウントを持つほかのユーザーとチャットをしたり、ビデオ会議をしたりできます。また、文書ファイルや写真などを送ることもできます。

1 Teamsの概要

Teamsを利用すると、2人または複数のユーザーとチャットをしたり、ビデオ会議やビデオ通話、音声通話をしたりできます。文書ファイルを送信して、共有することもできます。また、[カレンダー] から予定を表示して、予定を共有している相手とビデオ会議やチャットなどを行うことができます。

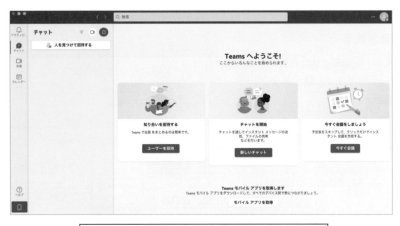

Termsの起動時に表示される画面。ユーザーの招待や新しいチャット、ビデオ会議を開始できます。

● チャットができる

2人または複数のユーザーとチャットをすることができます。メッセージには書式を設定したり、絵文字を入力したりできます。

● 文書ファイルなどを共有できる

チャットでファイルをアップロードして、共有することができます。ファイルがOfficeファイルの場合は、Webブラウザーで表示して、編集することもできます。

● ビデオ会議を開始したり、開催したりできる

ビデオ会議を開始したり、会議をスケジュールして、開催したりできます。また、画面右上の[ビデオ通話]をクリックするとビデオ通話、[音声通話]をクリックすると音声通話ができます。

● 予定表から会議に参加する

[カレンダー]から予定を表示して、予定を共有している相手とビデオ会議やチャットを行うことができます。

付録

🔍 COLUMN Microsoft Teamsをインストールする

Office 2021とMicrosoft 365のエディションによっては、Teamsを別途インストールする必要があります。「https://teams.microsoft.com/download」にアクセスして、[Teamsをダウンロード]をクリックします。「〜ダウンロードを許可しますか?」というメッセージが表示された場合は[許可]をクリックすると、インストールプログラムがダウンロードされます。

Teams

1 サインインするアカウントを 指定する

初めて Teams を起動すると、「Microsoft Teams へようこそ!」画面が表示されます。Microsoft アカウントを選択する画面が表示された場合は、サインインするアカウントをクリックします**1**。

2 [サインイン]をクリックする

「パスワードの入力」画面が表示されるので、Microsoft アカウントのパスワードを入力して**1**、[サインイン] をクリックします**2**。

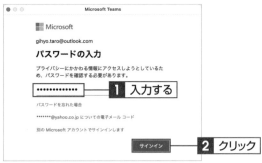

3 電話番号を入力する

「電話番号の追加」画面が表示されるので、SMS を受信できる携帯端末の電話番号を入力して**1**、[次へ] をクリックします**2**。

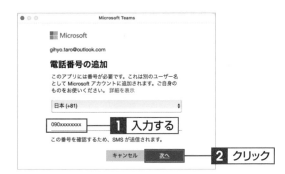

🔍 COLUMN　Bluetoothを利用する

Teams にサインインする際に Bluetooth の利用を許可するかどうか確認するメッセージが表示される場合があります。Bluetoothを利用したヘッドセットなどを使用する場合は、[OK]をクリックします。

4 コードを入力する

手順 3 で番号を入力した携帯端末に、SMSでコードが届きます。届いたコードを入力して **1**、[次へ] をクリックします **2**。

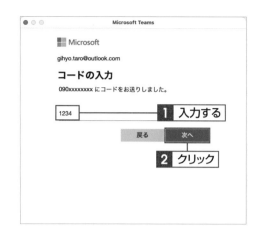

5 Teamsのメイン画面が表示される

Teamsのメイン画面が表示されます。

🔍 COLUMN　Teamsが日本語で表示されない場合

Teamsを起動したときに、日本語以外で表示された場合は、**…** をクリックして **1**、[Settings] をクリックします **2**。[Settings] 画面が表示されるので、[Language] で [日本語（日本）] を選択して **3**、[Save and restart] をクリックし **4**、Teamsを再起動します。

1 [新しいチャット] を クリックする

Teamsを起動して、[新しいチャット] をクリックします**1**。

2 相手のMicrosoftアカウントを 入力する

[新規作成] 欄に、メッセージを送信する相手のMicrosoftアカウントを入力して**1**、return を押します**2**。

> **!** **Hint** ▶ **グループ名を追加する**
>
> 画面右上の[グループ名を追加]をクリックして、グループ名を入力し、ユーザーを登録すると、グループチャットを作成できます。

3 ユーザーが指定される

入力したMicrosoftアカウントのユーザーが登録され、チャットができるようになります。

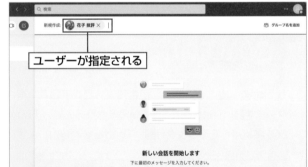

🔍 COLUMN ビデオ通話や音声通話をする

ビデオ通話や音声通話をするには、チャットの画面右上の[ビデオ通話]や[音声通話]をクリックします。ビデオ通話や音声通話をするには、マイクとスピーカー、カメラが必要です。パソコンに内蔵されていない場合は、Webカメラとヘッドセットを別途用意します。

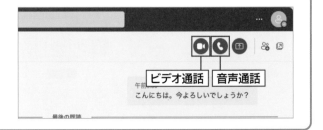

4 メッセージを入力する

［新しいメッセージの入力］欄にメッセージを入力して**1**、［送信］をクリックします**2**。

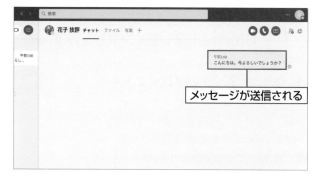

5 メッセージが送信される

メッセージが送信されます。

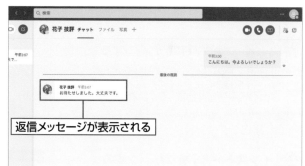

6 返信が届く

メッセージを送った相手が返信すると、画面にメッセージが表示されます。同様にメッセージを送り合い、チャットを続けます。

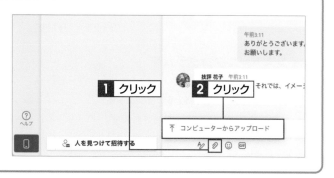

🔍 COLUMN　ファイルを送信する

チャット相手に文書ファイルや写真を送信することができます。チャットの画面左下の［ファイルを添付］をクリックして**1**、［コンピュータからアップロード］をクリックし**2**、送信するファイルを指定します。

Appendix 03

Office 2021 for Macを インストールする

Office 2021 for Mac (以下、Office 2021) を利用するには、Office 2021をMacにインストールする必要があります。ここでは、店頭で購入したプロダクトキーをオンラインで登録し、ダウンロードしてインストールします。手順は購入したOffice製品によって異なります。

1 Office 2021をインストールする

1 Office 2021のプロダクトキーを入力する

Webブラウザー (ここではSafari) を起動して、「https://setup.office.com/」にアクセスします **1**。購入したOffice 2021のプロダクトキーを入力して **2**、地域を指定し **3**、[次へ] をクリックします **4**。

> 📄 **Memo** アカウントにサインインする
>
> Microsoftアカウントにサインインしていない場合は、手順**2**の前に [サインイン] をクリックしてパスワードを入力し、[サインイン] をクリックします。

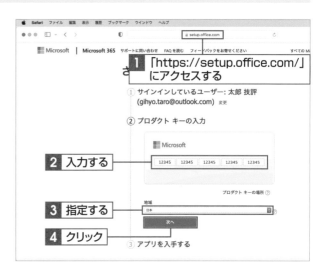

2 [インストール]をクリックする

ソフトウェア名が表示されるので、[インストール] をクリックします **1**。複数のソフトウェア名が表示されている場合は、Office 2021の右側にある [インストール] をクリックします。

3 インストールプログラムをダウンロードする

[インストール] をクリックすると **1**、インストールプログラムのダウンロードが開始されます。ダウンロードしたプログラムは [ダウンロード] フォルダーに保存されます。

4 インストールプログラムを実行する

Dock から [Finder] を開いて [ダウンロード] をクリックし**1**、ダウンロードしたインストールプログラムをダブルクリックします**2**。

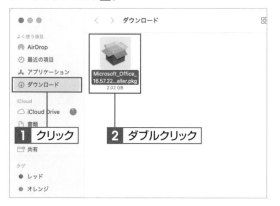

6 使用許諾契約を確認する

「使用許諾契約」画面が表示されるので内容を読み**1**、[続ける] をクリックします**2**。

8 [インストール] をクリックする

メッセージを確認して、[インストール] をクリックします**1**。

5 [続ける] をクリックする

「ようこそ Microsoft Office インストーラへ」画面が表示されるので、[続ける] をクリックします**1**。

7 [同意する] をクリックする

確認のメッセージが表示されるので、内容を確認して [同意する] をクリックします**1**。

9 パスワードを入力する

Mac にログインしているユーザー名が表示されます。ユーザーのパスワードを入力して**1**、[ソフトウェアをインストール] をクリックします**2**。

付録

インストール

10 インストールが開始する

インストールが実行されます。購入したOffice製品によって、インストールに必要な時間は異なります。

11 ［閉じる］をクリックする

インストールが終了するとメッセージが表示されるので、［閉じる］をクリックします**1**。

---

2 Officeを使う準備をする

1 ［続ける］をクリックする

インストール後、初めてOffice 2021のアプリを起動すると、「Officeを使い始める」画面が表示されるので、［続ける］をクリックします**1**。なお、この画面および以降の操作手順は、購入したOffice製品によって異なります。

2 ［次へ］をクリックする

プライバシーの保護に関する画面が表示されるので、内容を確認して［次へ］をクリックします**1**。

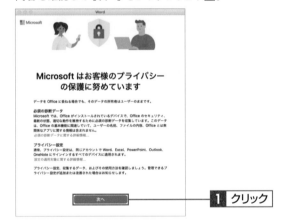

3 ［承諾］をクリックする

「Officeに関するオプションのデータをマイクロソフトに送信しますか?」という画面が表示されるので、いずれかを指定して**1**、［承諾］をクリックします**2**。

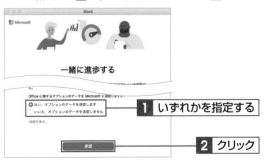

4 ［完了］をクリックする

エクスペリエンスの強化に関する画面が表示されるので、［完了］をクリックします**1**。

付録

5 準備が完了する

「準備が完了しました」という画面が表示されるので、[今すぐWordを使ってみる]をクリックします**1**。

Memo 手順1のアプリ名

手順**1**に表示されるアプリ名は、手順**1**で起動するアプリによって異なります。ここでは、Wordを起動しています。

6 Word 2021 が起動する

Word 2021が起動します。

🔍 COLUMN　Officeアプリケーションを削除する

Mac版のOfficeアプリケーションは、旧バージョンをインストールしたままで新しいバージョンをインストールすることができます。ただし、トラブルが起きる可能性もあるので、最新バージョンのみをインストールして、旧バージョンは削除することが推奨されています。また、旧バージョンのライセンス認証ファイルが残っていると、新バージョンのライセンス認証が正しく実行されないことがあるため、ライセンスファイルを削除しておくことをおすすめします。

Officeアプリケーションを削除するには、[Finder]の[アプリケーション]フォルダーにあるOfficeアプリケーションをゴミ箱に入れます。また、関連するファイルを必要に応じて削除する必要があります。

なお、Microsoft 365は自動的にアップデートされるため、ユーザーが新しいバージョンをインストールする必要はありません。

● Office for Macのアンインストール方法

https://support.microsoft.com/ja-jp/office/office-for-mac-のアンインストール-eefa1199-5b58-43af-8a3d-b73dc1a8cae3

● Office for Mac のライセンスファイルの削除方法

https://support.microsoft.com/ja-jp/office/mac-で-office-のライセンス-ファイルを削除する方法-b032c0f6-a431-4dad-83a9-6b727c03b193

Appendix
04

Office 2021 for Macを アップデートする

覚えておきたいキーワード

| 更新プログラム |
| Microsoft AutoUpdate |
| 自動更新 |

Office 2021をアップデートすることで、各アプリケーションのバグの修正や、新機能の追加などを行うことができます。通常、アップデートは自動的に行われるように設定されていますが、更新プログラムの有無をチェックして、手動で行うこともできます。

---

1 更新プログラムをインストールする

1 [更新プログラムのチェック]を クリックする

Officeアプリを起動して、[ヘルプ] メニューをクリックし**1**、[更新プログラムのチェック]をクリックします**2**。

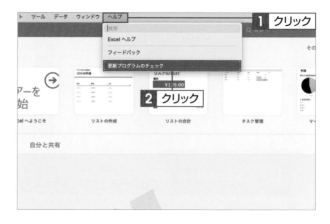

🔑 **Keyword　Microsoft AutoUpdate**

Microsoft AutoUpdate は、Office 2021 の更新プログラムの確認とインストールを行うためのプログラムです。

2 更新プログラムの有無を チェックする

[Microsoft AutoUpdate] 画面が表示され、更新プログラムの有無がチェックされます。

🔍 **COLUMN　手動でインストールする**

更新プログラムは、通常、自動的にダウンロードしてインストールするように設定されています。手動でインストールしたい場合は、[Microsoft Auto Update] 画面で [Maicrosoftのアプリを自動で常に最新の状態にする]をクリックしてオフにし**1**、「自動更新を無効にしますか?」画面で [オフにする]をクリックします**2**。

3 更新状態が確認される

更新プログラムがある場合は、「更新プログラ
ムを利用できます。」と表示されるので、[更新]
をクリックします**1**。更新プログラムがない場
合は、「すべてのアプリが最新の状態です。」
と表示されます。

4 更新プログラムを
インストールする

更新プログラムがインストールされます。更新
プログラムの数によっては、完了まで時間がか
かる場合があります。

5 インストールが完了する

更新プログラムのインストールが完了すると、
「すべてのアプリが最新の状態です。」と表示
されます。

🔍 COLUMN　App Storeから更新プログラムをインストールする

Macの機種によっては、手順**1**のメ
ニューが表示されない場合があります。
この場合は、App Storeから更新プログ
ラムの有無を確認します。Dockに表示
されている [App Store] をクリックして
1、App Storeを起動し、[アップデート]
をクリックします**2**。更新プログラムが
ある場合は、更新するアプリの [アップ
デート] をクリックして**3**、インストー
ルします。

Appendix 05

サンプルファイルをダウンロードする

覚えておきたいキーワード

- サンプルファイル
- サポートページ
- ダウンロード

本書の解説内で使用しているサンプルファイルは、以下のURLのサポートページからダウンロードできます。適宜、ダウンロードしてご利用ください。

https://gihyo.jp/book/2022/978-4-297-12791-6/support

---

1 サンプルファイルをダウンロードする

1 Webブラウザーを起動する

Dockに表示されている[Safari]をクリックします**1**。

2 サンプルファイルをクリックする

Safariが起動します。アドレスバーをクリックして上記のURLを入力し、returnを押します**1**。表示されたページの[ダウンロード]にある[Samples.zip]をクリックします**2**。

> 📝 **Memo** ダウンロードの許可
>
> 手順**2**のあとにダウンロードの許可を求めるメッセージが表示された場合は、[許可]をクリックします。

3 ダウンロードが開始される

ダウンロードが開始され、Dock上のダウンロードアイコンの下に進行状況がバーで表示されます。初期設定では、[ダウンロード]フォルダーにダウンロードされます。

4 ダウンロードが完了する

ファイルのダウンロードが完了します。ダウンロードしたファイルは自動的に展開されます。

---

2 サンプルファイルを開く

1 ダウンロードアイコンをクリックする

Dock上のダウンロードアイコンをクリックします①。フォルダー内にあるファイルが表示されるので、「Samples」をクリックします②。

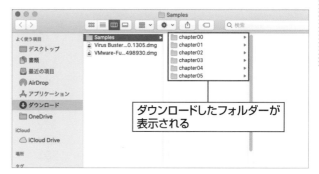

2 フォルダーが表示される

ダウンロードした「Samples」フォルダーが開き、「chapter00」から「chapter05」までの6つのフォルダーが表示されます。

ダウンロードしたフォルダーが表示される

3 フォルダーをクリックする

フォルダーをクリックすると①、フォルダー内のサンプルファイルが表示されます。

> **📄 Memo　サンプルファイルがない**
>
> 解説内容によっては、サンプルファイルが存在しないSectionもあります。また、第6章（Outlook）と第7章（OneDrive）はファイルを作成しないため、サンプルファイルはありません。

1 クリック

フォルダー内のサンプルファイルが表示される

索引

記号

"（ダブルクォーテーション）	116
#####	121
#DIV/0!	119
#N/A	119
#NAME?	121
#NULL!	121
#NUM!	121
#REF!	121
#VALUE!	118
$（絶対参照）	113
＝（等号）	66, 108
3D モデル	294

A ～ Z

AVERAGE 関数	63
Dock	20
Dock にアプリケーションのアイコンを登録	21
Excel 2021 for Mac	40
Excel Online	384
HTML 形式メール	358
IF 関数	116
Launchpad	20
MAX 関数	64
Microsoft Teams	414
Microsoft アカウント	23, 400
MIN 関数	65
Office 2021 for Mac	18
Office 2021 for Mac のアップデート	424
Office 2021 for Mac のインストール	420
Office Online	384
Office アプリのインストール（スマートフォン）	404
OneDrive	376
サインインする	379
ファイルの履歴を管理する	394
ファイルをアップロードする	383
ファイルを印刷する	396
ファイルを共有する	388
ファイルを検索する	392
ファイルを削除する	398
容量を増やす	406
OneDrive アプリのインストール（スマートフォン）	402
OneDrive アプリのインストール（パソコン）	378
OneNote 2021	408
Outlook 2021 for Mac	336
Outlook 2021 の設定	340
Outlook データのインポート	344
Outlook データのエクスポート	342
PDF ファイルとして保存（Excel）	152
PowerPoint 2021 for Mac	266

ROUND 関数	114
SmartArt グラフィック	296
SUMIF 関数	115
SUM 関数	62
SVG 形式で保存	19, 41
SVG ファイル	217
Teams	414
VLOOKUP 関数	117
Web レイアウト表示	160
Word 2021 for Mac	156

あ行

アート効果	313
アイコンの挿入	216
あいさつ文の入力	173
アウトライン表示	160
アクティブセル	44, 45
値の貼り付け	84
新しいシート	90
新しいドキュメント	34
アニメーション	322, 324
アニメーション GIF	267, 325
アラーム	369
移動	55, 171
イマーシブリーダー	157, 161
印刷	36, 104
印刷タイトル	102
印刷範囲の設定	100
印刷レイアウト表示	160
インデント	188, 280
ウィンドウ枠の固定	94
上書き保存	31
閲覧ウィンドウ	338
閲覧表示	266
エラーインジケーター	118
エラー値	118
オーディオの挿入	318
オート SUM	62, 64
オートフィル	47
折り返して全体を表示する	78

か行

改ページ	97, 194
改ページプレビュー	43, 96
拡大縮小印刷	104
囲い文字	177
囲み線	182
箇条書き（PowerPoint）	275
箇条書き（Word）	174
下線	60, 77, 180
画像の修整	312

画像のスタイル ……………………………… 313
画像の挿入 ………………………………… 212, 310
カット ……………………………………… 171
画面切り替え効果 …………………………… 320
画面の最小化 ………………………………… 29
関数 ………………………………………… 106
関数の書式 ………………………………… 108
記号の入力 ………………………………… 176
起動 ………………………………………… 20
行間隔 ……………………………………… 192
行数の設定 ………………………………… 165
行頭文字 ………………………………… 191, 278
行の削除 (Excel) …………………………… 87
行の削除 (PowerPoint) …………………… 301
行の削除 (Word) …………………………… 239
行の選択 (Excel) …………………………… 53
行の選択 (Word) …………………………… 169
行の挿入 (Excel) …………………………… 86
行の挿入 (Word) …………………………… 238
行の高さの変更 ……………… 70, 242, 302
行の追加 (PowerPoint) …………………… 301
行番号 ……………………………………… 42
切り取り …………………………………… 55
均等割り付け ……………………………… 187
クイックアクセスツールバー …… 42, 158, 268, 338
クイックアクセスツールバーのカスタマイズ … 27
クイックルック機能 ………………………… 33
グラフ …………………………………… 124, 304
　移動する ………………………………… 126
　色を変更する …………………………… 131, 309
　サイズを変更する ……………………… 127
　作成する (Excel) ……………………… 124
　作成する (PowerPoint) ……………… 304
　表示単位を変更する ………………… 133, 308
　目盛範囲を変更する …………………… 132
　レイアウトやデザインを変更する …… 130, 306, 309
グラフタイトル …………………………… 125, 307
グラフ要素の追加 ………………………… 128, 307
繰り返し …………………………………… 38
グループ (リボン) ………………………… 24
罫線 (Excel) ……………………………… 56
罫線 (Word) ……………………………… 237
罫線のスタイル (Excel) …………………… 57
罫線のスタイル (Word) …………………… 247
桁区切りスタイル ………………………… 68
検索 (Excel) ……………………………… 50
検索 (Outlook) …………………………… 360
検索 (Word) ……………………………… 202
合計 ………………………………………… 62
コピー …………………………………… 54, 170
コピーの保存 ……………………………… 30
コマンド …………………………………… 24
コメントの挿入 …………………………… 257

コンテンツプレースホルダー ……………… 274

さ行

最小値 ……………………………………… 65
最大値 ……………………………………… 64
サインイン／サインアウト ………………… 23
差し込み印刷 ……………………………… 258
算術演算子 ………………………………… 66
参照方式の切り替え ……………………… 111
サンプルファイルのダウンロード ………… 426
シートビュー ……………………………… 41
シート見出し ……………………………… 42
シート見出しの色 ………………………… 92
シート名の変更 …………………………… 91
軸ラベル ………………………………… 128, 307
字下げ ……………………………………… 188
下書き表示 ………………………………… 161
自動保存 …………………………………… 18
写真の挿入 (Word) ……………………… 212
斜線 (Excel) ……………………………… 57
斜線 (Word) ……………………………… 237
斜体 ………………………………………… 60
終了 ………………………………………… 22
縮小して全体を表示 ……………………… 79
受信拒否リスト …………………………… 362
条件付き書式 ……………………………… 122
書式のコピー／貼り付け ………………… 82, 196
署名の作成 ………………………………… 356
新規文書 …………………………………… 34
推測候補 …………………………………… 167
垂直スクロールバー ……………………… 158
垂直ルーラー ……………………………… 158
水平ルーラー ……………………………… 158
数式オートコンプリート ………………… 108
数式のコピー ……………………………… 67
数式の入力 ………………………………… 66
数式バー …………………………………… 42
数式パレット ……………………………… 106
ズーム …………………………………… 28, 158
ズームスライダー ……………… 28, 42, 158, 268
スクロールバー …………………………… 42
図形 ……………………………………… 225, 290
　移動する ……………………………… 232, 291
　描く …………………………………… 225, 290
　回転する ……………………………… 229, 291
　拡大・縮小する ……………………… 291
　重なり順を変える …………………… 234
　グループ化する ……………………… 235
　効果を付ける ………………………… 228
　コピーする …………………………… 232
　整列する ……………………………… 233
　線を描く ……………………………… 224
　反転する ……………………………… 229

Index 索引

文字を入力する	230, 292
図形のスタイル	145, 207, 211, 227, 293
図形の塗りつぶし	227, 293
図形の枠線	226, 293
スケッチ	157, 228, 267, 293
スタイル	220
スタイルセット	221
ステータスバー	42, 158, 268
ストック画像	19, 157, 267
ストックビデオ	317
スライサー	142
スライド	270
移動する	283
印刷する	334
画像を挿入する	286
削除する	283
新規作成する	270
追加する	272
テーマを変更する	288
複製する	282
レイアウトを変更する	273
スライドウィンドウ	268
スライドショー	330
スライドのサイズ	271
スライドマスター	284, 286
絶対参照	110, 113
セル	42
結合する（Excel）	72
結合する（Word）	240
削除する	89
選択する	52
挿入する	88
背景色を付ける（Excel）	58
背景色を付ける（Word）	245
分割する	241
文字配置を変更する	61, 244
セル参照	66
全画面表示	29
操作アシスト	19, 40, 156
相対参照	67, 110, 112

た行

タイトルバー	42, 158, 268, 338
ダイナミックソート	314
タイムライン	143
タスク	372
縦書き（Excel）	79
縦書き（Word）	198
縦中横	199
タブ	186, 281
タブ（リボン）	24, 42, 158, 268, 338
タブマーカー	186
段組み	200

単語の登録	248
段落の間隔	193
段落の選択	168
段落番号	190, 279
置換（Excel）	51
置換（Word）	203
通貨スタイル	45
定型句	173
データの修正	48
データの抽出	137
データの並べ替え	134
データバー	123
データベース形式の表	134
テーマ	221
テキスト形式メール	358
テキストボックス	144, 208
デジタルペン	252
添付ファイルの保存	349
テンプレート	35, 270
特殊文字の入力	177
ドメイン	362
トリミング	213, 311

な行

ナビゲーションウィンドウ	268
名前ボックス	42
名前を付けて保存	30
入力方法の切り替え	162
入力モードの切り替え	163
ノートウィンドウ	268, 326
ノートの印刷	334
ノートの入力	326
ノート表示	327
ノートブック	408
ノートブックの共有	413

は行

パーセントスタイル	68
背景の削除	214
パスワードの変更（Microsoft アカウント）	400
発表者ツール	332
引数	106, 108
日付の入力	172
日付の表示形式	69
ビデオの挿入	316
ピボットテーブル	138, 140
表示形式	45
表示倍率の変更	28
標準表示	43
表の削除	239
表の作成（PowerPoint）	300
表の作成（Word）	236
表のスタイル	303

表の分割	241
ファイルを添付	347
フィルター	136
フィルハンドル	46
フォーカスモード	161
フォルダーウィンドウ	338
フォルダーの作成（Outlook）	352
フォント	75, 179, 246, 276
フォントサイズ	74, 178, 276
フォントの色	76, 181, 277
複合参照	110
フッター（Excel）	99
フッター（PowerPoint）	285
フッター（Word）	222
太字	60, 180
ふりがな	80, 250
プリント	36, 104
プリント範囲の設定	100
プレースホルダー	268, 274
プレゼンテーションウィンドウ	268
プレビューウィンドウ	338
ブロック選択	169
文書ウィンドウ	158
文書を閉じる	32
文書を開く	33
平均	63
ページ区切り	96
ページ設定	165
ページ番号	222
ページレイアウト	43
ペースト	54, 170
ヘッダー（Excel）	98
ヘッダー（PowerPoint）	284
ヘッダー（Word）	223
変更履歴の記録	254
編集記号	186
保存	30

ま行

マクロ	146, 148, 150
右揃え	184
見出しの印刷	102
見出しの固定	94
ムービーの挿入	316
迷惑メール	362
メール	
検索する	360
作成する	346
受信する	348
送信する	346
転送する	351
返信する	350
メールの仕分けルール	354

メッセージヘッダー	338
メニューバー	42, 158, 268, 338
文字サイズ	74, 178, 276
文字色	76, 181, 277
文字数の設定	165
文字の網かけ	182
文字の効果	181, 207, 277
文字の再変換	167
文字の修正	166
文字列中央揃え	61, 185
文字列の選択	168
文字列の配置	61
元に戻す	38
元の列幅を保持	85

や行

やり直し	38
用紙のサイズ	164
用紙の向き	164
予定表	368
余白の設定	164

ら行

ラベルの作成	262
リハーサル	328
リボン	24, 42, 158, 268, 338
リボンをカスタマイズする	26
両端揃え	185
ルーラー	186, 280
ルビ	250
レイヤー	314
列の削除（Excel）	87
列の削除（PowerPoint）	301
列の削除（Word）	239
列の選択（Excel）	53
列の挿入（Excel）	86
列の挿入（Word）	238
列の追加（PowerPoint）	301
列幅の変更	70, 242
列番号	42
連続データの入力	46
連絡先の登録	364
連絡先リスト	366

わ行

ワークシート	42
移動する	92, 93
切り替える	90
コピーする	92, 93
削除する	91
追加する	90
ワードアート	204

お問い合わせについて

本書に関するご質問については、本書に記載されている内容に関するもののみとさせていただきます。本書の内容と関係のないご質問につきましては、一切お答えできませんので、あらかじめご了承ください。また、電話でのご質問は受け付けておりませんので、必ずFAXか書面にて下記までお送りください。
なお、ご質問の際には、必ず以下の項目を明記していただきますよう、お願いいたします。

1　お名前
2　返信先の住所またはFAX番号
3　書名（今すぐ使えるかんたん　Office for Mac [Office 2021/Microsoft 365　両対応]）
4　本書の該当ページ
5　ご使用のOSとソフトウェアのバージョン
6　ご質問内容

なお、お送りいただいたご質問には、できる限り迅速にお答えできるよう努力いたしておりますが、場合によってはお答えするまでに時間がかかることがあります。また、回答の期日をご指定なさっても、ご希望にお応えできるとは限りません。あらかじめご了承くださいますよう、お願いいたします。

問い合わせ先

〒162-0846
東京都新宿区市谷左内町 21-13
株式会社技術評論社　書籍編集部
「今すぐ使えるかんたん　Office for Mac [Office 2021/Microsoft 365　両対応]」質問係
FAX番号　03-3513-6167

URL：https://book.gihyo.jp/116

■ お問い合わせの例

FAX

1　お名前
　　技術　太郎

2　返信先の住所またはFAX番号
　　03-XXXX-XXXX

3　書名
　　今すぐ使えるかんたん
　　Office for Mac
　　[Office 2021/
　　Microsoft 365　両対応]

4　本書の該当ページ
　　174 ページ

5　ご使用のOSとソフトウェアのバージョン
　　macOS Catalina
　　Office 2021 for Mac

6　ご質問内容
　　箇条書きが作成できない

※ご質問の際に記載いただきました個人情報は、回答後速やかに破棄させていただきます。

今すぐ使えるかんたん
Office for Mac [Office 2021/
Microsoft 365　両対応]

2022 年 6 月 7 日　初版　第 1 刷発行
2023 年 6 月 2 日　初版　第 2 刷発行
著　者● AYURA
発行者●片岡 巌
発行所●株式会社 技術評論社
　　　　東京都新宿区市谷左内町 21-13
　　　　電話　03-3513-6150　販売促進部
　　　　　　　03-3513-6160　書籍編集部
担当●田村 佳則（技術評論社）
装丁●田邉 恵里香
本文デザイン●坂本 真一郎（クオルデザイン）
編集／ DTP ● AYURA
製本／印刷●大日本印刷株式会社

定価はカバーに表示してあります。

ISBN978-4-297-12791-6 C3055
Printed in Japan